U0169423

装配式建筑工程质量检测

第二版

主　编　陈万清　甘其利　李浪花

副主编　易雅楠　陶昌楠　苏盛韬

　　　　王　雨　刘　佳

参　编　黄启铭　胡秀芝　黄小亚

　　　　张　岩　刘祥民　黄　勇

西南交通大学出版社
·成都·

图书在版编目（ＣＩＰ）数据

装配式建筑工程质量检测 / 陈万清，甘其利，李浪
花主编. -- 2版. -- 成都：西南交通大学出版社，
2023.10
ISBN 978-7-5643-9548-3

Ⅰ．①装… Ⅱ．①陈… ②甘… ③李… Ⅲ．①装配式
构件 – 建筑工程 – 工程质量 – 质量检验 Ⅳ．①TU712.3

中国国家版本馆 CIP 数据核字（2023）第 216123 号

Zhuangpeishi Jianzhu Gongcheng Zhiliang Jiance（Di-er Ban）

装配式建筑工程质量检测（第二版）

主编　　陈万清　　甘其利　　李浪花

责任编辑	王同晓
封面设计	吴　兵

出版发行	西南交通大学出版社
	（四川省成都市金牛区二环路北一段 111 号
	西南交通大学创新大厦 21 楼）
邮政编码	610031
营销部电话	028-87600564　028-87600533
网址	http://www.xnjdcbs.com
印刷	成都中永印务有限责任公司

成品尺寸	185 mm × 260 mm
印张	16.75
字数	417 千
版次	2019 年 9 月第 1 版
	2023 年 11 月第 2 版
印次	2023 年 11 月第 3 次
定价	45.00 元
书号	ISBN 978-7-5643-9548-3

课件咨询电话：028-81435775

第二版前言

在建筑产业现代化的发展新形势下，为实现建筑领域的 4 个现代化目标——建筑信息化（BIM 技术）、建筑工业化（装配式建筑）、建筑智能化（测量机器人和测量无人机）、建筑网络化（基于互联网＋手机应用程序施工质量控制）目标，土木建筑类相关专业积极进行专业结构调整、转型、升级，以适应建筑产业现代化的发展。装配式建筑作为建筑工业化目标得到了大力发展。本书主要针对装配式建筑各阶段的质量标准及检测方法进行阐述。

本书积极响应党的二十大提出的推动现代职业教育高质量发展的意见，将职业教育和产业发展深度融合，以培养高素质装配式建筑技术员、管理员为目标，以装配式建筑生产过程为主线，以职业为导向，以突出融合立体为原则的智媒体教材。本书重点针对各类型装配式建筑在施工前、施工中和施工后验收三阶段的设备、材料和构件的质量检测，系统介绍了装配式建筑工程质量检测的基本原则、方法和主要内容。

《装配式建筑工程质量检测（第二版）》更新了第一版中涉及到的规范，增加了现行的新工艺、新设备、新手法还增加了视频讲解，包括现场实拍视频、虚拟仿真等手段直观展示检测流程及方法。本书既可作为高校专业教材，也可作为装配式建筑工程技术人员参考用书。全书共 6 个模块，模块 1 由苏盛韬编写，模块 2 中 2.3 ~ 2.9 节由易雅楠编写，模块 3 由李浪花编写，模块 4 由陈万清编写，模块 2 中 2.1 节、2.2 节、模块 5 由甘其利编写，模块 6 由陶昌楠编写，模块 2 ~ 模块 6 的案例分别由黄启铭（重庆建工住宅建设有限公司）、王雨（重庆科技职业学院)、刘佳、黄小亚、张岩编写。特别感谢四川工程职业技术学院胡秀芝、福建省建筑科学研究院有限责任公司刘祥民、重庆化工建设工程质量监督站黄勇在本书编制过程中提出的宝贵意见。本书建议教学学时 40 学时，其中理论学时 24 学时，实训学时 16 学时。

由于编者的水平有限，书中的疏漏和不足之处在所难免，敬请读者谅解，恳请读者批评指正。

编　者
2023 年 2 月

第一版前言

伴随着世界城市化快速发展的趋势，我国也处于城市化快速发展的时期，政府需要为人民提供更高品质的住宅和更好的生活条件。从 20 世纪 60 年代开始，我国即开始了装配式建筑的尝试和努力，并取得了一些成果。随着建筑行业转型、升级，在建筑产业现代化发展的新形势下，为实现建筑四个现代化——建筑信息化（BIM 技术）、建筑工业化（装配式建筑）、建筑智能化（测量机器人和测量无人机）、建筑网络化（基于互联网 + 手机 APP 施工质量控制）目标，土木建筑类相应专业将进行专业结构调整、专业转型，以适应现代建筑产业化的发展。

本书以"管理型+实践型"施工现场专业人员的培养为目标，内容力求达到"以实践为目的，以突出重点为原则"的目标。装配式建筑具体包括装配式建筑材料检测、装配式混凝土结构质量监测、装配式钢结构质量检测、装配式木结构质量检测、内装围护结构及设备管线系统检测，本书重点针对各类型装配式建筑在施工前、施工中和施工后验收三阶段的设备、材料和构件的质量检测，系统介绍了装配式建筑工程质量检测的基本原则、方法和主要内容。

由于我国近几十年装配式混凝土结构发展停滞，很多技术人员对装配式混凝土结构的设计、施工、验收、维护和管理等比较陌生，对相关的技术内容也不熟悉。本书内容涵盖装配式建筑质量检测的新型技术和新方法，可作为职业教育高校学生的教材，同时也可作为从事装配式建筑工程质量检测的技术人员、管理人员等的专业参考书。全书共 6 章，其中，第 1 章由刘天姿编写，第 2 章、第 5 章、第 6 章由甘其利编写，第 3 章由王维编写，第 4 章由陈万清编写。建议教学学时 32 学时，其中理论学时 16 学时，实训学时 16 学时。

本书在编写过程中，得到了上海宝业集团陈鹏工程师和重庆建科院曹淑上所长的指导和帮助，在此一并表示感谢。

由于编者的水平有限，书中的疏漏和不足之处在所难免，敬请读者谅解，恳请读者批评指正。

编　者
2019 年 1 月

目 录

模块 1

情景导入

装配式建筑是指将建筑的部分构件在工厂进行标准和批量预制后，运输到施工现场进行吊装与连接而形成的建筑。装配式建筑实现了建筑过程从"建造"到"制造"的转变。为了确保装配式建筑质量安全，需要在装配式建筑生产、施工的各个环节开展必要的质量检测工作，从而消除安全隐患，提高建筑工程质量。那么我国装配式建筑的发展历程是怎么样的？装配式建筑相关的质量检测标准有哪些？装配式建筑的质量检测流程应该如何开展？我们一起来通过本模块学习了解一下吧！

学习目标

◇ 知识目标

（1）了解装配式建筑的定义；

（2）掌握装配式建筑质量检测相关的概念；

（3）了解装配式建筑质量检测相关的技术标准。

◇ 思政目标

（1）培养文化自信；

（2）培养遵守规范、标准的意识；

（3）培养"生命至上、安全第一"的职业素养。

知识详解

1.1 装配式建筑概述

1.1.1 装配式建筑定义

装配式建筑是指把传统建造中大量现场作业工作转移到工厂进行，在工厂制造建筑用构件和配件（如楼板、墙板、楼梯、阳台等），运输到施工现场，通过可靠的连接方式在现场装配安装而成的建筑。总体来讲，装配式建筑是由结构、外围护、内装、设备与管线四大系统组成，应用模数协调、模块组合的方法，通过部品部件的标准化接口和节点，采用适合的装配技术集成的建筑。

1.1.2 装配式建筑的分类

装配式建筑是工业化生产的综合体现，其分类可按照结构材料、结构体系、建筑高度、预制装配率等要素进行。由于结构构件的材料往往决定着结构体系，因此装配式建筑按建筑结构构件的材料进行分类也就是按结构分类。

装配式建筑的分类

1. 预制装配式混凝土结构（PC结构）

PC结构是钢筋混凝土结构构件的简称，通常把钢筋混凝土预制构件统称PC构件。PC结构按结构承重方式又分为剪力墙结构和框架结构。

（1）剪力墙结构。

PC结构下的剪力墙结构实际上是用墙板构件来代替框架结构中的梁柱，当作为承重结构时是剪力墙墙板，作为受弯构件时是楼板。装配式建筑构件生产厂的产线多数是板构件生产。在装配时，以吊装施工为主，吊装后再处理构件之间的连接构造问题。剪力墙结构如图1-1所示。

（2）框架结构。

PC结构下的框架结构是由柱、梁、板构件组成，在产线分别进行生产后，现场装配使用。装配时进行构件的吊装施工，吊装后再处理构件之间的连接构造问题。框架结构的墙体，可以由另外的产线生产专用墙板（如轻质、保温、环保的绿色板材），在框架组装完成后再行施工。框架结构如图1-2所示。

图1-1 剪力墙结构

图1-2 框架结构

2. 预制集装箱式结构

集装箱式结构一般是按建筑使用功能，用单一或复合材料做成建筑的部件（按房间类型，例如客厅、卧室、卫生间、厨房、书房、阳台等）。一个部件就是一个或多个功能分区，组装时进行吊装组合即可。集装箱式结构随着建筑高新材料的发展，其功能用途也逐步扩大，被用于制造各种类的住宅、商业建筑和办公空间等。早期装配式建筑集装箱结构用的材料，如：高强度塑料，因其防火性能差，已逐渐被淘汰。预制集装箱式结构如图1-3所示。

图 1-3 装配式集装箱结构

3. 预制装配式钢结构（PS 结构）

PS 结构是预制装配式钢结构的简称，PS 结构采用钢材作为构件生产的主要材料，外加楼板、墙板和楼梯装配成完整建筑。装配式钢结构又分为型钢结构和轻钢结构，型钢结构有较大的承载力，可以装配厂房、高层建筑。轻钢结构以薄壁钢材作为构件生产的主要材料，内嵌轻质墙板。一般装配多层建筑或小型别墅建筑。

（1）型钢结构。

型钢结构的截面一般较大，可以有较高的承载力，截面可为工字钢、L 形钢或 T 形钢。根据结构设计的要求，在特有产线上生产柱、梁和楼梯等构件。在进行现场装配时，装配构件的连接方式可以是锚固（加腹板和螺栓），也可以焊接。型钢结构如图 1-4 所示。

图 1-4 型钢结构

（2）轻钢结构。

轻钢结构一般采用截面较小的轻质槽钢，槽的宽度由结构设计确定。轻质槽钢截面小，壁一般较薄，在槽内装配轻质板材作为轻钢结构的整体板材，施工时进行整体装配。由于轻质槽钢截面小而承载力小，一般用来装配多层建筑或别墅建筑。轻钢结构施工多采用螺栓连接，具有施工快、工期短、便于拆卸等优点，目前市场前景较好。轻钢结构如图 1-5 所示。

图 1-5　轻钢结构

4. 木结构

木结构装配式建筑所需的柱、梁、板、墙、楼梯等构件都以木材为基础制造，再进行装配。木结构装配式建筑承载地域文化属性，具有良好的抗震性能和环保性能。对于木材丰富的国家，例如中国、俄罗斯、印度等，木结构装配式建筑应用广泛。木结构如图 1-6 所示。

图 1-6　木结构

综上所述，装配式建筑现在一般按材料及结构分类，其分类如图 1-7 所示。

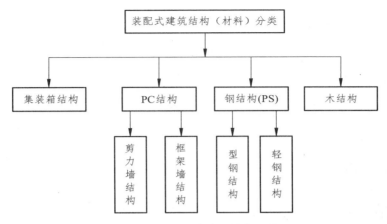

图 1-7 装配式建筑结构分类

1.2 装配式建筑质量检测概述

1.2.1 建筑工程质量检测有关规定和要求

1. 建筑工程质量检测依据

（1）国家及地方政府颁发的有关法律、法规、规定和管理办法。

（2）国家质量技术监督部门颁发的有关质量标准及施工质量验收规范。

（3）工程项目的设计图纸和设计文件。

（4）建设单位与施工企业签订的合同约定。

如：《中华人民共和国建筑法》《建筑工程管理条例》《工程建设标准强制条文》《建设工程质量监督机构工作指南》《建设工程质量检测管理办法》《建筑工程施工质量验收统一标准》（GB 50300 — 2013）、《建设工程项目管理规范》（GB 50326 — 2017）、《建设项目总承包管理规范》（GB/T 50358 — 2017）、《建设工程文件归档整理规范》（GB 50328 — 2014）、《建设工程监理规范》（GB/T 50319 — 2013）及《房屋建筑和市政基础设施工程质量检测技术管理规范》（GB 50618 — 2011）。

2. 资质管理及分类

根据《建设工程质量检测管理办法》（建设部令 141 号）的规定，建设工程质量检测机构资质按照其承担的检测业务内容分为专项检测机构资质和见证取样检测机构资质。

（1）专项检测。

① 地基基础工程检测：地基及复合地基承载力静载检测；桩的承载力检测；桩身完整性检测；锚杆锁定力检测。

② 主体结构工程现场检测：混凝土、砂浆、砌体强度现场检测；钢筋保护层厚度检测；混凝土预制构件结构性能检测；后置埋件的力学性能检测。

③ 建筑幕墙工程检测：建筑幕墙的气密性、水密性、风压变形性能、层间变位性能检测；硅酮结构胶相容性检测。

④ 钢结构工程检测：钢结构焊接质量无损检测；钢结构防腐及防火涂装检测；钢结构节点、机械连接用紧固标准件及高强度螺栓力学性能检测；钢网架结构的变形检测。

（2）见证取样检测。

① 水泥物理力学性能检验；

② 钢筋（含焊接与机械连接）力学性能检验；

③ 砂、石常规检验；

④ 混凝土、砂浆强度检验；

⑤ 简易土工试验；

⑥ 混凝土掺加剂检验；

⑦ 预应力钢绞线、锚夹具检验；

⑧ 沥青、沥青混合料检验。

（3）检测机构资质标准。

专项检测机构和见证取样检测机构应满足下列基本条件：

① 所申请检测资质对应的项目应通过计量认证。

② 有质量检测、施工、监理或设计经历，并接受了相关检测技术培训的专业技术人员不少于10人；边远的县的专业技术人员可不少于6人。

③ 有符合开展检测工作所需的仪器、设备和工作场所。其中，使用属于强制检定的计量器具，要在计量检定合格后，方可使用。

④ 有健全的技术管理和质量保证体系。

专项检测机构除应满足基本条件外，各自还需满足特定的条件。

地基基础工程检测类：专业技术人员中从事工程桩检测工作3年以上并具有高级或者中级职称的不得少于4名，其中1人应当具备注册岩土工程师资格。

主体结构工程检测类：专业技术人员中从事结构工程检测工作3年以上并具有高级或者中级职称的不得少于4名，其中1人应当具备二级注册结构工程师资格。

建筑幕墙工程检测类：专业技术人员中从事建筑幕墙检测工作3年以上并具有高级或者中级职称的不得少于4名。

钢结构工程检测类：专业技术人员中从事钢结构机械连接检测、钢网架结构变形检测工作3年以上并具有高级或者中级职称的不得少于4名，其中1人应当具备二级注册结构工程师资格。

见证取样检测机构除应满足基本条件外，专业技术人员中从事检测工作3年以上并具有高级或者中级职称的不得少于3名；边远的县可不少于2人。

3．检测人员管理

（1）检测人员的上岗资格。

检测人员必须具备建筑工程质量检测方面的专业知识，经过岗前培训和考核，取得检测人员岗位证书，方可从事相应的检测工作。

（2）定期考核。

定期考核，出现下列情形之一的考核结论为不合格：

① 违反有关法律、法规规定的；

② 未按有关检测标准、规范、规程进行检测的；

③ 出具虚假报告的；

④ 违反相关职业道德和职业纪律，不遵守有关规章制度的；

⑤ 超出本人岗位证书所核定的检测项目或参数范围从事检测业务的；

⑥ 超出所在检测单位资质许可范围从事检测业务的；

⑦ 同时受聘于两个或者两个以上的检测机构的；

⑧ 其他不良行为。

（3）检测行为管理。

① 检测委托管理。

《建设工程质量检测管理办法》（建设部令第 141 号令）第十二条："委托方与被委托方应当签订书面合同。"

《重庆市建设工程质量检测管理办法》（渝建发〔2009〕123 号文）[1]第二十五条："对涉及结构安全和使用功能项目的抽样检测、对进入施工现场的建筑材料及构配件的见证取样检测、室内环境质量检测、建筑结构可靠性鉴定、质量事故鉴定等由项目建设单位委托；质量纠纷及投诉鉴定检测由举证一方或纠纷双方共同委托；进入司法程序的鉴定检测由法院委托，委托方与被委托方应当按要求签订检测合同或委托单。"

② 检测争议管理。

《建设工程质量检测管理办法》（建设部令第 141 号令）第十二条："检测结果利害关系人对检测结果发生争议的，由双方共同认可的检测机构复检，复检结果由提出复检方报当地建设主管部门备案。"

③ 报告管理。

《建设工程质量检测管理办法》（建设部令第 141 号令）第十四条："检测机构完成检测业务后，应当及时出具检测报告。检测报告经检测人员签字、检测机构法定代表人或者其授权的签字人签署，并加盖检测机构公章或者检测专用章方可生效。检测报告经建设单位或者工程监理单位确认后，由施工单位归档。

"见证取样检测的检测报告中应当注明见证人单位及姓名。"

《重庆市建设工程质量检测管理办法》（渝建发〔2009〕123 号文）第三十一条："检测报告中的数据及结论必须准确、可靠、全面，字迹清楚，并符合下列规定：

"（一）检测报告应经检测人员及审核人员、检测机构法定代表人或者其授权签字人签字，并加盖重庆市建设工程检测机构检测专用章、计量认证标志；多页检测报告应在侧面骑缝处加盖检测报告骑缝章；检测报告空白栏应加划斜杠或加盖'以下空白'章屏蔽；实

---

1 《重庆市建设工程质量检测管理办法》（渝建发〔2009〕123 号文）仅适用于重庆市，其他地区请依照当地建设行政主管部门要求执行。

施见证取样检测的检测报告应加盖'见证取样'章；检测报告应注明取样人员和见证人员的指定单位及姓名。

"（二）检测报告的检测数据、检测结论、检测日期等不得更改。

"（三）检测委托单、原始记录、检测报告等宜采用全市统一的表格格式。

"检测机构出具的检测报告不符合上述规定以及内容不全、印章不全的，不得作为建设工程质量评定和验收的依据。"

④ 档案管理。

《建设工程质量检测管理办法》（建设部令第 141 号令）第二十条："检测机构应当建立档案管理制度。检测合同、委托单、原始记录、检测报告应当按年度统一编号，编号应当连续，不得随意抽撤、涂改。

"检测机构应当单独建立检测结果不合格项目台账。"

《重庆市建设工程质量检测管理办法》（渝建发〔2009〕123 号文）第三十四条："加强检测资料管理，确保检测工作的正常实施及检测资料档案管理的完整，保证检测资料具有可追溯性；检测合同、委托单、原始记录、检测报告应当按检测项目分类；检测报告应按年度连续编号归档，不得抽撤、涂改。"

⑤ 检测人员行为管理。

《建设工程质量检测管理办法》（建设部令第 141 号令）第十六条："检测人员不得同时受聘于两个或者两个以上的检测机构。

"检测机构和检测人员不得推荐或者监制建筑材料、构配件和设备。"

⑥ 违法及不合格情况报告制度。

《建设工程质量检测管理办法》（建设部令第 141 号令）第十九条："检测机构应当将检测过程中发现的建设单位、监理单位、施工单位违反有关法律、法规和工程建设强制性标准的情况，以及涉及结构安全检测结果的不合格情况，及时报告工程所在地建设主管部门。"

《重庆市建设质量检测管理办法》（渝建发〔2009〕123 号文）第三十六条："检测机构对检测过程中发现建设单位、监理单位、施工单位违反有关法律法规和工程建设强制性标准的情况，以及涉及结构工程质量安全和重要使用功能检测项目检测结论不合格的情况，必须在24 小时内向负责监督该工程的质量监督机构报告。

"对检测结论为不合格的检测报告，检测机构应单独建立台账，并定期报当地工程质量监督机构。"

⑦ 不良记录。

《建设工程质量责任主体和有关机构不良行为记录管理办法（试行）》（建质〔2003〕11号）第三条："勘察、设计、施工、施工图审查、工程质量检测、监理等单位的不良记录应作为建设行政主管部门对其进行年检和资质评审的重要依据。"

《建设工程质量责任主体和有关机构不良行为记录管理办法（试行）》（建质〔2003〕11号）第八条："工程质量检测机构以下情况应予以记录：

"1. 未经批准擅自从事工程质量检测业务活动的。

"2. 超越核准的检测业务范围从事工程质量检测业务活动的。

"3. 出具虚假报告，以及检测报告数据和检测结论与实测数据严重不符合的。

"4. 其他可能影响检测质量的违法违规行为。"

《建筑市场诚信行为信息管理办法》（建市〔2007〕9号）第三条："本办法所称诚信行为信息包括良好行为记录和不良行为记录。

"良好行为记录指建筑市场各方主体在工程建设过程中严格遵守有关工程建设的法律、法规、规章或强制性标准，行为规范，诚信经营，自觉维护建筑市场秩序，受到各级建设行政主管部门和相关专业部门的奖励和表彰，所形成的良好行为记录。

"不良行为记录是指建筑市场各方主体在工程建设过程中违反有关工程建设的法律、法规、规章或强制性标准和执业行为规范，经县级以上建设行政主管部门或其委托的执法监督机构查实和行政处罚，形成的不良行为记录。"

1.2.2 装配式建筑质量检测

1. 装配式混凝土结构建筑质量检测

为了使装配式混凝土结构各构件能够稳定有效地复合，需要在设计阶段进行整体抗震性能验算。装配式建筑混凝土结构使用的构配件、饰面材料根据使用功能，要求在融入新材料、新工艺的同时，满足耐久、防水、防火、防腐及防污染等功能要求。施工中所用到的夹心外墙板、外叶墙等应采用无机、硬质阻燃材料，同时核验力学性能要求。现场装配精度控制，分为现浇、构件装配两大部分，并在连接区留出后浇带。吊装、定位时应该随时通过微调，控制吊装垂直度等各项指标达到要求，确保构件正中而准确。

构件连接工艺与节点质量控制，对PC结构建筑的整体质量起决定性影响。使用功能上，PC结构的防雨、防漏、防裂性能也与之密不可分。构件本身应符合产品质量标准，构件连接件的各项指标应符合设计要求。

2. 装配式建筑混凝土质量检测现状

随着装配式建筑混凝土结构在建筑行业内的广泛应用，为了提高装配式建筑混凝土结构的使用稳定性，对装配式建筑混凝土构件进行质量检测就显得尤为重要。当前对于装配式建筑混凝土构件质量检测的主要内容是从设计过程、现场装配过程两个方面进行控制管理。装配式建筑混凝土构件的设计质量检测，要求在设计过程中进行抗震性能验算；其次，鼓励使用运用新材料和新工艺的构配件和饰面，达到防腐、防污染等绿色环保要求，充分体现装配式建筑特点特色。现场装配的质量检测主要是对装配精度的控制，对现浇部分重点检测装配时的尺寸、角度、温度等指标，使整体符合设计要求。总体来说，当前装配式建筑混凝土结构质量检测是建筑工程行业质量检测的发展方向之一，整体态势良好。但是，作为新形势下质量检测行业从业人员，仍然需要注意：当传统建筑生产方式向工业化生产方式过度时，一些关键问题影响着装配式建筑混凝土结构质量检测的执行力度和检测效率，究其原因主要来自以下两点：

（1）质量检测人员专业性不足。由于现今装配式建筑混凝土结构质量检测标准以国际通行的版本为范本，随着我国装配式建筑发展逐步深入，各种装配式体系下配套的工法日新月异，符合我国国情的国家标准逐步出台，这就对检测人员知识体系的建立、知识库和技能水平的发展更新提出更高的要求。

（2）高标准检测监管体系逐步完善。对装配式建筑混凝土结构开展质量检测，一个高标准检测监管体系，应至少包括：建立完善的质量管理组织机构、制定系统的质量检查制度和保证体系、保持人员与机械技术水平的不断优化、建立一体化信息监管体系四个部分，从而保障项目整体有序、高效、良性运行。

3. 装配式混凝土构件质量检测控制手段

装配式建筑混凝土结构质量控制的两个手段。

（1）做好混凝土构件生产环节的质量控制。

混凝土构件生产企业做好生产环节质量控制要求从多个方面入手。首先，按照《混凝土结构工程施工质量验收规范》（GB 50204—2015）等相关标准，对水泥、骨料、外加剂等原材料进行进厂复检；预制构件的连接技术是装配式结构体系的核心所在，构件生产企业在生产过程中要求对同一生产企业、同一规格的原材料进行随机抽样调查，每 500 个接头为一个验收批，每批随机抽取 3 个制作灌浆套筒连接接头试件进行抗拉强度检验，在一个验收批中连续检验 10 个样品；同时每 500 个接头留置 3 个灌浆端进行连接的套筒灌浆连接接头试件，用来施工现场制作相同灌浆工艺试件。其次，要求对生产环节中相同原材料，不同的预制构件，采用不同的行业标准。如钢筋质量控制，要求其能够符合国家现行标准中的力学性能指标规定以及结构耐久性的要求；如套筒灌浆连接和浆锚搭接连接的钢筋质量控制，要求其采用热轧带肋钢筋，极限强度标准小于 500 MPa。另外，钢筋套筒灌浆要求使用的套筒、灌浆料等也需符合不同使用环境中的性能要求：制作套筒的材料可以采用碳素钢、合金结构钢或球墨铸铁等；灌浆料应具有高强、早强、无收缩和微膨胀等基本特性，以使其能与套筒、被连接钢筋高效结合工作。

（2）做好混凝土构件现场施工环节的质量控制。

混凝土构件现场施工环节的质量控制包括进场、运输与堆放、安装、连接、验收等环节。预制构件进场时，质量文件应真实、齐全，外观无明显质量缺陷，尺寸、预留、预埋及结合面质量满足设计及规范要求。预制构件有严重缺陷的，应予以退场；安装和连接属于技术质量控制，在构件安装前，首先对前段已完成结构的外观质量、尺寸偏差、混凝土强度、预留预埋和临时支撑系统的强度、刚度和整体稳固性等进行检查，确保前段施工质量合格。在构件质量检测时，可按照施工段、楼层、受力构件等分批检测验收。如预制柱、预制墙板等竖向构件安装前，对构件的定位控制线、安装面标高等进行检查；采用套筒连接时，对预制构件上套筒、预留孔的规格、位置、数量、深度以及纵向连接钢筋的规格、数量、位置、长度等进行检查；安装完成后，对安装位置、安装标高、垂直度、相邻构件平整度等进行检查等。

4. 质量检测技术发展前景

随着我国经济从高速增长转为高质量发展，建筑作为人类生产活动最主要的载体之一，其生产方式由粗放型、低效率生产向标准化、产业化转型，生产过程由高耗能、高污染向低碳节约、绿色环保转变，使用功能由单一居住功能向信息化和智能化发展。随着装配式建筑和建筑工程装配化的规模不断增大，工程质量检测形式与手段也在不断升级，这为质量检测技术带来了更加广阔的发展空间，也提出了更综合全面的行业要求。

1.2.3　装配式建筑质量检测要点

在装配式建筑工程中，质量检测的每个阶段都具有重要意义，前一阶段的工程质量不合格，就会给下一阶段或者整个工程带来安全隐患。质量检测的准确性将对工程建设项目中质量控制的有效性以及质量评价的符合性产生重要影响。所以，我们需要做好施工前、施工中、施工后各节点的检测工作，包括工程设计、工程材料、工程生产、工程施工工艺及标准等多个环节的检测工作，为工程长期、稳定、健康发展提供保障。

施工前，应做好入场材料的检测工作，材料的质量是整个项目质量的基础保障。做好每一种、每一类材料的检测、记录、归档工作，严格控制施工前入场材料及构配件的质量。

施工中，做好质量检测的数据记录，涉及专业的装配工艺和装配标准部分，检测时应注意对其施工过程中的检测数据进行记录分析，确保整个施工项目的工程检测数据真实有效，提升工程建设质量。

施工后，做好整个工程项目的质量检测。项目完成后，工程质量检测应该全面把控工程质量，为工程检测出具权威和专业性的工程检测数据，针对检测的每一项性能和每一项要求，都能够在整体检测数据中详细地展现，为工程质量评估提供专业的数据支持。

传统建筑工程的质量检测除了要求对建筑物的外观、结构、尺寸等方面进行检测，也需要对其使用的钢筋、水泥等各种原材料及建筑物的物理性质、力学性质、工艺特性、化学成份等方面进行检测，并把检测结果视为评判该建筑质量是否合格的重要依据。装配式建筑和传统建筑在质量检测上遵循着共同的原则：都需要遵守国家标准与行业标准，如《建筑工程施工质量统一标准》（GB 50300—2013）等，但装配式建筑因其特有的"装配"性质，其生产、运输、组装方式决定其不同于传统建筑的质量检测手段，例如：生产环节，由于装配式建筑质量检测的实施须涵盖预制构件生产全过程及其主要特征，故从原材料采购和进场、混凝土配制、构件生产、码放储存、出厂及运输、构件吊装等方面，都需要保持标准化检测实施流程，具体要求如下：

（1）预制构件生产过程应具备标准化、流程化的试验检测手段；

（2）预制构件制作前，应会审预制构件图纸，对构件型号、数量、材料、技术质量要求等标准进行明确；

（3）进行构件生产质量检测，根据构件制作前编制的预制构件生产制作方案，对于生产出的构件进行样品抽检验证；

（4）对进场的原材料及构配件进行检验，并制订检验方案，检验合格后方可用于预制构件的制作，这是质量控制强制性要求；

（5）预制构件生产合格后，对标记的工程名称、构件部位、构件型号及编号、制作日期、合格状态、生产单位等信息进行检测，对构件质量做到可追溯。

（6）装配式建筑质量检测应根据施工组织设计、专项施工方案、相应的质量保证措施，检测构件安装方法、节点施工是否达到要求，例如：针对装配式混凝土结构工程质量检测，重点环节有预制构件进场验收、施工验算、构件安装就位、节点连接施工等。

1.3 装配式建筑质量检测有关标准

装配式建筑质量
检测相关标准

建筑工程质量检测标准是为了在检测领域获得最佳秩序，为检测活动和结果协调统一的事项所制定的共同的、重复使用的技术依据和准则，一般包括国家标准、行业标准、地方标准、团体标准和企业标准。

国家标准是指由国家机构通过并公开发布的标准。国家标准在全国范围内适用，其他各级标准不得与国家标准相抵触。国家标准一经发布，与其重复的行业标准、地方标准相应废止，国家标准是标准体系中的主体。国家标准分为强制性国家标准（GB）和推荐性国家标准（GB/T）。

行业标准是指没有推荐性国家标准，但需要在全国某个行业范围内统一的技术要求。行业标准是对国家标准的补充，是在全国范围的某一行业内统一的标准。行业标准在相应国家标准实施后，应自行废止。部分行业标准表述形式：

JG：建筑工业行业标准

JGJ：建筑工业行业建设标准

JG/T：建筑工业行业推荐性标准

JC/T：建筑材料行业推荐性标准

地方标准（DB）是指在国家的某个地区通过并公开发布的标准。如果没有国家标准和行业标准，而又需要满足地方自然条件、风俗习惯等特殊的技术要求的，可以制定地方标准。

团体标准（T）是由团体按照团体确立的标准制定程序自主制定发布的，由社会自愿采用的标准。社会团体可在没有国家标准、行业标准和地方标准的情况下，制定团体标准，快速响应创新和市场对标准的需求，填补现有标准空白。

下面将列举装配式建筑质量检测常用标准。

1.3.1 常用材料及构件检测

1. 装配式建筑常用材料检测标准

装配式建筑常用材料标准详见表1-1。

表 1-1　材料检测一览

序号	材料名称	抽样数量	检测参数	检测方法
1	水泥	GB 50204	安定性、凝结时间	GB/T 1346
			强度	GB/T 17671
2	粉煤灰	GB 50204	细度	GB/T 1345
			需水量比	GB/T 1596
3	细骨料	GB 50204	烧失量	GB/T 176
			颗粒级配、细度模数、含泥量、泥块含量	JGJ 52
4	粗骨料	GB 50204	颗粒级配、含泥量、泥块含量、针片状颗粒含量	JGJ 52
5	钢筋	GB 50204	屈服强度、抗拉强度、伸长率	GB/T 28900、GB/T 228.1
			弯曲性能	GB/T 28900、GB/T 232
			重量偏差	GB/T 1499.1、GB/T 1499.2
6	混凝土	GB 50204	抗压强度	GB/T 50081
7	钢筋连接用灌浆套筒	GB/T 51231	尺寸偏差	JG/T 398
8	钢筋浆锚连接用镀锌金属波纹管	GB/T 51231	径向刚度，抗渗漏性能	JG 225
9	钢筋锚固板	JGJ 256	抗拉强度	JGJ 256
10	夹芯墙板纤维增强塑料（FRP)连接件	GB/T 51231	拉伸强度	JG/T 561
			拉伸弹性模量	
			层间剪切强度	
11	夹芯墙板金属连接件	GB/T 51231	屈服强度	GB/T 228.1
			拉伸强度	
			弹性模量	
			抗剪强度	GBT 6400
12	灌浆料	GB/T 51231	流动性、竖向膨胀率、凝结时间，抗压强度	JG/T 408
13	坐浆料	GB/T 51231	抗压强度	JGJ/T 70
14	钢筋套筒灌浆连接接头	GB/T 51231	极限抗拉强度、残余变形、灌浆料抗压强度	JGJ 107、JGJ 355
15	钢筋机械连接接头	GB/T 51231	极限抗拉强度、残余变形	JGJ 107

2. 装配式建筑预制构件及节点检测标准

装配式混凝土结构所涉及的预制构件、节点质量抽检的数量、参数和方法应按表 1-2、表 1-3 执行。

表 1-2　预制构件检测一览

序号	检测项目	检测数量	检测参数	检测方法
1	构件几何尺寸	1 000 个同类型构件抽取不少于 3 个	尺寸偏差	GB/T 51231
2	叠合板粗糙度	1 000 个同类型构件抽取不少于 3 个	粗糙度	JGJ 1
3	构件材料强度	1 000 个同类型构件抽取不少于 5 个	强度	GB/T 50784
4	构件钢筋配置	1 000 个同类型构件抽取不少于 5 个	钢筋保护层、数量、间距、直径	GB/T 50784
5	结构性能	1 000 个同类型构件抽取 1 个	承载力、挠度、裂缝宽度	GB 50204

注：同类型是指同一钢种、同一混凝土强度等级，同一生产工艺和同一结构形式。

表 1-3　连接节点及实体检测一览

序号	检测项目	检测数量	检测参数	检测方法
1	套筒灌浆连接质量	同一楼层、同一灌浆工艺、同类预制构件中的灌浆套筒应抽取不少于 3 个	灌浆饱满度	T/CECS 683
			钢筋锚固（插入长度）	DB 32/T 3754
2	锚固搭接连接质量	同一楼层、同一灌浆工艺、同类预制构件中的浆锚管应抽取不少于 3 个	灌浆饱满度	DB 32/T 3754
			钢筋锚固长度	DB 32/T 3754
3	外墙板接缝	当外围护面积小于等于 5 000 m²（包含窗洞面积）时，应抽取 2 个测区；当外围护面积大于 5 000 m²（包含窗洞面积）时，每增加 2 500 m² 应增加 1 个测区	防水性能	DB 32/T 3754

1.3.2　装配式混凝土结构实体检测标准

装配式混凝土结构质量抽检的数量、参数和方法应按表 1-4。

表 1-4　装配式混凝土结构检测一览

序号	检测项目	检测参数	检测方法
1	竖向预制构件底部接缝	内部缺陷	DB 32/T 3754
2	套筒灌浆料实体强度	抗压强度	DB 32/T 3754
3	混凝土叠合楼板结合面质量	缺陷	DB 32/T 3754

序号	检测项目	检测参数	检测方法
4	结构实体尺寸偏差	轴线位置、标高、垂直度倾斜度、相邻构件平整度、支垫中心位置、搁置长度、墙板接缝宽度等	DB 32/T 3754
5	梁、板类构件静载检验	承载力、挠度、裂缝宽度	GB/T 50152
6	结构动力特性	自振周期（频率）、振型和阻尼等	GB/T 50784、DGJ 32/TJ 110

1.3.3 其他装配式建筑检测标准

钢结构、木结构等其他装配式建筑质量抽检的数量、参数和方法应按表1-5。

表 1-5 其他装配式建筑质量检测标准一览

序号	结构类型	检测标准
1	钢结构质量检测	《焊缝无损检查超声检测技术、检测等级和评定》GB 11345 《金属熔化焊焊接接头射线照相》GB 3323 《焊接球节点钢网架焊缝超声波探伤方法及质量分级法》JG/T 3034.1 《螺栓球节点钢网架焊缝超声波探伤方法及质量分级法》JG/T 3034.2 《钢结构焊接规范》GB 50661 《钢结构工程质量检验评定标准》GB 50221 《钢结构设计规范》GB 50017
2	木结构质量检测	《木结构通用规范》GB 55005 《木结构工程施工质量验收规范》GB 50206
3	围护结构与设备管线质量检测	《建筑施工安全检查标准》JGJ 59 《建筑防护栏杆技术标准》JGJ/T 470 《建筑金属围护系统工程技术标准》JGJ/T 473 《建筑给水排水及采暖工程施工质量验收规范》GB 50242 《电气装置安装工程电缆线路施工及验收标准》GB 50168

1.4 课程思政载体——百年巨变之装配式建筑发展演绎时代更迭

1.4.1 百年战乱到新中国成立（1840—1949年）

中国近代史的开端一般认为是1840年第一次鸦片战争。当时的中国基本上是以传统的木结构建筑为主要结构形式，建有少量砖混结构和一些现代建筑，清华学堂（图1-8）便是代表之一，它代表中国现存的，可能也是唯一的，已有百年历史的现代轻骨架建筑。其轻木骨架屋顶结构与今天的同类型屋顶结构基本没有差别，如剪力撑、椽子、天花托梁、约束托梁等，这些结构构件形式丰富。2001年，清华学堂进入国务院公布的全国重点文物保护单位名单。2010年11月，因修缮时工地

装配式建筑发展与
时代更迭

起火，除了砖石结构外，其轻木骨架屋顶完全烧毁，仅残存少量屋顶支架。

图 1-8　清华学堂

1.4.2　新中国成立到改革开放（1949—1978 年）

新中国成立后，一直到改革开放前，现浇混凝土建筑还没有正式走上历史舞台。这一阶段，房子多采用"空心斗子墙"，即两面用砖平墙、立砌，形成"斗"，再往斗里空余的部分填碎砖、泥土等材料，变成实心墙。如图 1-9 所示，这样的空心砖墙可以节约材料，并且具有良好的稳固性和隔声隔热性。有时候这样的空心砖墙还可以作为承重墙，经济又实用。

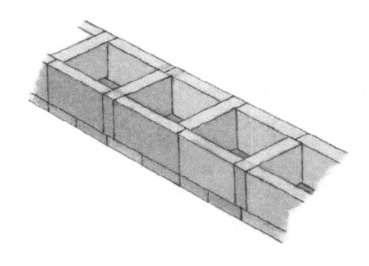

图 1-9　空心砖墙

20 世纪六七十年代，我国开始建立一些小型预制构件厂，生产空心板（楼面用）（图1-10）、平板、檩条、挂瓦板等。20 世纪 80 年代，在国家持续推广下，大批的混凝土大板和框架轻板厂开始出现，掀起了预制混凝土行业的一股浪潮。这一时期，预制混凝土工业化程度明显提高，预制构件种类多样，包括预制外墙板、预应力楼板、预制柱、预制预应力屋架、预制屋面板、预制屋面梁等。

图 1-10　空楼面空心板

1.4.3　三中全会召开到中国经济迅速发展（1978—2001 年）

1985 年 2 月 20 日，中国第一个南极科学考察站——长城站（图 1-11）建成。南极大陆从此有了中国人忙碌的身影，中华民族南极科考的壮丽篇章就此开启。长城站结构为装配式钢结构，为了便于极端天气条件下的运输和施工集成，采用聚氨酯复合板、快凝混凝土等新材料、新工艺，历经 45 天奋战，创造了各国在南极建站的最快纪录。

图 1-11　中国南极长城站

1.4.4 中国经济发展驶入快车道（2001年至今）

1. 湖州喜来登温泉度假酒店

2008年湖州喜来登温泉度假酒店（图1-12）建成，该酒店位于太湖南岸，是中国湖州"世界第9湾"的标志性建筑。钢结构由承建过北京奥运鸟巢和上海卢浦大桥的精工钢完成。酒店高101.2 m，宽116 m，地上23层，地下2层，占地75亩（1亩约等于666.67 m²），总建筑面积65 000 m²。它的连廊钢结构采取分段吊装、高空组装的方式，对安装的精度控制极高。

图1-12 湖州喜来登温泉度假酒店

2. 敦煌文博会主场馆

2016年敦煌文博会主场馆（图1-13）通过竣工验收，该场馆总装配化率达到81.94%，是目前国内大型公共建筑装配化水平最高的。该项目不仅结构装配化，机电安装和装饰装修，如：屋面、幕坪、GRG、木制品、石材、舞台设备等都尽可能部品化、装配化，使得同比规模剧院工程造价节省10%以上，总工期从3年缩短至8个月，比传统方式工期缩短50%以上。项目管理成本节省65%以上、资金成本节省约35%。

图1-13 敦煌文博会主场馆

3. 深圳长圳公共住房项目

2021年深圳长圳公共住房项目（图1-14）主体封顶。该项目位于深圳市光明区，总建筑面积115万平方米，由24栋超高层共同构成，实现了35%的预制率和65%的整体装配率，是全国规模最大的装配式公共住房项目、全国最大的装配式装修和装配式景观社区。该项目住宅总套数9 672套，其中建筑面积65 m² 住房5 900余套、建筑面积80 m² 住房2 800余套、建筑面积100 m² 住房700余套、建筑面积150 m² 住房100余套，是综合应用绿色、低碳、科技的装配式住宅建筑，为全国保障性住房提供可复制的品质标准和建设模式。

图 1-14　深圳长圳公共住房项目

章节测验

一、单项选择题

1. 下列不属于装配式建筑优点的是（　　　　）。

A. 质量不可控

B. 绿色低碳

C. 工期短

D. 节约人力

2. 下列不属于装配式建筑构件是（　　　　）。

A. 楼板

B. 墙板

C. 楼梯

D. 连接件

3. 在装配式建筑分类中，按结构材料划分不正确的是（　　　　）。

A. 装配式混凝土结构

B. 装配式钢结构

C. 装配式骨架板材结构

D. 装配式木结构

4. 下列选项中，是按照预制装配式混凝土（PC）结构体系划分的是（　　　　）。

A. 剪力墙结构

B. 集装箱结构

C. 钢结构

D. 木结构

5. 装配式建筑是指用工厂生产的预制（　　　　）在工地装配而成的建筑。

A. 模块

B. 构件

C. 试件

D. 模具

6. 建设工程质量检测专项检测包括（　　　　）。

A. 地基基础工程检测

B. 主体结构工程现场检测

C. 部品部件工程检测

D. 钢结构工程检测

7. 在专项检测中，地基基础工程检测包括（　　　　）。

A. 锚杆锁定力检测

B. 地基及复合地基承载力静载检测

C. 桩的承载力检测

D. 梁的承载力检测

8. 以下哪一项不属于见证取样检测。（　　　）

A. 钢筋（含焊接与机械连接）力学性能检验；

B. 砂、石常规检验；

C. 预应力钢绞线、锚夹具检验；

D. 部品部件质量检验

9. 框架结构的生产和组装分成两个部分，不属于另三个构件生产环节的是（　　　）。

A. 柱；

B. 梁；

C. 板；

D. 墙；

10. 以下属于轻钢结构的应用场景是（　　　）。

A. 小型别墅建筑；

B. 工业厂房；

C. 高层建筑；

D. 超高层建筑；

二、填空题

1. 预制装配式混凝土结构分为：（　　　）和（　　　）。

2. 预制装配式钢结构分为：（　　　）和（　　　）。

3. 地基基础工程检测包含：（　　　）、（　　　）、（　　　）、（　　　）。

4. 地基基础工程检测类：专业技术人员中从事工程桩检测工作（　　　）年以上并具有高级或者中级职称的不得少于（　　　）名，其中 1 人应当具备注册岩土工程师资格。

5. 主体结构工程检测类：专业技术人员中从事结构工程检测工作（　　　）年以上并具有高级或者中级职称的不得少于（　　　）名，其中 1 人应当具备二级注册结构工程师资格。

6. 建筑幕墙工程检测类：专业技术人员中从事建筑幕墙检测工作（　　　）年以上并具有高级或者中级职称的不得少于（　　　）名

7. 钢结构工程检测类：专业技术人员中从事钢结构机械连接检测、钢网架结构变形检测工作（　　　）年以上并具有高级或者中级职称的不得少于（　　　）名，其中 1 人应当具备二级注册结构工程师资格。

8. 钢筋套筒灌浆要求使用的套筒，其制作材料可以采用（　　　）、（　　　）或（　　　）等。

9. 装配式建筑质量检测要点，施工前做好（　　　）、施工中做好（　　　）、施工后做好（　　　）。

10. 建筑工程质量检测标准一般包括（　　　）、（　　　）、（　　　）、（　　　）和（　　　）。

三、简答题

1. 简述装配式建筑的定义。

2. 简述我国装配式建筑在各发展阶段的应用。

3. 举例说明装配式建筑标准化检测实施流程。

4. 请简述如下各类标准字母简写代表的意义：GB、GB/T、JG、JGJ、JC/T、JG/T。

5. 除教材提到的案例外，请举例说明我国现有装配式建筑案例。

装配式建筑材料检测

随着国家各领域的不断发展，对建筑的要求也越来越高，新材料、新技术的应用也越来越普遍。建筑材料的总体质量不仅对施工质量有直接的影响，而且与环境污染也有着密切的联系，因此，对建筑材料的检测和质量控制显得尤为重要。建筑材料分为原材料、成品和半成品，其种类很多，施工工艺也比较复杂，所以在整个建设过程中，建筑材料显得格外重要。因此，施工单位、建设单位、监理单位等均需严格把控材料质量，对原材料进行全面的、科学的检测，确保建筑材料的各项指标能够达到施工的要求，并采取合理有效的措施，保证建筑的质量。同时，由于建筑材料的检测工序比较多，而且各种建筑材料的检测方法也不尽相同，施工单位在具体的检测中必须要制订出合理的检测步骤，以便相应的检测员能够根据相应的规范进行工作，保证施工材料被正确检测。在检测工作中，严格遵守国家质量检测标准，规范检测建筑材料，降低建筑材料检测中出现的各类差错，坚持公平、严谨的检测原则，杜绝不合格的材料被应用到工程中，为提高工程质量打下良好基础。

装配式建筑与传统建筑在主体材料使用上区别不大，比如 PC 结构仍然以钢筋、水泥、砂、石、砌体等建筑材料为主，但是由于装配式建筑建造方式跟传统建筑的不同，装配式建筑需要先将梁、柱、楼板、内外墙板、门窗、楼梯、连接节点、水暖电设备等建造所需用到的部分构件预先在工厂完成制作和加工，再运送至建筑施工现场来进行装配和连接，还需要专门连接材料、灌浆材料、密封材料等。那么这些主要材料的基本要求有哪些？应该如何进行质量检测？达到什么标准才能用于我们的施工现场呢？让我们一起通过本模块的学习来看看吧！

◇**知识目标**

（1）掌握建筑材料检测涉及的规范和一般规定；

（2）掌握水泥、钢筋、砂等一般建筑材料的检测方法与质量验收标准；

（3）掌握连接材料、灌浆材料、密封材料等装配式建筑特有的建筑材料的质量检测方法与质量验收标准。

◇**技能目标**

（1）能独立完成装配式建筑原材料的进场检验；

（2）能独立完成装配式 PC 结构现场连接材料的质量检测。

◇**思政目标**

（1）培养爱岗敬业精神；

（2）培养规范操作意识；

（3）培养精益求精的工匠精神；

（4）培养团队精神和协作意识。

2.1 装配式建筑材料检测的有关术语及规定

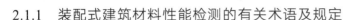

2.1.1 装配式建筑材料性能检测的有关术语及规定

装配式建筑材料性能检测的
有关术语及规定

1. 检测项目

任何一种建筑材料，其质量特征都是若干个子项目质量的综合反映。质量的合格与否是由若干个子项目质量检测数据共同决定的，各项指标缺一不可。

材料不同，其性能特征也不同；质量指标不同，其检测项目和检测方法也不同。在诸多子项目里，各子项目质量对材料综合质量的影响力也是不同的，故其重要程度也不同。因此，在有关的规定中又把这些检测项目根据其影响力的大小，分为一般项目（选择性项目）和主控项目（必检项目）。主控项目的指标必须满足，一般项目可以根据工程实际情况或有关方的要求决定是否进行检验。如钢筋拉伸试验中的屈服强度、抗拉强度、破坏伸长率、冷弯性能都是主控项目，弹性模量和抗冲击性能则属于一般项目；混凝土的抗压强度是主控项目，抗压性模量是一般项目。

2. 样品（试样或试件）数量

在标准中把完成一套检测项目所需的材料样品的数量称为一组。材料不同、检测项目不同、检测方法不同，组的大小和计量单位也不同。对此，各标准中均有具体规定，抽样所得的样品数量必须满足各项检测在数量上的要求。一般标准中规定的样品数量是数量的最小值或准确值。这个数量值是对大量试验结果进行统计分析后得出的，取样时必须满足数量要求。如水泥的试样，取样数量应不少于 12 kg（这是最小值）；混凝土抗压强度的试块，一组试块的数量是 3 块（这里是标准值，这项试验必须是对 3 个试验块进行测试，绝不允许测 4 个再从中选出 3 个进行评定）。但在实际施工过程中，为了防止样品丢失和损坏，取样时的数量可以比规定数量多一些，以备更换，但送检数量不能多。一组试样的抽取应一次完成。

3. 取样方法

材料取样的基本原则是随机抽取。在随机抽取的原则下，不同材料的标准对取样方法还有具体规定，对这些规定一定要认真遵守，以确保检测样品的代表性和检测数据的可靠性。如钢筋拉伸试验的试件，取样方法规定：试件数量 2 根，从随机抽取的任一根钢筋的任一端采用机械方式（不得采用乙炔气割或电弧切割的方式，避免加热给检测数据带来任何影响）先截弃 500 mm 后，再截取一个试件，每个试件长不小于 500 mm，每根钢筋上只能截取一个试件。

4. 样品的制备

某些材料在取样时，需要经过一定的加工过程。这个加工过程可能会对样品的测试结果产生较大的影响。因此标准中对取样方法、试样加工制备方法有明确的规定，必须严格遵守。如混凝土抗压试块的制备，在装模时必须进行充分振捣，目的是模拟混凝土浇筑施工过程中的"振捣"施工工序，尽量减少"蜂窝孔洞"以提高其密实度。

5. 检验批次（代表数量）

检验批次也称代表数量，是指一组随机抽取的试样，其检测结果所能代表的该材料的最大数量。代表数量的多少是通过对大量的试验结果统计分析而来的，它所表达的含义就是：在满足一定的质量保障率的前提下，必须随机抽取一组多少数量的材料组成的试样进行该项质量检测。

由于工程的复杂性，在标准中往往给出几种不同的检验批次（代表数量）的计算方法。在实际工程中，如果遇到两种不同的计算方法，则应根据实际情况选择试件组数较多的取样规则进行取样。例如，国家标准《普通混凝土力学性能试验方法标准》（GB/T 50081—2002）中，关于检验批次有以下规定："每台拌和机、每台班、每拌制 100 盘且不超过 100 m^3 的同一配合比的混凝土取样不得少于一次。"同时还规定："浇筑每一楼层，同一配合比的混凝土取样不得少于一次。"

如果有一台拌和机，一个台班内共拌制了 90 盘、60 m^3 的同一配合比的混凝土，完成了一个半楼层的浇筑，取样时则应执行"每一楼层同一配合比的混凝土取样不得少于一次"的规定，最少取样两次（两组），而不应执行"每拌制 100 盘，且不超过 100 盘的同一配合比的混凝土取样不得少于一次"的规定。

如果没有特殊说明，上述取样是为混凝土 28 d 同条件养护强度测试而用，这是混凝土浇筑质量检测的必检项目；如有特殊需要（如由于施工进度计划的安排，在提前拆除模板及支架之前，必须通过测试了解混凝土的强度是否满足提前拆模的条件，以便确定拆模的安全时机），应根据实际需要提前做好计划安排，适当增加取样次数（组数）。经同条件养护至计划拆模日期之前，进行强度测试。

6. 建筑材料复检取样

（1）复检依据。

为了更好地把好工程质量的第一关——进场材料质量复检，构件生产厂及施工单位的材料员、质量员应当熟练掌握各种建筑材料取样送检的相关规定和操作技术要求。政府建筑工程质量监督部门要求施工单位对进场的建筑材料进行质量复检是一种执法行为，施工单位遵照执行是一种守法行为，都是有以下法律、法规或文件为依据的：

① 国家及地方政府关于建筑工程质量管理的一系列法律法规；
② 国家颁发的关于建筑材料的技术标准；
③ 建设单位与施工单位签订的施工合同；
④ 施工单位与检测实验室签订的委托检测合同；
⑤ 施工单位与供货商签订的采购、订货合同；
⑥ 建设单位与工程监理单位签订的工程监理合同。

（2）样品取样要求。

需要复检的建筑材料须及时取样送检，对于试验样品取样，有关规定如下：

① 取样工作应由专职人员负责。取样前应熟悉该材料最新标准中关于检验批次（代表数量）、取样数量、取样方法、试样加工和处理、检测项目的有关规定。

② 一般取样都是人工操作的，操作方法上的微小差别都可能给检测结果带来较大的影响。因此，标准中对取样方法做了明确的规定。操作人员应当认真学习，深刻领会，严格执行标准中的有关规定，力求操作方法、操作程序的规范化。

③ 取样成功后，应及时对所取样品进行编号，并注明取样日期。编号内容和编号规则应符合施工单位既定编号体系的规定。标志应采用可靠的措施，防止因脱落、损坏导致标志无法识别。

④ 对于需要见证取样的材料，应认真执行见证取样的相关规定。

⑤ 取样工作应有记录。记录应及时、真实，不得弄虚作假、不得补填。记录应当涉及以下主要内容：工程项目名称、材料名称、材料规格、本批次进货数量、材料生产厂家、试样代表数量、材料在工程中的应用部位、样品数量、试样编号、试样加工保养方式、检测项目、取样日期、操作人员签名、送检日期、送检人签名。

（3）样品送检要求。

试验样品送检的有关规定如下：

① 工程项目开工前，构件生产厂家应选择一个具有建筑材料检测资质和相应能力的实验室（不是每个有检测资质的实验室都具有相同的、可以进行所有材料检测的能力），并应签订委托检验合同。施工期间，构件生产厂不得随意更换实验室，对于个别不具备检测能力的检测项目，构件生产厂可以就此项目的检测另寻合适的委托对象。

② 受检样品必须及时、安全地送达所委托的实验室进行检测。样品送达后，构件生产厂应按要求如实填写试验委托单（一组样品填写一份）。

③ 检测完成后，构件生产厂应及时取回检测报告，在没有得到复检合格报告之前，该材料不得进入施工生产程序。检测报告应细心保管，并应作为工程验收资料定期整理、归档留存。

2.1.2 装配式建筑材料检测的一般规定

1. 装配式混凝土结构材料检测

（1）装配式混凝土结构材料检测应包括下列内容：

① 进场预制构件中的混凝土、钢筋；

② 现场施工的后浇混凝土、钢筋；

③ 连接材料。

（2）混凝土检测应包括力学性能、长期性能和耐久性能、有害物质含量及其作用效应等项目，检测方法应符合现行国家标准《混凝土结构现场检测技术标准》（GB/T 50784）的规定。

（3）钢筋检测应包括直径、力学性能和锈蚀状况等项目，检测方法应符合现行国家标准《混凝土结构现场检测技术标准》（GB/T 50784）的规定。

（4）连接材料检测应符合下列规定：

① 灌浆料的抗压强度应在施工现场制作平行试件进行检测，套筒灌浆料抗压强度的检测方法应符合现行行业标准《钢筋连接用套筒灌浆料》（JG/T 408）的规定，浆锚搭接灌浆料抗压强度的检测方法应符合现行国家标准《水泥基灌浆材料应用技术规范》（GB/T 50448）的规定；

② 坐浆料的抗压强度应在施工现场制作平行试件进行检测，检测方法应符合现行行业标准《建筑砂浆基本性能试验方法标准》（JGJ/T 70）的规定；

③ 钢筋采用套筒灌浆连接时，接头强度应在施工现场制作平行试件进行检测，检测方法应符合现行行业标准《钢筋套筒灌浆连接应用技术规程》（JGJ 355）的规定；

④ 钢筋采用机械连接时，接头强度应在施工现场制作平行试件进行检测，检测方法应符合现行行业标准《钢筋机械连接技术规程》（JGJ 107）的规定；

⑤ 钢筋采用焊接连接时，接头强度应在施工现场制作平行试件进行检测，检测方法应符合现行行业标准《钢筋焊接及验收规程》（JGJ 18）的规定；

⑥ 钢筋锚固板的检测方法应符合现行行业标准《钢筋锚固板应用技术规程》（JGJ 256）的规定；

⑦ 紧固件的检测方法应符合现行国家标准《钢结构工程施工质量验收标准》（GB 50205）的规定；

⑧ 焊接材料的检测方法应符合现行国家标准《钢结构工程施工质量验收标准》（GB 50205）的规定。

2. 装配式钢结构材料检测

（1）装配式钢结构材料检测应包括下列内容：

① 钢材、焊接材料及紧固件等的力学性能；

② 原材料化学成分；

③ 钢板及紧固件的缺陷和损伤；

④ 钢材金相。

钢材的技术性能——
力学性能

（2）钢材的力学性能检测宜采用在结构中截取拉伸试样直接试验的方法进行检测。

（3）钢材及焊接材料力学性能检测项目和要求应符合表 2-1、表 2-2 的规定。

表 2-1　钢材力学性能检测项目和要求

序号	检测项目	检测要求	检测方法
1	屈服强度或规定非比例延伸强度、抗拉强度、断后伸长率	《低合金高强度结构钢》（GB/T 1591）；《碳素结构钢》（GB/T 700）；其他钢材产品标准	《金属材料拉伸试验 第1部分 室温拉伸试验方法》（GB/T 228.1）
2	冷弯		《金属材料弯曲试验方法》（GB/T 232）
3	冲击韧性		《金属材料夏比摆锤冲击试验方法》（GB/T 229）
4	Z向钢板厚度方向断面收缩率	《厚度方向性能钢板》（GB/T 5313）	《厚度方向性能钢板》（GB/T 5313）

表 2-2　焊接材料力学性能检测项目和要求

序号	检测项目	检测要求	检测方法
1	屈服强度或规定非比例延伸强度、抗拉强度、断后伸长率	《热强钢焊条》(GB/T 5118); 《非合金钢及细晶粒钢焊条》(GB/T 5117); 《气体保护电弧焊用碳钢、低合金钢焊丝》(GB/T 8110);	《焊缝及熔敷金属拉伸试验方法》(GB/T 2652)
2	冲击韧性	《埋弧焊用碳钢焊丝和焊剂》(GB/T 5293); 《碳钢药芯焊丝》(GB/T 10045)	《焊接接头冲击试验方法》(GB/T 2650)

（4）紧固件力学性能检测项目和要求应符合表 2-3 的规定。

表 2-3　紧固件力学性能检测项目和要求

序号	检测项目	检测要求	检测方法
1	扭矩系数 紧固轴力 螺栓楔负载 螺母保证载荷 螺母和垫圈硬度	《钢结构用高强度大六角头螺栓、大六角螺母、垫圈技术条件》(GB/T 1231); 《钢结构用扭剪型高强度螺栓连接技术条件》(GB/T 3633); 《钢网架螺栓球节点用高强度螺栓》(GB/T 16939)	《钢结构用高强度大六角头螺栓、大六角螺母、垫圈技术条件》(GB/T 1231); 《钢结构用扭剪型高强度螺栓连接副》(GB/T 3632); 《钢网架螺栓球节点用高强度螺栓》(GB/T 16939); 《钢结构工程施工质量验收标准》(GB 50205)
2	螺栓实物最小载荷及硬度	《紧固件机械性能　螺栓、螺钉和螺柱》(GB/T 3098.1); 《紧固件机械性能　螺母》(GB/T 3098.2);	《紧固件机械性能　螺栓、螺钉和螺柱》(GB/T 3098.1); 《紧固件机械性能螺母》(GB/T 3098.2); 《钢结构工程施工质量验收标准》(GB 50205)

（5）原材料化学成分检测项目和要求应符合表 2-4 的规定。

表 2-4　原材料化学成分检测项目和要求

序号	检测项目	检测要求	检测方法
1	钢板、钢带、型钢	《碳素结构钢》(GB/T 700); 《低合金高强度结构钢》(GB/T 1591); 《合金结构钢》(GB 3077); 《建筑结构用钢板》(GB/T 19879)	《钢铁及合金化学分析方法》(GB/T 223); 《碳素钢和中低合金钢多元素含量的测定　火花放电原子发射光谱法(常规法)》(GB/T 4336)

序号	检测项目	检测要求	检测方法
2	钢丝、钢丝绳	《低碳钢热轧圆盘条》（GB 701）；《焊接用钢盘条》（GB/T 3429）；《焊接用不锈钢盘条》（GB 4241）	《钢铁及合金化学分析方法》（GB/T 223）；《钢和铁化学成分测定用试样取样和制样方法》（GB/T 20066）；《钢的成品化学分成分允许偏差》（GB/T 222）；《钢丝验收、包装、标志及质量证明书的一般规定》（GB 2103）
3	钢管、铸钢	《结构用不锈钢无缝钢管》（GB/T 14957）；《结构用无缝钢管》（GB/T 8162）；《直缝电焊钢管》（GB/T 13793）；《低压流体输送用焊接钢管》（GB/T 3091）；《结构用无缝钢管》（GB 8162）；《焊接结构用铸钢件》（GB/T 7659）；《一般工程用铸造碳钢件》（GB/T 11352）；《铸钢件节点应用技术规程》（CECS 235）	《钢铁及合金化学分析方法》（GB/T 223）；《碳素钢和中低合金钢 多元素含量的测定 火花放电原子发射光谱法（常规法）》（GB/T 4336）
4	焊接材料	《热强钢焊条》（GB/T 5118）；《非合金钢及细晶粒钢焊条》（GB/T 5117）；《气体保护电弧焊用碳钢低合金钢焊丝》（GB/T 8110）；《埋弧焊用碳钢焊丝和焊剂》（GB/T 5293）；《碳钢药芯焊丝》（GB/T 10045）	《钢铁及合金化学分析方法》（GB/T 223）；《碳素钢和中低合金钢 多元素含量的测定 火花放电原子发射光谱法（常规法）》（GB/T 4336）

（6）钢板缺陷检测方法应符合下列规定：

① 厚度小于 6 mm 的钢板可采用表面检测方法检测；

② 厚度大于 6 mm 的钢板可采用超声波检测，检测要求应符合现行国家标准《厚钢板超声波检验方法》（GB/T 2970）的规定。

（7）装配式钢结构住宅承重构件的缺陷和损伤检测比例不应小于 20%，且应是同一批钢材。

（8）紧固件缺陷检测项目、要求和方法应符合表 2-5 的规定。

028

表 2-5　紧固件缺陷检测项目、要求和方法

序号	检测项目	检测要求	检测方法
1	高强度螺栓	《钢结构工程施工质量验收规范》（GB 50205）	表面检测
2	螺栓球节点		表面检测
3	焊接球节点焊缝		超声法
4	索节点锚具		超声法

（9）当钢结构材料发生烧损、变形、断裂、腐蚀或其他形式的损伤，需要确定微观组织是否发生变化时，应进行金相检测。

（10）装配式钢结构的金相检测可采用现场覆膜金相检验法或使用便携式显微镜现场检测，取样部位主要在开裂、应力集中、过热、变形或其他怀疑有材料组织变化的部位。

（11）金相检验及评定应按照现行国家标准《金属显微组织检验方法》（GB/T 13298）、《钢的显微组织评定方法》（GB/T 13299）、《钢的低倍组织及缺陷酸蚀检验法》（GB/T 226）、《结构钢低倍组织缺陷评级图》（GB/T 1979）、《金属熔化焊接头缺欠分类及说明》（GB/T 6417.1）、《钢材断口检验法》（GB/T 1814）的规定执行。

3. 装配式木结构材料检测

（1）装配式木结构材料检测项目应包括下列内容：

① 物理性能；

② 弦向静曲强度；

③ 弹性模量等内容。

木材的技术性质

（2）物理性能检测应包括木材含水率检测和密度检测。

（3）木材含水率检测可采用烘干法、电测法检测，检测方法应符合现行国家标准《木结构工程施工质量验收规范》（GB 50206）的规定，木材含水率应符合下列规定：

① 原木或方木结构不应大于 25%；

② 板材和规格材不应大于 20%；

③ 胶合木不应大于 15%；

④ 处于通风条件不畅环境下的木构件的木材，不应大于 20%。

（4）木材绝对含水率测定方法应按现行国家标准《木材含水率测定方法》（GB/T 1931）规定进行。

（5）木材密度的检测方法应符合现行国家标准《木材密度测定方法》（GB/T1933）的规定。

（6）木材含水率及密度检测当采用现场取样时，取样方法应符合下列规定：

① 烘干法测定含水率和密度时，取样时应覆盖柱、梁、椽等所有构件，每栋建筑为一个检验批、一个检验批中每类构件取样数量至少 5 根，每类构件数量在 5 根以下时，全部取样。

② 每根构件应距离构件长度方向的端部 200 mm 处沿截面均匀截取 5 个尺寸为 20 mm × 20 mm × 20 mm 的试样，应按现行国家标准《木材含水率测定方法》（GB/T 1931）的有关规定测定每个试件中的含水率，以每根构件 5 个试件含水率的平均值作为这根木材含水率的代表值。5 根木材的含水率测定值的最大值应符合下列要求：

a. 原木或方木结构不应大于 25%；

b. 板材和规格材不应大于 20%；

c. 胶合木不应大于 15%；

d. 处于通风条件不畅环境下的木构件的木材，不应大于 20%。

③ 电测法测定含水率时，应从检验批的同一树种，同一规格材或其他木构件随机取样抽取 5 根为试材，应从每根试材距两端 200 mm 起，沿长度均匀分布地取三个截面，对于规格材或其他木构件，每一个截面应至少测定三面中部的含水率。

（7）木材弦向静曲强度检测应符合下列规定：

① 每类构件宜取样数量至少 3 根，每类构件数量在 3 根以下时，全部取样，应在每根构件的髓心外切取 3 个无疵弦向静曲强度试件为一组，试件尺寸和含水率应符合现行国家标准《木材抗弯强度试验方法》（GB/T 1936.1）的规定；

② 弦向静曲强度试验和强度实测计算方法，应符合现行国家标准《木材抗弯强度试验方法》（GB/T 1936.1）的规定；

③ 各组试件静曲强度试验结果的平均值中的最低值不低于本标准表 2-6 的规定值时，应为合格。

表 2-6　木材静曲强度检验标准

木材种类	针叶材				阔叶材				
强度等级	TC11	TC13	TC15	TC17	TB11	TB13	TB15	TB17	TB20
最低强度/（N/mm^2）	44	51	58	72	58	68	78	88	98

（8）木材抗弯弹性模量检测应符合现行国家标准《木材抗弯弹性模量测定方法》（GB/T 1936.2）的规定，并应符合下列规定：

① 当木材的材质或外观与同类木材有显著差异时，或树种和产地判别不清时，或因结构计算需木材强度时，可取样检测木材的抗弯弹性模量；

② 取样时应覆盖柱、梁、椽等所有构件，每栋建筑为一个检验批、一个检验批中每类构件取样数量至少 3 根，每类构件数量在 3 根以下时，全部取样；

③ 每根构件应距离构件长度方向的端部 200 mm 以外的部位，随机取样 3 处，应在每根构件切取 3 个试件为一组，试件尺寸和含水率应符合现行国家标准《木材抗弯弹性模量测定方法》（GB/T 1936.2）规定。

2.1.3　装配式建筑材料的见证取样

建筑材料的种类繁多，它们的质量对工程质量的影响程度也是不同的。为了进一步提高建筑工程质量，加大对关键性材料的控制力度，根据"关键的少数"原理，各地方政府的建筑工程质量监督部门在材料进场复检的强制性条款的基础上又作出了进一步的强制性规定，即对工程质量具有较大影响的建筑材料（包括水泥、混凝土抗压强度和抗渗性能，钢筋，防水材料等）在进场复检取样时，必须由监理工程师在现场监督，对所抽取的样品，由监理工程师进行封样标识、陪同送检。这一取样、送检的程序规定，简称为见证取样。

见证取样在较大程度上杜绝了施工单位在建筑材料上的弄虚作假、蒙混过关、以次充好事件的发生，对严把进场材料关，提高工程质量起到了较大的积极作用，是一项效果显著的管理措施。

1. 见证取样的程序

建设单位应向工程受监的质监站和工程检测单位递交《见证单位和见证人员授权书》。授权书应写明本工程现场委托的见证单位和见证人员姓名，以便质监机构和检测单位检查核对。施工企业取样人员在现场进行原材料取样和试块制作时，见证人员必须在旁见证并以书面签署认可。见证人员应对试样进行监护，并和施工企业取样人员一起将试样送至检测单位或采取有效的封样措施送样。检测单位在接受委托检验任务时，须由送检单位填写委托单，由见证人员在检验委托单上签名。检测单位应在检验报告单备注栏中注明见证单位和见证人员姓名，发生试样不合格情况，首先要通知工程受监的质监站和见证单位。

2. 见证人员的基本要求

见证人员人需要符合下列要求：

（1）必须具备见证人员资格；

（2）应是本工程建设单位或监理单位人员；

（3）必须具备初级以上技术职称或具有建筑施工专业知识；

（4）必须经培训考核合格，取得"见证人员证书"；

（5）必须具有建设单位的见证人书面授权书；

（6）必须向质监站和检测单位递交见证人书面授权书；

（7）见证人员的基本情况由省（自治区、直辖市）检测中心或质监站备案，每隔五年换证一次。

3. 见证人员的职责

见证人员的职责是：

（1）取样时，必须在现场进行见证；

（2）必须对试样进行监护；

（3）必须和施工人员一起将试样送至检测单位；

（4）有专用送样工具的工地，见证人员必须亲自封样；

（5）必须在检验委托单上签字，并出示"见证人员证书"；

（6）对试样的代表性和真实性负有法定责任。

4. 取样人员的基本要求

取样人员必须具有检测员上岗证书或从事相关专业3年以上的工作经历。经培训考核合格，取得"取样员"上岗证书。

5. 取样人员的职责

取样人员的职责是：

（1）根据工程特点及要求制订取样计划；

（2）做好取样与送样的工作台账；

（3）按规范、规程规定的取样方法正确取样；

（4）规范、正确填写委托单。

各检测机构试验室对无见证人员签名的检验委托单及无见证人员伴送的试件一律拒收；未注明见证单位和见证人员的检验报告无效，不得作为质量保证资料和竣工验收资料，由质监站指定法定检测单位重新检测。

2.1.4 关于建筑材料检测实验室的规定

承担建筑材料复检的实验室必须是经过建筑工程质量监督部门根据国家标准《质量管理体系、要求》（GB/T 19001—2016）对实验室进行质量管理体系审查、认证合格，并予授权备案的实验室。否则，所出具的检测报告无效。在工程开工前，施工单位应选择具有上述检测资质的实验室并与之签订委托实验合同。合同应归档留存。施工过程中施工单位不得无故更换实验室。同时还规定，与施工单位之间具有隶属关系的实验室（尽管具备建筑工程质量监督部门授权的检测资质）不得承接该施工单位的见证取样试验。见证取样试验应另行委托无隶属关系的第三方实验室承担。

（1）国家、省、市（地）、县（市）、区级工程质量检测机构

① 国务院建设行政主管部门；

② 省、自治区、直辖市建设行政主管部门；

③ 省、自治区、直辖市建设工程质量监督总站；

④ 省、自治区、直辖市建设工程质量监督站（质量检测中心）。

（2）质量检测机构实验室设置

① 土工试验室；

② 工程桩动测检测室；

③ 建设工程材料检测试验室；

④ 混凝土工程破损（非破损）检测室；

⑤ 建筑节能及装饰（幕墙）检测室。

（3）检测中心（实验室）仪器设备管理制度

① 仪器设备应设专人管理；

② 仪器设备应按检定周期进行检定、校验，并按规定粘贴三色标志，未经检验或检定的（不合格）的仪器设备，不得投入检测使用；

③ 主要仪器设备要制订操作规程，检测人员应严格按照操作规程操作仪器，如出现故障或停水停电等其他原因致使中断试验而影响检测时，检测工作必须重新进行，并以书面记录备查。

2.2 一般建筑材料检测

根据建筑工程质量监督部门的规定，装配式建筑材料进场验收后，还应由装配式构件厂负责按照相关标准中的规定，随机抽取一定量的材料作为试样，送交签约实验室进行复检。一般情况下，与取样有关的规定包括材料的检测项目、材料的检验批次（一组试样的最大代表数量）、试样的数量规格、试样的取样方法及试样制备的方法要求。

下面仅就部分主要建筑材料的取样规定作一简单介绍，内容仅供学习参考，在实际工作中还应该遵照最新修订的标准执行。

2.2.1 细骨料——砂

1. 基本知识

粒径为 0.16 ~ 5.0 mm 的骨料称为细骨料，是混凝土的重要组成材料之一。

细骨料——砂

（1）砂的分类。

砂是组成混凝土或砂浆的重要组成材料之一。砂的种类很多，其分类如图 2-1 所示。

$$
砂\begin{cases}
天然砂\begin{cases}
河砂 \\
山砂（由岩石风化而成）\\
海砂
\end{cases}\\
人工砂（采石场下脚料经人工破碎并筛分而成）
\end{cases}
$$

图 2-1　砂的分类

河砂，颗粒圆滑，比较洁净，来源广泛；山砂，表面粗糙，含泥量和有机杂质含量比较多；海砂，兼有河砂、山砂的优点，但常含有贝壳碎片和较多的可溶性盐类。一般工程宜使用河砂。

如只能使用山砂或海砂时，则必须按相关标准进行必要项目（有害物质和氯离子含量）的检测。人工砂的产量少，而石粉含量较大，有利于环境保护。

（2）砂的细度模数。

砂是由不同粒径的砂粒组成的混合体。砂的粗细程度是指砂的总体粗细程度，是通过细度模数表述的。标准规定用筛分析法来评定砂的粗细程度。该方法是用一套孔径为 4.75 mm、2.36 mm、1.18 mm、0.60 mm、0.30 mm、0.15 mm 的标准方孔筛（另加一个筛底），取粒径小于 10 mm 的干砂 500 g（mo）作为筛分析的试样，用标准筛从大到小依次筛过，然后用天平称量各筛的筛余（筛网上剩余的砂）质量（m_i，$i=1 \sim 6$，g），计算各分计筛余百分率 α_i、累计筛余百分率 β_i：

$$
\alpha_i = \frac{m_i}{m_0} \times 100\% \quad (i = 1 \sim 6) \tag{2-1}
$$

$$
\beta_i = \sum_{i=1}^{6} \alpha_i \tag{2-2}
$$

计算砂的细度模数 $\mu_i = \dfrac{(\beta_2 + \beta_3 + \beta_4 + \beta_5 + \beta_6) - 5\beta_1}{100 - \beta_1}$ $\tag{2-3}$

若 $\mu_i = 3.7 \sim 3.1$ 为粗砂；$\mu_i = 3.0 \sim 2.3$ 为中砂；$\mu_i = 2.2 \sim 1.6$ 细砂；$\mu_i = 1.5 \sim 0.7$ 特细砂。

粗砂的平均粒径较大而总表面积较小，掺到混凝土中可以起到减少水泥用量、提高混凝土密实度的作用。细砂的总体颗粒较小而总表面积较大，在混凝土中需要较多的水泥浆包裹其颗粒表面，因此会增大水泥用量，影响混凝土的密实度。但如果砂过粗，则其中的小颗粒较少，易使混凝土拌合物离析、泌水，影响混凝土的均匀性和浇筑质量。在拌制混凝土时，宜使用粗砂或中砂。

（3）砂的颗粒级配。

所有散粒类材料，在自然堆积状态下，颗粒之间必然会有空隙。堆积材料空隙的总体积与该材料的堆积体积之比的百分率称为该材料的空隙率。

对于砂、石等由粒径大小不同的颗粒组成的散粒料，大粒径颗粒的空隙会由中粒径的颗粒来填充，中粒径颗粒的空隙会由小粒径的颗粒来填充，如此就会得到一个比较好的填充效果，从而使空隙率减小。不同粒径的颗粒含量的搭配情况称为颗粒级配。在混凝土中，砂、石的作用首先是充当骨架、承受荷载，其次是占据混凝土中的大量空间（空隙率小的占据的空间多）以减少水泥的用量。如果采用颗粒级配良好的砂、石来配制混凝土，则可以得到节省水泥，提高混凝土密实度、强度和耐久性的效果。《建筑用砂》（GB/T 14684）、《普通混凝土用砂、石质量及检验方法标准》（JGJ 52）中对混凝土用砂给出了一个颗粒级配的合理范围要求。在配制混凝土时应当选用级配符合要求的粗砂或中砂。对于级配不符合要求的，可采用人工级配来改善，最简单的办法是将粗细不同的砂按适当的比例混掺使用。

（4）泥及泥块的危害。

对河砂而言，最主要的有害物质是泥及泥块，相应的质量指标是含泥量和泥块含量。泥附着在砂粒表面，会妨碍水泥浆与砂粒表面的黏附，降低混凝土强度；泥的吸水量大，将增加拌和水的用量，加大混凝土的干缩，降低混凝土的抗渗性和抗冻性。泥块对混凝土的影响更为严重，因此必须严格控制。标准中对混凝土用砂的含泥量和泥块含量作出了限制性的规定，见表2-7。

表2-7　砂中含泥量及泥块含量的限值

混凝土强度等级	C30	<C30
含泥量（按质量计）/%	≤3.0	<5.0
泥块含量（按质量计）/%	≤1.0	<2.0

2. 检测项目

（1）必检项目，包括筛分析、含泥量、泥块含量、堆积密度、表观密度。

（2）特殊要求的检测项目，包括坚固性、碱活性、云母含量、轻物质含量、氯离子含量、有机物含量。

3. 检验批次

每400 m³或600 t为一检验批，抽取试样一次。

4. 试样数量

试样数量应不少于40 kg。

5. 取样方法

在大砂堆上选取分布均匀的8个部位，去除表层后，从各部位取等量砂共8份，约40 kg，混匀，再采用缩分法将试样缩分至试验用量。

6. 检验依据

检验依据包括现行国家标准《建筑用砂》（GB/T 14684）和行业标准《普通混凝土用砂、石质量及检验方法标准》（JGJ 52）等。

2.2.2 粗骨料——石

粗骨料筛分试验

1. 基本知识

（1）粗骨料的分类。

标准规定，粒径大于5.0 mm的骨料称为粗骨料。粗骨料是混凝土的重要组成材料之一，它在混凝土中的作用首先是承受荷载，其次是占据空间以减少水泥用量。建筑工程中常用的粗骨料有：卵石、碎石、碎卵石。

卵石是自然形成的，多呈卵状，表面比较光滑，少棱角，空隙率小。由其所拌制的混凝土拌合物的和易性好、水泥浆需用量小。在混凝土中，卵石表面与水泥石的黏结力略小于碎石，泥、泥块含量较碎石高。卵石有河卵石、山卵石、海卵石之分。与砂一样，建筑工程中常用河卵石。

碎石是由岩石经人工爆破、破碎、筛分而成的。碎石表面粗糙、多棱角、体形不规则、空隙率大。由其所拌制的混凝土拌合物的和易性不如卵石混凝土，水泥浆需用量大。碎石表面与水泥石的黏结力比卵石大，泥、泥块含量较小。碎石的成本高、产量低。

碎卵石是由粒径较大的卵石经人工破碎而成的。其性质介于卵石与碎石之间。

（2）最大粒径。

粗骨料也是由不同粒径的颗粒组成的，它的规格是根据该批骨料中所含最大颗粒的粒径进行划分的。标准中把粗骨料的粒径划分为2.50 mm、5.00 mm、10.0 mm、16.0 mm、20.0 mm、25.0 mm、31.5 mm、40.0 mm、50.0 mm、63.0 mm、80.0 mm、100.0 mm共12个公称粒径级别，并制定了一套相应的标准筛，筛孔孔径与上述粒径级别相对应。经过筛分析后，留有筛余的最大筛孔的直径为该批石子的标称最大粒径。最大粒径的大小表示粗骨料的粗细程度。骨料的最大粒径越大，骨料总表面积越小，因而可以减少水泥用量，有助于提高混凝土的密实度，减少混凝土的发热和收缩。因此在条件允许的情况下应尽量采用粒径大的粗骨料。但是粗骨料粒径的选择还要受到混凝土构件截面尺寸、钢筋净间距及施工条件的限制，一般情况下（水利工程除外）不得大于40 mm。

（3）颗粒级配。

粗骨料的颗粒级配与砂的颗粒级配的概念相同，就是要求不同粒径颗粒的含量适当搭配，以尽量减小石子的空隙率，以期得到减少水泥用量，提高混凝土的密实度、抗压强度和综合质量（耐久性、抗冻性、抗渗性），减少混凝土的发热和收缩的目的。石子的级配也是通过筛分析来评定的，其分计筛余百分率、累计筛余百分率含义和计算方法与砂相同。

（4）针状、片状颗粒含量，泥及泥块含量。

石子中的针状、片状颗粒，泥及泥块对混凝土而言都是有害因素，应在粗骨料的选用阶段加以控制。

在荷载的作用下，针状颗粒（颗粒的长度>该颗粒平均直径的2.4倍）和片状颗粒（颗粒的厚度<该颗粒平均直径的 0.4 倍）比卵形颗粒更容易折断、碎裂。针状、片状颗粒含量过多必然会导致粗骨料整体承载力下降，进而给混凝土的抗压强度带来损失。同时针状、片状颗粒含量过多也会使混凝土拌合物的流动性降低，进而影响混凝土的浇筑质量。标准规定，混凝土配制强度等级不同，对针状、片状颗粒含量的要求也不同，见表 2-8。

表 2-8　针状、片状颗粒含量

混凝土强度等级	C30	<C30
针状、片状颗粒含量（按质量计）/%	≤15	≤25

泥及泥块对混凝土质量的影响机理和影响效果与在砂中的作用相同。标准对混凝土用卵石、碎石的含泥量和泥块含量作出了限制性的规定，见表 2-9。

表 2-9　卵石、碎石中泥及泥块含量的限值

混凝土强度等级	C30	<C30
含泥量（按质量计）/%	≤1.0	≤2.0
泥块含量（按质量计）/%	≤0.5	≤0.7

（5）压碎指标。

无论是卵石还是碎石，都是根据它们的表面形态命名的。由于它们的产地不同、矿物组成不同，其坚固程度也必然不同。在混凝土中，卵石和碎石作为荷载的主要承受者，其自身的坚固程度会直接影响混凝土的抗压强度。在工程中卵石和碎石的强度采用压碎指标（或称筒压指标，即一定量的石子装进一个特定的钢制容器内，在特定荷载的作用下产生的粒径小于 2.5 mm 的碎屑的质量与石子总质量之比）表示。压碎指标越小，说明石子的抗压强度越高。标准规定，配制不同强度等级的混凝土时，对压碎指标有不同的要求。

2．检测项目

（1）必检项目，包括筛分析，泥及泥块含量，针状、片状颗粒含量，压碎指标，堆积密度，表观密度。

（2）特殊要求的检测项目，包括坚固性、碱活性。

3．检验批次

每 400 m³ 或 600 t 为一检验批，抽取试样一次。

4．试样数量

国家标准《建筑用卵石、碎石》（GB/T 14685—2011）中规定，试样数量应不少于表 2-10所列数值。

表 2-10　取样数量

最大粒径/mm	10	16	19	26.5	31.5	37.5	63
取样数量/kg	75	84	125	130	230	250	400

5. 取样方法

在大石堆上选取分布均匀的 8 个部位，去除表层后，从各部位取等量石共 8 份，混匀，再采用缩分法将试样缩分至试验用量。

6. 检验依据

检验依据有现行国家标准《建筑用卵石、碎石》（GB/T 14685）和行业标准《普通混凝土用砂、石质量及检验方法标准》（JGJ 52）等。

2.2.3 水　泥

1. 基本知识

水泥是非常重要的建筑材料之一。生产水泥的主要原料是石灰石、黏土、铁矿石。将它们按一定比例混合后磨细，制成生料；将生料投入窑中煅烧成黑色球状物的熟料；再将熟料与少量石膏混合后磨细就制成了水泥。水泥的生产过程可以简单地概括为"两磨一烧"。

硅酸盐水泥的
定义与分类

（1）水泥的品种。

常态下，水泥呈灰色粉末状态。其有效的矿物组成是硅酸钙，由此得名硅酸盐水泥。在硅酸盐水泥中掺入不同的活性混合料，就可以使水泥的某些性能发生改变，从而得到品质各异的水泥。根据掺入的混合料的不同，有以下水泥品种：

普通硅酸盐水泥（P·O）；

矿渣硅酸盐水泥（P·S）；

火山灰硅酸盐水泥（P·P）；

粉煤灰硅酸盐水泥（P·F）；

复合硅酸盐水泥（P·C）。

向上述水泥品种中再加入一些其他的混合料，可以得到具有特殊性质的水泥，如白色水泥、彩色水泥、快硬水泥、道路硅酸盐水泥、高铝水泥、硫铝酸盐水泥、膨胀水泥等，它们统称为特种水泥。

（2）水泥的水化、凝结、硬化与养护。

水泥遇水后，水泥中的硅酸钙等主要矿物组成就会与水发生化学反应（在工程中称为水化反应）。反应生成大量的水化硅酸钙和少量的氢氧化钙，并放出大量的热（在工程中称为水化热）。

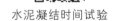

水泥凝结时间试验

水化硅酸钙几乎不溶于水，生成后会立即以胶体微粒的形态析出并聚集成为凝胶。随着水化反应的继续，凝胶越聚越多，逐渐形成具有很高强度的立体网状结构。此时，在宏观上看到的则是水泥浆逐渐失去流动性、开始凝结。凝结的初起时间称为初凝时间，凝结结束的时间称为终凝时间。出于施工的需求，《通用硅酸盐水泥》（GB 175—2007）规定：水泥的凝结时间自水泥加水拌和开始计时；初凝时间不得早于 45 min，终凝时间不得迟于 6.5 h。

伴随着终凝的到来，水泥开始进入硬化阶段，强度越来越高，直至（几乎）全部的硅酸钙完成水化反应，水化硅酸钙的凝胶网体结构的空隙最终被不断析出的凝胶填充成实心体（称为水泥石）。这个过程大约需要经历 28 d（天数自水泥加水拌和开始计算），此时强度基本接近峰值。1～28 d 是水泥强度增长的重要时期，此期间最初的 7～14 d 内，强度增长速度最快；

以后逐渐减缓，28 d后水泥强度的增长更慢，但可延续几十年。

在此期间，水泥周围的环境温度和湿度对水泥强度的增长具有非常强的影响力。环境温度高，水泥的水化反应速度加快，水泥强度增长的速度也加快；反之，则水泥强度增长的速度就减缓。当温度降至零度以下，水化反应就会停止，水泥强度的增长也就停止了。同时水泥的凝结硬化必须在水分充足的条件下进行。环境湿度大，水泥浆体里的拌和水蒸发慢，浆体里的水分可以满足水泥水化反应的需求。如果环境干燥，水泥浆体里的拌和水很快蒸发，就会使浆体里的水化反应因缺水而不能正常进行，已经形成的水化硅酸钙凝胶网体结构得不到新的水化硅酸钙凝胶的继续充实，导致水泥石的密度不能继续提高、强度无法继续增长。同时缺水还会导致水泥石表面产生干缩裂纹。综上所述，水泥加水拌和后的养护天数、在硬化期内水泥石周围的环境温度与湿度，是与水泥石强度增长关系非常密切的3个外界因素。我们称前者为龄期，称后二者为养护条件。水泥石的强度与这3个因素密切相关，缺一不可。《通用硅酸盐水泥》（GB 175—2007）规定，水泥强度测定所用的试块，应该在：温度为（28±3）℃，湿度大于90%，恒温、恒湿环境下分别养护3 d和28 d。这个养护条件简称为水泥的标准养护条件。

（3）强度等级。

水泥的强度等级是水泥的核心技术指标之一。它是由水泥3 d龄期和28 d龄期的两组标准养护试块，分别进行抗折强度测试与抗压强度测试所得的4组数据共同确定的。对于具有快硬特性的特种水泥（快硬水泥或高铝水泥）除测试3 d和28 d龄期的抗折与抗压强度外，还应再增加一组1d龄期的标准养护试块抗折强度、抗压强度的测试。

标准中对各品种水泥都划分了强度等级，并由此等级作为水泥的标号（规格）。强度等级分为32.5、32.5 R、42.5、42.5 R、52.5、52.5 R、62.5、62.5 R。其中数字部分代表水泥的强度等级值（单位：MPa），尾部的R代表早强水泥。水泥的实测强度值不得低于其强度等级。

（4）水化热。

水泥的品种不同，其矿物组成不同，水化反应的速度也不同，水化反应产生的热量的多少也不同。水化热对于大体积混凝土的浇筑（如水库混凝土重力坝的浇筑）是极为不利的。因为混凝土的体积大，水化反应产生的热量不易散失，容易被积蓄在混凝土内部，致使混凝土内外温差过大，产生的温度应力会使混凝土产生裂缝。因此，进行大体积混凝土浇筑时应选择水化热小的水泥品种配制混凝土。

（5）体积安定性。

水泥硬化过程中产生的不均匀的体积变化称为体积安定性不良。它的存在能导致已硬化的水泥石开裂、变形，这是工程上无法容忍的。《通用硅酸盐水泥》（GB 175—2007）规定：体积安定性是水泥的必检项目。体积安定性不良的水泥必须按废品处理，绝不允许用于任何工程。

体积安定性的检测有两种方法：饼法和雷氏夹法。饼法简单易行；雷氏夹法操作较为复杂，但裁判的权威高于饼法，对饼法的不同结论具有否决权。

（6）水泥的质量检验周期。

通过前面关于水泥养护龄期的介绍不难看出，水泥的检验结果最快也要28天之后才能得出。因此，在实际工程中，水泥的检验一定要提前计划、安排，否则可能会影响施工进度。

（7）几项重要规定。

① 水泥是有保质期的，普通水泥出厂超过 3 个月、快硬水泥出厂超过 1 个月尚未能用完的或对水泥质量有怀疑的，应再次复检，并按检验结果的强度等级使用；

② 不同品种、不同出厂日期的水泥，不得混堆、混用。

2. 检测项目

水泥的检测项目包括体积安定性、初凝时间、终凝时间和强度等级。通用硅酸盐水泥增加的检测项目是比表面积；砌筑水泥增加的检测项目是保水率。

3. 检验批次

在同一次进场、同一出厂编号、同一品种、同一强度等级的条件下，袋装水泥 200 t 为一检验批次，散装水泥 500 t 为一检验批次。

4. 试样数量

每一检验批次不少于 12 kg。

水泥的验收

5. 检验依据

检验依据有现行国家标准《通用硅酸盐水泥》（GB 175）和行业标准《砌筑水泥》（GB 3183）等。

2.2.4 混凝土

1. 基本知识

（1）混凝土的材料组成及其作用。

混凝土是一种非常重要的建筑材料。混凝土是以水泥、水、砂、石，及（必要时掺入的）少量外加剂或矿物质混合材料为原材料，按适当的比例掺混搅拌均匀而成的，是具有一定黏聚性、流动性的拌合物；再经过浇筑入仓、振捣、养护等施工过程，若干天后即可成为具有一定强度、硬度、形状、符合设计要求的人造石（或称人工石，又称砼）。日常习惯所说的混凝土系指人造石。对于尚未硬化的拌合物，则应明确表述为混凝土拌合物。

水泥石和人造石（混凝土）的概念不同。前者是后者的组成部分；前者不包括砂、石骨料，不能或很少直接、单独应用到工程之中，后者则大量应用于建筑工程；前者单价高，后者单价低。

水泥与水搅拌均匀后成为水泥浆。在混凝土拌合物中，水泥浆包裹在骨料颗粒表面，使骨料颗粒在水泥浆的黏结作用下黏聚在一起，使拌合物具有黏聚性；同时水泥浆在骨料颗粒之间还能起到润滑作用，使拌合物具有一定的流动性。流动性的存在是混凝土拌合物浇筑入仓后，能够充满模内腔的各处角落，是混凝土制成品表面充盈饱满的基本保障。水泥浆还能填充骨料颗粒之间的最后空隙，使混凝土能够获得较好的密实度。

粗、细骨料之间的区别仅在于粒径大小的不同，可以统称为骨料。它们在混凝土中的作用：① 承受荷载，起到人工石的骨架作用；② 占据人工石内部的大量空间，以减少水泥浆的用量，降低混凝土的造价；③ 改善拌合物的和易性。

选用颗粒级配良好的粗、细骨料掺配混凝土的目的就是希望充分发挥骨料大小颗粒之间相互填充的作用，尽可能减少它们之间最终空隙的总和，以节省水泥浆、提高混凝土密实度和抗压强度。

（2）混凝土的配合比。

混凝土的配合比是指配制 1 m^3 混凝土拌合物时，所需水泥、水、细骨料、粗骨料的质量（kg）或质量之比（以水泥为 1）。

混凝土配合比设计的
方法步骤

配合比是否恰当，会影响混凝土拌合物的和易性，影响混凝土的强度和浇筑质量（密实度、抗冻性、抗渗性、耐久性），也会影响混凝土的成本造价。因此在混凝土浇筑施工之前，应当由专业的实验室对配合比进行精心的设计和试配。

确定混凝土配合比是一个复杂的设计过程，只能在实验室内完成。设计过程如下：

① 根据设计要求，首先选择经过检验，质量合格、性能适宜的水泥、砂、石，然后根据水泥、砂、石的材性和经验公式，计算出"初步配合比"。

② 根据"初步配合比"进行混凝土拌合物的试配、试拌，检测拌合物的和易性，根据和易性的表现不断调整配合比，不断试配、试拌，从中选出和易性满足设计、施工要求的配合比作为"基准配合比"。

③ 以"基准配合"比为基础，对它的水灰比（水与水泥质量之比）做增减 5%的改变（用水量不变，只改变水泥用量），共得到 3 个水灰比不同的配合比。按照这 3 个配合比各自分别制作一组抗压试块，经标准养护 28 d 后，分别检测它们的抗压强度，并求出各自的平均值。根据这 3 个平均值绘制强度-水灰比关系曲线，通过该曲线计算出符合混凝土配制强度要求的水灰比，从而得到"计算配合比"。

④ 根据"计算配合比"进行拌合物体积密度的校正，得到"试验室配合比"；并将其下达给混凝土的施工单位。

⑤ 施工单位根据施工现场砂、石的实测含水率对"试验室配合比"进行修正，调整水、砂、石的用量，形成"施工配合比"下达给生产班组。在生产过程中，还应经常、定期测定现场砂、石的含水率（遇有晴雨变化的天气要增加测定次数），及时调整"施工配合比。"

在拌制每一盘混凝土之前，对所投入的水泥、水、砂、石及外加剂都要进行认真、严格地称重计量，不能有丝毫的疏忽。对计量器具应每半年进行一次计量标定。

（3）混凝土拌合物的和易性。

混凝土拌合物的和易性是一项很重要的综合性能，由拌合物的流动性、黏聚性、保水性共同组成。它反映了拌合物的工作性能，也可以在一定程度上反映固化后的混凝土质量。

流动性反映拌合物的稠度，反映拌合物在重力和振捣力作用下的流动性能、能够均匀充盈模腔的性能，以及振捣的难易程度和成型的质量。流动性的好坏由坍落度表述。黏聚性反映拌合物的各组成成分分布是否均匀，在拌合物的运输和浇筑入仓过程中是否会出现分层、离析，能否保持拌合物的整体均匀的性能，是否会出现蜂窝、孔洞，从而影响混凝土的密实度和成型质量。保水性反映拌合物保持水分的能力，是否会因泌水影响拌合物整体的均匀性和水泥浆与钢筋的黏接、与骨料表面的黏接，是否会因泌水在混凝土内部形成泌水通道，是否会因水分上浮在混凝土表层形成疏松层。

（4）混凝土的振捣与养护。

在混凝土浇筑的过程中有一个重要的施工工序——振捣，即通过人力或机械的作用迫使混凝土拌合物更好地流动，使拌合物充分密实，从而提高混凝土的密实度和抗压强度。

混凝土强度的增长过程与水泥一样需要一个合适的温度和较高湿度的环境，在工程实际中，现浇混凝土只能在自然环境下，靠人工遮盖或定时洒水的方式进行养护，尽量使混凝土在强度增长期内处于一个良好的温、湿度环境之下，以利于其强度的增长。在施工中，现浇混凝土的强度不仅取决于配合比的设计，也取决于混凝土的实际养护条件和养护龄期。养护条件越接近标准养护条件，混凝土强度测值就越高；反之就越低。

（5）混凝土的质量指标。

混凝土的质量指标包括抗压强度、密实度、抗冻性、抗渗性、抗碳化性、耐腐蚀性、耐久性等。

（6）混凝土的强度等级及测定。

混凝土的抗压强度要比抗拉强度高很多。在实际工程应用中应充分发挥混凝土抗压强度高的优点，尽量避开或设法弥补混凝土抗拉强度低的不足。实际工程中的混凝土强度均指混凝土抗压强度。

混凝土抗压强度是混凝土质量控制的一个核心目标之一。为了方便设计选用和施工质量控制，标准中将混凝土的强度等级划分为：C7.5、C10、C15、C20、C25、C30、C35、C40、C45、C50、C55、C60 等 12 个等级。其中，C 是混凝土的强度等级符号；其后的数字是混凝土立方体抗压强度标准值（单位：MPa）。

混凝土的强度是通过对混凝土立方体抗压试块进行试验测定的。

（7）混凝土立方体抗压试块。

标准规定：一组混凝土立方体抗压试件由 3 个试块组成；用于混凝土强度测试的立方体抗压试块共有 3 种尺寸规格，它们具有同等效力。

标准试块：150 mm × 150 mm × 150 mm。

非标准试块：100 mm × 100 mm × 100 mm（测试结果须乘以 0.95 的系数）；200 mm × 200 mm × 200 mm（测试结果须乘以 1.05 的系数）。

（8）混凝土抗压试块的同条件养护。

和水泥相似，混凝土的最佳养护条件是：温度为（20±3）℃；湿度大于 90%。恒温、恒湿的环境条件被称为混凝土的标准养护条件。这个环境只有在实验室里自动调温、调湿仪器的控制下才能实现。在实际工程中，为了能够了解现浇混凝土强度的真实情况，混凝土抗压试块也必须放在与现浇混凝土相同的自然环境下，以同样的方式进行人工养护，称之为混凝土试件的同条件养护。

（9）测试龄期。

混凝土的强度发展规律和水泥的强度发展规律一样。混凝土的抗压强度自加水搅拌之时起，是逐渐增长的，最初的 7～14 d 内强度增长速度最快，以后逐渐减缓，到 28 d 时强度接近顶峰，28 d 后混凝土强度的增长更慢。国家标准《普通混凝土力学性能试验方法标准》（GB/T 50081—2019）规定：以 28 d 龄期的试件测定的抗压强度为该混凝土的强度值。

在实际施工中，往往因施工进度计划的需要，提前（一般情况下在混凝土浇筑后的 3～14 d）拆除模板和支撑，以便进行下一道工序的施工。在拆除之前首先需要确定该混凝土的强度是否已经达到了可以拆除模板和支撑时的安全强度。所以在拆模之前应对混凝土同条件养护、同龄期的立方体抗压试块进行强度检测。这项检测及所用的试块应在施工进度计划之内提前作出计划安排，在混凝土浇筑时留置出来。

（10）混凝土受压破坏机理。

混凝土受压破坏首先从水泥石与骨料的黏接界面开始。研究证明：在混凝土凝结硬化的过程中，粗骨料与水泥石的界面上就已经存在微小裂缝。裂缝是由于混凝土拌合物泌水形成的水隙、水泥石收缩时形成的界面裂缝。当混凝土受到荷载作用时，裂缝的边缘都成为应力集中的区域。当荷载增大到一定程度时，在应力集中的作用下裂缝会快速扩展、连通。随着荷载的持续，粗骨料与水泥石黏结分离，导致混凝土受压破坏。

（11）混凝土的抗渗强度等级。

混凝土抵抗水渗透的能力称为混凝土的抗渗性。抗渗性对于有抗渗要求的混凝土是一项基本性能。抗渗性能还将直接影响混凝土的抗冻性和抗侵蚀性。混凝土透水是因为混凝土内部的孔隙过多形成了渗水通道。这些孔隙主要是多余的拌和水蒸发后留下的孔隙以及水泥浆泌水形成的毛细孔和水隙。

标准中规定：混凝土的抗渗性用抗渗强度等级P表示。以龄期28 d的标准养护抗渗试件，按规定方法进行抗渗试验。抗渗强度等级根据试件透水的前一个水压等级（不渗水时所能承受的最大水压）来确定。抗渗强度等级共分为6级：P2、P4、P6、P8、P10、P12，分别表示能够承受0.2 MPa、0.4 MPa、0.6 MPa、0.8 MPa、1.0 MPa、1.2 MPa的水压。

2. 混凝土的主要检测项目

（1）抗压强度。

必检项目：同条件养护、28 d龄期的抗压强度。

可选择项目：根据标准规定需要增加的某些附加条件的抗压强度检测，如标准养护的抗压强度，不同龄期、同条件养护试件的抗压强度。

混凝土抗压强度检测

（2）抗渗强度。

此项检测是针对有抗渗要求的混凝土而设置的必检项目。受检试块应是标准养护28 d龄期的混凝土抗渗试块。如果28 d不能及时进行试验，应在标准养护28 d期满时将试块移出标准养护室（或养护箱）。

抗渗混凝土如果是在冬季施工期间浇筑的，且混凝土中掺有防冻剂，则这批混凝土除了要进行上述标准养护28 d龄期的抗渗强度的检测外，还要增加同条件养护28 d龄期的抗渗强度试验。此项也是必检项目。

3. 检验批次

（1）抗压强度。

① 每拌制100盘（含不足100盘），且不超过100 m³的同一配合比的混凝土取样不得少于一次。

② 当连续浇筑混凝土的量超过1 000 m³时，同一配合比混凝土每200 m³（含不足200 m³）取样不得少于一次。

③ 每一楼层中同一配合比的混凝土取样不得少于一次。

④ 地面混凝土工程中同一配合比混凝土，每浇筑一层或每1 000 m²（含不足1 000 m²）

取样不得少于一次。

（2）抗渗强度。

① 连续浇筑同一配合比抗渗混凝土，每 500 m³（含不足 500 m³）取样不得少于一次。

② 每项工程中同一配合比的混凝土取样不得少于一次。

（3）取样组数的确定。

上述取样一次所应包含的试件组数（一组试件仅供一次试验使用），应能满足试验项目的需求。对于龄期和养护条件有不同组合要求的检测，每一个组合都是一个独立的检测项目，都应当有一组与要求条件相吻合的试件与之对应。试验项目的数量应满足标准规定的要求。

4. 试样数量

一个检测项目需要对一组试件进行专项检测。一组试件所含试件的数量在相关标准中都有规定，对试件制取的方法也有规定：

（1）用于检测混凝土抗压强度的立方体抗压试块，每组 3 块。

（2）用于检测混凝土抗渗强度的圆台形试块，每组 6 块。

5. 试件的现场制作与养护

用于现浇混凝土质量检测试件的制作，必须在混凝土浇筑的施工现场与浇筑施工同时进行，并保证取样的数量满足要求。

6. 检测依据

检测依据有现行国家标准《普通混凝土力学性能试验方法标准》（GB/T 50081）和《普通混凝土长期性能和耐久性能试验方法标准》（GB/T 50082）等。

7. 混凝土浇筑现场和易性的检测

混凝土和易性检测+
混凝土试件成型

上述混凝土抗压试块的取样，一般都是在混凝土拌和机开盘后的第一盘料出料后进行，或在浇筑施工过程之中进行。从表面看，这是对混凝土浇筑施工的材料控制，也是对浇筑施工工序的事前和事中控制。但是由于混凝土试块养护期，使得这一控制结果要滞后到 28 d 之后才能得到。这就意味着如果混凝土配制的某一环节出了问题，恐怕要到 28 d 之后才能发现，这时一切错误都将难以补救。回顾混凝土配合比的设计过程，不难看出：基准配合比的确定是以和易性的设计要求得到满足为前提的。因此从一定程度上，检查和易性的好坏可以反映混凝土拌合物的质量状况和配合比执行的情况（在水泥、水、砂、石中，只要其中任一个原材料的用量发生变化，都会在不同程度上引起和易性的改变）。因此，标准中规定：除了按取样规则制取抗压试块外，还应该经常地、随机地在混凝土拌合物浇筑入仓前检测混凝土拌合物的和易性，且每个拌和机台班不得少于 2 次。

和易性包括坍落度、黏聚性和保水性 3 项指标，其中坍落度可以用量化指标进行衡量，但目前尚无量化指标对混凝土的黏聚性和保水性进行评价，只能通过观察进行模糊的评价。如果上述指标和表现出现了较大的偏差，应立即向主管部门报告，尽快查出原因，以便及时纠正。现场和易性的检测是混凝土质量事前、事中控制的重要而有效的手段，对此应有检验记录。

2.2.5　砂浆

1. 砂浆的基本知识

砂浆是一种重要的建筑材料。它是以胶凝材料（石灰和水泥）、水、砂（最大粒径 <2.5 mm）为主要原料，必要时掺入少量的混合材料，按适当的比例掺混搅拌成具有一定黏聚性、流动性的拌合物。通过摊、涂、刮、抹等方式，可以使砂浆黏附在建筑物的表面或黏结在块状材料的缝隙之间，经在空气中自然养护，凝结硬化成具有一定硬度、强度、厚度的抹灰层或将块状材料黏接成砌体。

建筑砂浆根据胶凝材料可分为水泥砂浆、石灰砂浆、水泥石灰混合砂浆、石膏砂浆；根据用途可分为砌筑砂浆和抹灰砂浆，其中抹灰砂浆还可以细分，如图 2-2 所示。

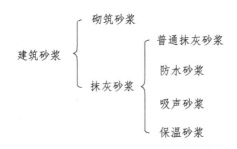

图 2-2　建筑砂浆的种类

砌筑砂浆主要应用于砌体的砌筑，涂布在砖、砌块、石块之间，起着黏结块材、填充缝隙、承受并传递荷载的作用。它的主要性能体现在拌合物的和易性和硬化后的强度。

抹灰砂浆主要应用于建筑物的表面，起到保护、平整、美观的作用。抹灰砂浆所用砂的最大颗粒粒径应小于 1.25 mm。它的主要性能指标不是强度，而是与抹面基层的黏结力。

2. 砌筑砂浆

（1）检测项目。

砌筑砂浆的检测项目是抗压强度。

（2）取样批次与取样方法。

250 m³ 砌体所用的砂浆为一个检验批次，取样一次。试样应从拌合物的至少 3 个不同部位同时取得并搅拌均匀。

（3）试件的规格及数量

规格尺寸：立方体 70.7 mm × 70.7 mm × 70.7 mm。

一组的数量：6 块。

（4）试件的制作与养护。

试件的制作程序、方法与要求和混凝土抗压试块一样，也要在施工现场制作。

养护条件为标准养护：水泥砂浆的温度为（20±3）℃，湿度大于90%；水泥石灰混合砂浆的温度为（20±3）℃，湿度60%～80%。

测试龄期：28 d。

（5）检测依据。

检验依据为现行国家标准《建筑砂浆基本性能试验方法》（JGJ/T 70）等。

2.2.6　钢筋和钢材

1. 建筑用钢的基本知识

由于钢材具有强度高，材质均匀，性能可靠，弹性、韧性、塑性及抗冲击性均好，品种规格多，加工性能优良等特点，在建筑领域里的地位越来越高。钢材的缺点是耐腐蚀性差、易生锈、耐热性差、维护费用高。

钢的化学成分主要是铁以及一些有益的合金元素（碳、硅、锰、钛、铌、铬、钒等），和一些有害元素（磷、硫、氧、氢等）。

建筑钢材包括钢结构用钢（各种型钢、钢板、钢管）、钢筋、预应力钢丝、预应力钢绞线。

（1）钢的分类。

按合金元素的含量分：碳素钢、低合金钢、合金钢。其中，碳素钢又可按含碳量的多少分为低碳钢（含碳量<0.25%）、中碳钢（含碳量0.25%～0.60%）、高碳钢（含碳量>0.60%）。建筑工程中主要使用低碳钢和低合金钢。

按质量等级分：根据钢材中的磷、硫等有害杂质的含量，碳素钢可分为普通质量、优质、特殊质量3个等级；合金钢分为优质和特殊质量2个等级。建筑工程主要使用的是普通质量和优质的碳素钢和低合金钢，以及少量的优质合金钢（部分热轧钢筋）。

按钢的脱氧程度分：钢在冶炼过程中不可避免地会有部分铁水被氧化。在铸锭时须进行脱氧处理。由于脱氧的方法不同，钢水在脱氧时的表现也不同，脱氧程度也不同，钢的性能因此也有很大差别。按脱氧的程度不同，可将钢分为：

常用建筑钢材的
技术标准与应用

① 沸腾钢（F）。由于脱氧不彻底，铸锭时有CO气体从锭模的钢水里上浮冒出，状似"沸腾"，因而得名。其特点是脱氧最不彻底，从钢锭的纵剖面看，化学成分不均匀，有偏析现象，钢的均质性差、成本低。性能和质量能满足一般工程的需要，在建筑结构中应用比较广泛。

② 镇静钢（Z）。铸锭时钢水在模内平静凝固，故名镇静钢。其特点是脱氧程度彻底，化学成分均匀，钢材的质量好且均质、性能稳定、低温脆性小、冲击韧性高、可焊性好、时效敏感性小、成本高。镇静钢只应用于承受振动、冲击荷载作用的重要的焊接钢结构中。

③ 半镇静钢（b）。脱氧程度、性能质量及成本均介于沸腾钢和镇静钢之间，在建筑结构中应用比较多。

④ 特殊镇静钢（TZ）。脱氧程度、性能、质量及成本均高于镇静钢。

（2）钢的主要性能。

① 弹性：钢材在荷载作用下产生变形，当荷载消失时，变形同时得到完全恢复的性质。在这个阶段里应力和应变成正比。

② 塑性：钢材在荷载作用下产生变形，当荷载消失时，变形不能恢复或不能完全恢复的

性质。又称屈服变形、塑性变形。

③ 拉伸性能：钢材在拉荷载作用下的各种表现，用以下指标衡量：

a. 弹性模量 E（单位：MPa）：代表钢材抵抗变形的能力。

b. 屈服强度 σ_s 或 $\sigma_{0.2}$（单位：MPa）：代表钢材在荷载作用下从弹性变形阶段进入弹塑性变形（钢材失去抵抗变形的能力出现屈服）时的拐点的应力值。在实际工程应用中，钢材的最大工作应力必须在屈服强度以下一定距离。也就是说，要有一个安全系数，以保证受力部件的工作安全。

c. 抗拉强度 σ_b（也称为极限强度，单位：MPa）：钢材在屈服变形之后继续受到拉伸时，钢材又恢复了一定的抵抗变形的能力。抗拉强度继续提高，同时变形也会快速增加；抗拉强度很快达到峰值，钢材出现颈缩继而塑性断裂。断裂前的最大应力值定义为钢材的抗拉强度。

d. 最大伸长率：也称为破坏伸长率，无量纲。钢筋受拉试验之前，首先在试件的受拉段预设两个标记点，其距离为 $10d$ 或 $5d$（d 为钢筋的公称直径），称为原始标距，用 l_0 表示；受拉破坏后（断口应在两标记点之间）测量两标记点的距离 l_1，计算标距的伸长量（$l_0 - l_1$ 与原始标距 l_0 之比即为最大伸长率）。

④ 冷弯性能：在常温下，钢材承受弯曲变形的能力（钢材在受弯后的拱面和侧面不应出现裂纹）。弯曲角度为 $180°$，弯曲半径与钢板的厚度或钢筋的直径有关。

⑤ 可焊性：钢材在一定的焊接工艺条件下进行焊接，当其焊缝及焊缝附近的热影响区的母材不会产生裂纹或硬脆倾向，且焊接接头部分的强度与母材相近时，则表示钢材的可焊性好。

⑥ 冷脆性（低温脆性）：当环境温度下降到某一低值时，钢材会突然变脆，抗冲击能力急剧下降，断口呈脆性破坏，这一特性称为冷脆性或低温脆性。在寒冷地区选用钢材时必须要对此项进行评定。钢材的破坏有塑性破坏和脆性破坏之分。钢材的塑性破坏是指钢材在荷载的作用下，先经过较大的塑性变形后发生的破坏。这种破坏有先兆。钢材的脆性破坏是指钢材在荷载的作用下，没有经过明显的塑性变形就突然发生了破坏。这种破坏没有明显先兆。

⑦ 冲击韧性：钢材在冲击荷载的作用下，抵抗破坏的能力。

⑧ 时效敏感性：随着时间的推移，钢材的强度会有所提高，塑性和韧性会有所降低的现象。含氧、氮元素多的钢材时效敏感性大，不宜于在动荷载或低温环境下工作。

⑨ 硬度：在钢材表面，局部体积内抵抗局部变形或破坏的能力。在建筑工程中常用的硬度表示方法有布氏硬度（HB）和洛氏硬度（HRC）。硬度与强度关联紧密且固定。在工程中如遇到难以测定钢材强度的情况时，可通过测定其硬度值来推定其强度。

（3）钢材的冷作强化和时效强化。

① 在常温下，钢材经拉、拔、轧等加工手段使其产生一定量的塑性变形之后，其屈服强度、硬度均得到提高，同时韧性降低。这个现象称为冷作强化（或冷加工强化）。

② 经过冷加工后的钢材若在常温下存放 $15 \sim 20d$（称自然时效）或在 $100 \sim 200°C$ 环境下保温 $2h$（称人工时效），其屈服强度会进一步提高，抗压强度也会提高，弹性模量得到恢复，塑性韧性继续降低。这种现象称为时效强化。自然时效和人工时效统称为时效处理。

③ 在建筑工地上，经常可以见到工人对盘条钢筋进行拉直加工。通过拉直可以达到以下效果：拉直便于后续加工，使钢筋得到冷作强化和时效强化；使钢筋拉长，降低了钢筋的实际消耗量；钢筋表面的氧化层随钢筋的伸长变形而脱落（得到了除锈的效果）。

（4）钢材的热处理。

钢材的热处理是将钢材按规定的温度和规定的方法进行加热、保温或冷却处理，以改变其内部晶体组织结构，从而获得所需要的机械性能。常见的热处理方法有淬火、表面高频淬火回火、退火和正火等。其中回火和正火是建筑钢材常用的热处理技术。

① 淬火：将钢材整体加热到723°C以上，保温一定时间后将其迅速放入冷油或冷水中，令其急速冷却，从而提高钢材的强度和硬度，同时脆性增加，韧性降低。淬火的效果与冷却速度密切相关。

② 表面高频淬火：将钢材放入一个高频、交变的磁场中，使钢材表层产生强大的感生电流，电流使钢材表层在极短的时间内加热到淬火温度后，随即喷水冷却，从而使钢材表层得到淬火。由于这种工艺使钢材的芯部来不及升温就进入了冷却过程，能够得到淬火的只能是深度为 1~2 mm 的表层，钢材的芯部依然保持淬火前的状态，故称表面淬火或高频淬火。

③ 回火：经过淬火的钢材的强度、硬度很高，韧性差，难以继续进行加工（除磨削加工外），同时由于淬火过程中，钢材表、里降温的速度不同而产生了一定的内应力，对于钢材是不利的。将淬火钢材再次加热到一定温度，然后在适当的保温条件下使其缓慢冷却至常温，这一工艺方法称为回火。经过回火的钢材，内应力消除了，强度硬度有所下降，硬脆性和韧性得到改善。根据再次加热的温度的不同，回火可分为高温回火（500~680 °C）、中温回火（350~450 °C）、低温回火（150~250 °C）。淬火加高温回火的处理工艺称为调质。

④ 正火：将钢材加热到变相温度并保温一定时间后，置于空气中风冷至常温。正火后，钢材的硬度、强度稍有提高，切削性能得到改善。

⑤ 退火：将钢材加热到变相温度并长时间保温后缓慢冷却至常温。退火的目的在于降低钢材的硬度、强度，细化组织，消除加工应力。

（5）普通碳素结构钢的牌号。

普通碳素结构钢的牌号组成规则如下：

屈服点符号	屈服强度等级	一质量等级	脱氧程度
Q	（195/215/235/255/275）	（A/B/C/D）	（F/b/Z/TZ）

注：① 质量等级中，A、B级为普通钢，只保证机械性能，不保证化学成分；C、D级为优质钢，机械性能、化学成分同时保证。

② F、b级脱氧程度符号必须标注，Z、TZ级脱氧程度符号可以不标注。

③ 屈服强度共分5个等级，单位：MPa。

（6）优质碳素结构钢的牌号。

08、10、15、20、25、30、35、40、45、…、85，15 Mn、20 Mn、25 Mn、…、70 Mn。

（7）低合金高强度结构钢的牌号。

牌号 Q295、Q345、Q390、Q420、Q460，（Q 为屈服点符号，后面的数字表示屈服强度，单位：MPa）。

（8）钢筋混凝土用钢的品种及牌号。

钢筋混凝土中主要使用以下 3 种钢筋：

依据国家标准《钢筋混凝土用热轧带肋钢筋》（GB 1499.1—2008），热轧光圆钢筋可以分为 HPR 235、HPR 300；

依据国家标准《钢筋混凝土用热轧带肋钢筋》（GB 1499.2—2007），热轧带肋钢筋可分为 HRB 335、HRB 400、HRB 500；

细晶粒热轧带肋钢筋可分为 HRBF 335、HRBF 400、HRBF 500。

2. 装配式建筑钢筋基本要求

（1）装配式建筑采用的钢筋和预应力钢筋的各项计算指标应符合现行国家标准《混凝土结构设计规范》（GB 50010）的规定。钢筋进场时，应按国家现行相关标准的规定抽取试件作屈服强度、抗拉强度、伸长率、弯曲性能和重量偏差检验，检验结果符合相关标准的规定；预应力钢筋进场时，应按国家现行相关标准的规定抽取试件作抗拉强度、伸长率检验，检验结果符合相关标准的规定。钢筋和预应力筋进场后按品种、规格、批次等分类堆放，并采取防锈防蚀措施。

（2）装配式结构采用的钢材的各项计算指标应符合现行国家标准《钢结构设计规范》（GB 50017）的规定；当装配式结构构件处于外露情况和低温环境时，所使用的钢材性能尚应符合耐大气腐蚀和避免低温冷脆的要求。

（3）有抗震设防要求的装配式结构的梁、柱、墙、支撑中的受力钢筋应根据结构设计对钢筋强度、延性、连接方式及施工适应性等要求，选用下列牌号的钢筋：

① 纵向受力普通钢筋宜采用 HRB 400、HRB 500、HRBF 400、HRBF 500，也可采用 HRB 335、HRBF 335 钢筋；

② 预应力筋宜采用预应力钢丝、钢绞线和预应力螺纹钢筋；

③ 箍筋宜采用 HPB 300、HRB 335、HRB 400、HRB 500 钢筋。

（4）按一、二、三级抗震等级设计的框架和斜撑构件，其纵向受力普通钢筋应符合下列要求：

① 钢筋的抗拉强度实测值与屈服强度实测值的比值不应小于 1.25；

② 钢筋的屈服强度实测值与屈服强度标准值的比值不应大于 1.30；

③ 钢筋最大拉力下的总伸长率不应小于 9%。

（5）当预制构件中采用钢筋焊接网片配筋时，应符合现行国家标准《钢筋焊接网混凝土结构技术规程》（JGJ 114）及《冷拔低碳钢丝应用技术规程》（JGJ 19）的规定。

（6）预制构件吊环应采用未经冷加工的 HPB 300 钢筋制作。预制构件吊装用内埋式螺母或内埋式吊杆及配套的吊具，应根据相应的产品标准和应用技术规定选用。

3. 检验项目

（1）每到一批钢材及时对产品外观进行外观检查，检查内容应包括：裂纹、重皮、砂孔、变形、机械损伤和锈蚀程度等，外观质量必须符合相关标准；进厂钢材的外形尺寸、尺寸偏差符合相关标准要求。需进行委托检验或复检的钢材，仓库管理人员应及时委托检验或复检，钢筋做力学性能试验。合金钢材做光谱定性复验。

（2）钢筋检查内容主要为：

① 钢筋原材料的质量，包括钢筋的质量证明书及钢筋复试报告。

② 检查钢筋的制作与安装质量，包括钢筋的品种、级别、规格与数量、钢筋搭接位置、

搭接长度、钢筋锚固长度，钢筋保护层厚度、箍筋的几何尺寸、箍筋的安装间距、箍筋的弯钩、钢筋间距、排距、预埋件等。

4．检验批次

钢材应成批进行验收，每批由同一牌号、同一尺寸、同一交货状态组成，种类不得大于60 t。W 钢或 B 级钢允许同一牌号、同一质量等级、同一冶炼和浇筑方法、不同炉罐号组成目和批，但每批不得多于 6 个炉罐号，且每炉罐号含碳量之差不得大于 0.02%，含锰量之差不得大于 0.15%。

5．检验数量

检查数量为：全数检查。

6 检测依据

检测依据现行国家标准包括《优质碳素结构钢》（GB/T 699）、《钢筋混凝土用钢第 1 部分：热轧光圆钢筋》（GB 1499.1）、《低合金高强度结构钢》（GB/T 1591）等。

2.3 灌浆套筒及浆锚搭接材料检测

对装配式结构而言，"可靠的连接方式"是第一重要的，是结构安全最基本的保障。装配式混凝土结构连接方式包括：

（1）钢筋套筒灌浆连接，分为全灌浆套筒和半灌浆套筒两种；

（2）浆锚搭接连接；

（3）后浇混凝土连接；

（4）螺栓连接；

（5）焊接连接；

本节将介绍套筒灌浆连接和浆锚搭接两种连接方式的材料检测方法。

装配式混凝土
结构连接方式

灌浆套筒材料
准备及检测

2.3.1 灌浆套筒材料检测

套筒灌浆连接是指在预制混凝土构件中预埋的金属套筒中插入钢筋并灌注水泥基灌浆料而实现的钢筋连接方式。

钢筋套筒灌浆连接的技术在美国和日本已经有近四十年的应用历史，是一项十分成熟的技术。美国混凝土协会已明确将这种连接列入机械连接的一类，不仅将这项技术广泛应用于预制构件受力钢筋的连接，还用于现浇混凝土受力钢筋的连接。我国部分单位对这种接头进行了一定数量的试验研究工作，也证实了它的安全性。

套筒灌浆材料中的灌浆料是以水泥为基本原料，配以适当的细集料、混凝土外加剂和其他材料组成的干混料，加水搅拌后具有良好的流动性、早强、高强、微膨胀等特性，填充于套筒与带肋钢筋间隙内。

根据行业标准《钢筋套筒灌浆连接应用技术规程》（JGJ 355）第 3.1.3 条要求，灌浆料性能及试验方法应符合现行行业标准《钢筋连接用套筒灌浆料》（JG/T 408）的有关规定，并应符合下列规定：

1. 性能要求

灌浆料抗压强度应符合表 2-11 和表 2-12 中（灌浆料抗压强度）的要求，且不应低于接头设计要求的灌浆料抗压强度；灌浆料抗压强度试件尺寸应按 40 mm×40 mm×160 mm 尺寸制作，其加水量应按灌浆料产品说明书确定，试件应按标准方法制作、养护。其余性能指标见表 2-11 和表 2-12。

表 2-11　常温型套筒灌浆料的性能指标

检测项目		性能指标
流动度/mm	初始	>300
	30 min	>260
抗压强度/MPa	1 d	>35
	3 d	>60
	28 d	>85
竖向膨胀率/%	3 h	0.02 ~ 2
	24 h 与 3 h 差值	0.02 ~ 0.40
28 d 自干燥收缩/%		<0.045
氯离子含量/%		<0.03
泌水率/%		0

注：氯离子含量以灌浆料总量为基准。

表 2-12　低温型套筒灌浆料的性能指标

检测项目		性能指标
-5℃流动度/mm	初始	300
	30 min	260
8℃流动度/mm	初始	300
	30 min	260
抗压强度/MPa	-1d	35
	-3d	60
	-7d+21da	85
竖向膨胀率/%	3h	0.02 ~ 2
	24 h 与 3 h 差值	0.02 ~ 0.40
28 d 自干燥收缩/%		≤0.045
氯离子含量 b/%		≤0.03
泌水率/%		0

注：a.-1 d 代表在负温养护 1 d，-3 d 代表在负温养护 3 d，-7 d+21 d 代表在负温养护 7 d 转标养 21 d。
　　b.氯离子含量以灌浆料总量为基准。

2. 试验方法

（1）一般要求。

常温型套筒灌浆料试件成型时试验室的温度应为（20±2）℃，相对湿度应大于50%；养护室的温度应为（20±1）℃，养护室的相对湿度不应低于90%；养护水的温度应为（20±1）℃。

低温型套筒灌浆料试件成型时试验室的温度应为（-5±2）℃，养护室的温度应为（-5±1）℃。

（2）流动度。

常温型套筒灌浆料流动度试验、低温型套筒灌浆料流动度试验［分别在（-5±2）℃、（8±2）℃条件下进行］应符合以下规定：

① 应采用符合现行《行星式水泥胶砂搅拌机》（JC/T 681）要求的搅拌机拌和水泥基灌浆材料；

② 截锥圆模应符合现行《水泥胶砂流动度测定方法》（GB/T 2419）的规定，尺寸为下口内径（100±0.5）mm，上口内径（70±0.5）mm，高（60±0.5）mm；

③ 玻璃板尺寸500 mm×500 mm，并应水平放置；

④ 采用钢直尺测量，精度为1 mm。

流动度试验应按下列步骤进行：

① 称取1 800 g水泥基灌浆材料，精确至5 g；按照产品设计（说明书）要求的用水量称量好拌和用水，精确至1 g。

② 湿润搅拌锅和搅拌叶，但不得有明水。将水泥基灌浆材料倒入搅拌锅中，开启搅拌机，同时加入拌和用水（应在10 s内加完）。

③ 按水泥胶砂搅拌机的设定程序搅拌240 s。

④ 湿润玻璃板和截锥圆模内壁，但不得有明水；将截锥圆模放置在玻璃板中间位置。

⑤ 将水泥基灌浆材料浆体倒入截锥圆模内，直至浆体与截锥圆模上口平；徐徐提起截锥圆模，让浆体在无扰动条件下自由流动直至停止。

⑥ 测量浆体最大扩散直径及与其垂直方向的直径，计算平均值，精确到1 mm，作为流动度初始值。应在6 min内完成上述搅拌和测量过程。

⑦ 将玻璃板上的浆体装入搅拌锅内，并采取防止浆体水分蒸发的措施。自加水拌和起30 min时，将搅拌锅内浆体按上述③～⑥步骤试验，测定结果作为流动度30 min保留值。

（3）抗压强度。

套筒灌浆料抗压强度试验试件尺寸为40 mm×40 mm×160 mm的棱柱体，具体步骤如下：

① 称取1 800 g水泥基灌浆材料，精确至5 g；按照产品设计（说明书）要求的用水量称量拌和用水，精确至1 g。

② 水泥基灌浆材料按上述流动度试验规定搅拌。

③ 将浆体灌入试模，至浆体与试模的上边缘平齐，成型过程中不得震动试模。应在6 min内完成搅拌和成型过程，浇筑完成后应立刻覆盖。

④ 将装有浆体的试模在成型室内静置2 h后移入养护箱。

⑤ 抗压强度的试验应按现行《水泥胶砂强度检验方法（ISO法）》（GB/T 17671）中的有关规定执行。

（4）竖向膨胀率。

竖向膨胀率试验方法包括竖向膨胀率接触式测量法和竖向膨胀率非接触式测量法，以下主要介绍竖向膨胀率接触式测量法。

① 竖向膨胀率接触式测量法基本要求

测试仪器工具应符合下列要求：

a. 千分表：量程 10 mm。

b. 千分表架：磁力表架。

c. 玻璃板：长 140 mm×宽 80 mm×厚 5 mm。

d. 试模：100 mm×100 mm×100 mm 立方体试模的拼装缝应填入黄油，不得漏水。

e. 铲勺：宽 60 mm，长 160 mm。

f. 捣板：可用钢锯条代替。

g. 钢垫板：长 250 mm×宽 250 mm×厚 15 mm 普通钢板。

竖向膨胀率装置示意如图 2-3 所示，仪表安装应符合下列要求：

a. 钢垫板：表面平整，水平放置在工作台上，水平度不应超过 0.02。

b. 试模：放置在钢垫板上，不得摇动。

c. 玻璃板：平放在试模中间位置，其左右两边与试模内侧边留出 10 mm 空隙。

d. 千分表架固定在钢垫板上，尽量靠近试模，缩短横杆悬臂长度。

e. 千分表：千分表与千分表架卡头固定牢靠，但表杆能够自由升降。安装千分表时，要下压表头，使表针指到量程的 1/2 处左右。千分表不得前后左右倾斜。

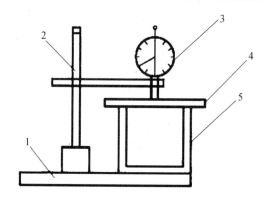

注：1—钢垫板；2—千分表架（磁力式）；3—千分表；4—玻璃板；5—试模。

图 2-3　竖向膨胀率接触式测量装置示意

② 竖向膨胀率试验步骤应符合下列规定：

a. 按流动度检测流程拌和水泥基灌浆材料。

b. 将玻璃板平放在试模中间位置，并轻轻压住玻璃板。拌和料一次性从一侧倒满试模，至另一侧溢出并高于试模边缘约 2 mm。

c. 用湿棉丝覆盖玻璃板两侧的浆体。

d. 把千分表测量头垂直放在玻璃板中央，并安装牢固，在 30 s 内读取千分表初始读数。

成型过程应在搅拌结束后 5 min 内完成。

e. 自加水拌和时起分别于 3 h±5 min 和 24 h±15 min 读取千分表的读数。整个测量过程中应保持棉丝湿润，装置不受震动。成型养护温度均为（20±2）℃。

套筒灌浆料竖向膨胀率接触式测量法应按式（2-4）计算：

$$\varepsilon_t = (h_t - h_0) / h \times 100\% \tag{2-4}$$

式中：ε_t——竖向膨胀率；

　　　h_0——试件高度的初始读数，单位为毫米（mm）；

　　　h_t——试件龄期为/时的高度读数，单位为毫米（mm）；

　　　h——试件基准高度 100，单位为毫米（mm）。

注：① 试验结果取 1 组 3 个试件的算术平均值，计算精确至 0.01。

　　② 本方法适用于常温型套筒灌浆竖向膨胀率的测试。

（5）自干燥收缩试验。

测定套筒灌浆料的自干燥收缩值将使用下列仪器：

① 测长仪，测量精度为 0.001 mm

② 收缩头：应由黄铜或不锈钢加工而成，如图 2-4 所示；

③ 试模：应采用 40 mm × 40 mm × 160 mm 棱柱体，且在试模的两个端面中心，应各开一个 6.5 mm 的孔洞。

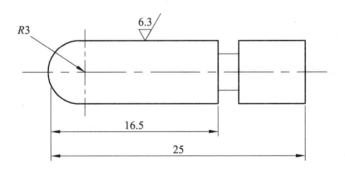

图 2-4　收缩头（单位：mm）

自干燥收缩试验应按下列步骤进行：

① 应将收缩头固定在试模两端的孔洞中，收缩头埋入浆体长度应为（10±1）mm。

② 应将拌和好的浆体直接灌入试模，浆体应与试模的上边缘平齐。浇筑后立刻覆盖。从搅拌开始计时到成型结束，应在 6 min 内完成，然后带模置于标准养护条件下［温度为（20±2）℃，相对湿度大于或等于 90%］养护至（20±0.5）h 后，方可拆模，拆模后用不少于 2 层塑料薄膜将试块完全包裹，然后用铝箔贴将带塑料薄膜的试块包裹并编号，标明测试方向。

③ 将试块移入温度（20±2）℃的实验室中预置 4 h，按标明的测试方向立即测定试件的初始长度。测定前，应先用标准杆调整测长仪的原点。

④ 测定初始长度后，将试件置于温度（20±2）℃、相对湿度为60%±5%的实验室内，然后第28 d测定试件的长度。

自干燥收缩值应按式（2-5）计算：

$$\varepsilon=(l_0-l_{28})/(l-l_d)\times100\% \tag{2-5}$$

式中：ε——28 d的试件自干燥收缩值；

   l_0——试件成型1 d后的长度即初始长度，单位为毫米（mm）；

   l——试件的长度160 mm；

   l_d——两个收缩头埋入浆体中长度之和，即（20±2）mm；

   l_{28}——28 d时试件的实测长度，单位为毫米（mm）。

确定自干燥收缩值试验结果需按以下要求：

① 应取3个试件测值的算术平均值作为自干燥收缩值，计算精确至1×10^{-6} mm；

② 当1个值与平均值偏差大于20%时，应剔除；

③ 当有2个值与平均值偏差大于20%时，该组试件结果无效。

（6）泌水率。

混凝土在运输、振捣、泵送的过程中出现粗骨料下沉，水分上浮的现象称为混凝土泌水。通常，描述混凝土泌水特性的指标有泌水量（即混凝土拌合物单位面积的平均泌水量）和泌水率（即泌水量对混凝土拌合物含水量之比）。

泌水率介绍及测定

泌水会引起某些不良的后果，如麻面、开裂，表层混凝土强度降低等问题。泌水以后会使混凝土不均匀，并且泌水本身在混凝土中是不均匀的，对混凝土性能有不利影响的。泌水部位水灰比下降的同时，会在该部位留下缺陷，导致该部位强度下降。泌水还会降低混凝土的抗渗透能力、抗腐蚀能力和抗冻融能力。

检测套筒灌浆料的泌水率应符合现行国家标准《普通混凝土拌合物性能试验方法标准》（GB/T 50080）的规定，以下将对该试验步骤进行介绍：

① 用湿布润湿容量筒内壁后应立即称量，并记录容量筒的质量。

② 混凝土拌合物试样应按下列要求装入容量筒，并进行振实或插捣密实，振实或捣实的混凝土拌合物表面应低于容量筒筒口（30±3）mm，并用抹刀抹平。

a.混凝土拌合物坍落度不大于90 mm时，宜用振动台振实，应将混凝土拌合物一次性装入容量筒内，振动持续到表面出浆为止，并应避免过振。

b.混凝土拌合物坍落度大于90 mm时，宜用人工插捣，应将混凝土拌合物分两层装入，每层的插捣次数为25次。捣棒由边缘向中心均匀地插捣，插捣底层时捣棒应贯穿整个深度，插捣第二层时，捣棒应插透本层至下一层的表面。每一层捣完表面插捣孔消失并不见大气泡为止。

③ 自密实混凝土应一次性填满，且不应进行振动和插捣。应将筒口及外表面擦净，称量并记录容量筒与试样的总质量，盖好筒盖并开始计时。

④ 在吸取混凝土拌合物表面泌水的整个过程中，应使容量筒保持水平、不受振动；除了吸水操作外，应始终盖好盖子；室温应保持在（20±2）℃。

⑤ 计时开始后 60 min 内，应每隔 10 min 吸取 1 次试样表面泌水；60 min 后，每隔 30 min 吸取 1 次试样表面泌水，直至不再泌水为止。每次吸水前 2 min，应将一片（35±5）mm 厚的垫块垫入筒底一侧使其倾斜，吸水后应平稳地复原盖好。吸出的水应盛放于量筒中，并盖好塞子。记录每次的吸水量，并应计算累计吸水量，精确至 1 mL。

混凝土拌合物的泌水量应按式（2-6）计算。泌水量应取三个试样测值的平均值。三个测值中的最大值或最小值有且只与中间值之差超过中间值的 15% 时，应以中间值作为试验结果；最大值和最小值与中间值之差均超过中间值的 15% 时，应重新试验。

$$B_a = V/A \qquad\qquad (2\text{-}6)$$

式中：B_a——单位面积混凝土拌合物的泌水量（mL/mm²），精确至 0.01 mL/mm²；

V——累计的泌水量（mL/mm²）；

A——混凝土拌合物试样外露的表面面积（mm²）。

混凝土拌合物的泌水率应按式（2-7）和式（2-8）计算。泌水率应取三个试样测值的平均值。三个测值中的最大值或最小值，有且只有一个与中间值之差超过中间值的 15% 时，应以中间值为试验结果；最大值和最小值与中间值之差均超过中间值的 15% 时，应重新试验。

$$B = V/[(W/m_T) \times m] \times 100 \qquad\qquad (2\text{-}7)$$

$$m = m_2 - m_1 \qquad\qquad (2\text{-}8)$$

式中：B——泌水率（%），精确至 1%；

m——混凝土拌合物试样质量（g）；

m_T——试验拌制混凝土拌合物的总质量（g）；

W——试验拌制混凝土拌合物拌合用水量（mL）；

m_1——容量筒质量（g）；

m_2——容量筒及试样总质量（g）。

2.3.2　浆锚搭接材料检测

1. 钢筋浆锚搭接接头性能要求

钢筋浆锚搭接材料检测根据现行《装配式混凝土结构技术规程》JGJ 1 中规定执行。钢筋浆锚搭接连接接头应采用水泥基灌浆料，灌浆料的性能应满足表 2-13 的要求。

表 2-13　钢筋浆锚搭接连接接头用灌浆料性能要求

项目		性能指标	试验方法标准
泌水率/%		0	《普通混凝土拌合物性能试验方法标准》GB/T 50080
流动度/mm	初始值	200	《水泥基灌浆材料应用技术规范》GB/T 50448
	30 min 保留值	150	
竖向膨胀率/%	3 h	0.02	《水泥基灌浆材料应用技术规范》GB/T 50448
	24 h 与 3 h 的膨胀率之差	0.02～0.5	

项目		性能指标	试验方法标准
抗压强度/MPa	1 d	35	《水泥基灌浆材料应用技术规范》 GB/T 50448
	3 d	55	
	28 d	80	
氧离子含量/%		≤0.06	《混凝土外加剂匀质性试验方法》 GB/T 8077

2. 水泥基灌浆材料

（1）主要性能。

① 根据《水泥基灌浆材料应用技术规范》GB/T50448，水泥基灌浆材料主要性能应符合表 2-14 的规定。

水泥基灌浆材料

表 2-14　钢筋浆锚搭接连接接头用灌浆料性能要求

类别		I 类	II 类	III 类	IV 类
最大骨料粒径/mm		≤4.75		>4.75 且≤25	
截锥流动度/mm	初始值	—	340	290	650*
	30 min	—	340	290	550*
流锥流动度/s	初始值	≤35	—	—	—
	30 min	≤50	—	—	—
竖向膨胀率/%	3 h	0.1~3.5			
	24 h 与 3 h 的膨胀值之差	0.02~0.50			
抗压强度/MPa	1 d	15		20	
	3 d	30		40	
	28 d	50		60	
氧离子含量/%		<0.1			
泌水率/%		0			

注：*表示坍落扩展度数值。

② 根据《水泥基灌浆材料应用技术规范》（GB/T 50448），用于冬期施工的水泥基灌浆材料性能除应符合本规范表 2-14 的规定外，还应符合表 2-15 的规定。

表 2-15　用于冬期施工时的水泥基灌浆材料性能指标

使用环境温度/℃	抗压强度比/%	热震性（20 次）
200~500	100	①试块表面无脱落； ②热震后的试件浸水端抗压强度与试件标准养护 28 d 的抗压强度比（%）90

③ 根据《水泥基灌浆材料应用技术规范》（GB/T 50448），用于高温环境（200～500 ℃）的水泥基灌浆材料性能除应符合本规范表 2-14 的规定外，尚应符合表 2-16 的规定。当环境温度超过 80 ℃时，不得使用硫铝酸盐水泥配成的水泥基灌浆材料。

表 2-16　用于冬期施工时的水泥基灌浆材料性能指标

使用环境温度/℃	抗压强度比/%	热震性（20 次）
200～500	100	①试块表面无脱落；②热震后的试件浸水端抗压强度与试件标准养护 28 d 的抗压强度比 90%

④ 根据《水泥基灌浆材料应用技术规范》（GB/T 50448），用于预应力孔道的水泥基灌浆材料性能应符合表 2-17 的规定。

表 2-17　用于预应力孔道的水泥基灌浆材料性能指标

序号	项目		指标
1	凝结时间/h	初凝	4
		终凝	≤24
2	流锥流动度/s	初始	10～18
		30 min	12～20
		24 h 自由泌水率	0
3	泌水率/%	压力泌水率，0.22 MPa	≤1
		压力泌水率，0.36 MPa	≤2
4	24 h 自由膨胀率/%		0～3
5	充盈度		合格
6	氧离子含量/%		≤0.06

（2）钢筋浆锚搭接接头性能试验方法。

① 根据《水泥基灌浆材料应用技术规范》（GB/T 50448），实验室温度、湿度应按规定进行。

a. 温度应为（20±2）℃，相对湿度应大于 50%。

b. 养护室的温度应为（20±1）℃，相对湿度应大于 90%；养护水的温度应为（20±1）℃。

c. 成型时，水泥基灌浆材料和拌和水的温度应与实验室的温度一致。

② 根据《水泥基灌浆材料应用技术规范》（GB/T 50448），截锥流动度试验应符合下列规定：

a. 应采用行星式水泥胶砂搅拌机搅拌，并应按固定程序搅拌 240 s。

b. 截锥圆模应符合现行国家标准《水泥胶砂流动度测定方法》（GB/T 2419）的规定。玻璃板尺寸不应小于 500 mm × 500 mm，并应放置在水平试验台上。

c. 测定截锥流动度时应按下列试验步骤进行：

（a）应预先润湿搅拌锅、搅拌叶、玻璃板和截锥圆模内壁。

（b）搅拌好的灌浆材料倒满截锥圆模后，浆体应与截锥圆模上口平齐。

（c）提起截锥圆模后应让灌浆材料在无扰动条件下自由流动直至停止，用卡尺测量底面最大扩散直径及与其垂直方向的直径，计算平均值作为流动度初始值，测试结果应精确到 1 mm。

（d）应在 6 min 内完成初始值检验。

（e）初始值测量完毕后，迅速将玻璃板上的灌浆材料装入搅拌锅内，并应用潮湿的布封盖搅拌锅。

（f）初始值测量完毕后 30 min，应将搅拌锅内灌浆材料重新按搅拌机的固定程序搅拌 240 s，然后重新按本条款中第（a）～（c）项测量流动度值作为 30 min 保留值，并记录数据。

③ 根据《水泥基灌浆材料应用技术规范》（GB/T 50448），流锥流动度试验应符合下列规定：

a. 流锥流动度测试仪的尺寸应符合现行行业标准《铁路后张法预应力混凝土梁管道压浆技术条件》TB/T 3192 的规定。

b. 流动锥的校验：（1725±5）mL 水流出的时间应为（8.0±0.2）s。

c. 测定时，应将漏斗调整水平，封闭底口，将搅拌均匀的浆体均匀倾入漏斗内，直至表面触及点测规下端 [（1725±5）mL 浆体]。开启底口，使浆体自由流出，并应记录浆体全部流出时间（s）。

④ 根据《水泥基灌浆材料应用技术规范》（GB/T 50448），坍落扩展度试验应符合下列规定：

a. 应采用强制式混凝土搅拌机拌和。

b. 坍落度筒应符合现行行业标准《混凝土坍落度仪》（JG/T 248）的规定；底板应平直，尺寸不应小于 800 mm × 800 mm。

c. 测定坍落扩展度时应按下列试验步骤进行：

（a）应预先用水润湿搅拌机、混凝土坍落度筒及底板，不得有明水。

（b）将 20 kg 水泥基灌浆材料倒入搅拌机内，搅拌 180 s。

（c）应把坍落度筒放在底板中心，然后用脚踩住两边的脚踏板，坍落度筒在装料时应保持固定的位置。

（d）应将搅拌好的水泥基灌浆材料一次性装满坍落度筒，不需插捣，用抹刀刮平，清除筒边底板上的灌浆材料，应垂直提起坍落度筒，提离过程应在 5～10 s 内完成，从开始装料到提坍落度筒的整个过程应在 60 s 内完成。

（e）应用直尺测量灌浆料扩展后的垂直方向上的扩展直径，计算两个所测直径的平均值，即为坍落扩展度初始值，测试结果应精确到 1 mm，取整后用毫米表示并记录数据。

（f）应在 5 min 内完成坍落扩展度初始值检验。

（g）坍落扩展度初始值测量完毕后，迅速将底板上的灌浆材料装入搅拌机内，并用潮湿的布封盖搅拌机入料口。

（h）坍落扩展度初始值测量完毕后 30 min，应将搅拌机内灌浆材料重新搅拌 180 s，应按本条款第（c）～（e）项测量坍落扩展度作为坍落扩展度 30 min 保留值，并应记录数据。

⑤ 根据《水泥基灌浆材料应用技术规范》（GB/T 50448），抗压强度试验应符合下列规定：

a. 水泥基灌浆材料的最大骨料粒径不大于 4.75 mm 时，抗压强度标准试件应采用尺寸为 40 mm × 40 mm × 160 mm 的棱柱体，抗压强度的检验应按现行国家标准《水泥胶砂强度检验方法（ISO 法）》（GB/T 17671）中的有关规定执行。应采取非振动成型，按上述②中方法搅拌水泥基灌浆材料，将拌和好的浆体直接灌入试模，浆体应与试模的上边缘平齐。从搅拌开始计时到成型结束，应在 6 min 内完成。

b. 水泥基灌浆材料的最大骨料粒径大于 4.75 mm 且不大于 25 mm 时，抗压强度标准试件应采用尺寸 100 mm×100 mm×100 mm 的立方体，抗压强度检验应按现行国家标准《普通混凝土力学性能试验方法标准》(GB/T 50081)中的有关规定执行。应按上述④中方法搅拌水泥基灌浆材料，将拌和好的浆体直接灌入试模，适当手工振动，浆体应与试模的上边缘平齐。

其他性能试验方法参照《水泥基灌浆材料应用技术规范》(GB/T 50448)进行。

（3）进场检验。

① 水泥基灌浆材料进场时应复验，合格后方可用于施工。

② 复验项目应包括水泥基灌浆材料性能和净含量。

③ 水泥基灌浆材料包装净含量应符合下列规定，否则判为不合格品：

a. 每袋净质量应为 25 kg 或 50 kg，且不得少于标识质量的 99%。

b. 随机抽取 40 袋 25 kg 包装或 20 袋 50 kg 包装的产品，总净含量不得少于 1 000 kg。

c. 其他包装形式可由供需双方协商确定，但净含量应符合上述 a、b 的规定。

④ 进场的水泥基灌浆材料应查验和收存型式检验报告、使用说明书、出厂检验报告（或产品合格证）等质量证明文件。

⑤ 出厂检验报告内容应包括：产品名称与型号、检验依据标准、生产日期、用水量、流动度的初始值和 30 min 保留值、竖向膨胀率、1 d 抗压强度、检验部门印章、检验人员签字（或代号）。当用户需要时，生产厂家应在水泥基灌浆材料发出之日起 7 d 内补发 3 d 抗压强度值、32 d 内补发 28 d 抗压强度值。

（4）检验批与取样。

① 水泥基灌浆材料每 200 t 应为一个检验批，不足 200 t 的应按一个检验批计，每一检验批应为一个取样单位。

② 取样方法应按现行国家标准《水泥取样方法》(GB/T 12573)执行，取样应有代表性，总量不得少于 30 kg。

③ 样品应混合均匀，并应用四分法，将每一检验批取样量缩减至试验所需量的 2.5 倍。

④ 每一检验批取得的试样应充分混合均匀，分为两等份，其中一份应按上述（1）规定的项目进行检验，另一份应密封保存至有效期，以备仲裁检验。

3. 预应力混凝土用金属波纹管

（1）预应力混凝土用金属波纹管检验分类。

① 产品均应进行出厂检验和型式检验。

② 出厂检验应由生产厂质量检验部门进行，检验合格方准出厂。

③ 凡属于下列情况之一者，应进行型式检验：

a. 新产品或老产品转厂生产的试制定型鉴定。

b. 正式生产后，材料、设备、工艺改变，可能影响产品性能时。

c. 正常生产时，每 2 年应检验一次。

d. 产品停产半年以上，恢复生产时。

e. 出厂检验结果与上次型式检验有较大差异时。

（2）预应力混凝土用金属波纹管检验项目。

预应力混凝土用金属波纹管出厂检验和型式检验的检验项目应符合表 2-18 的规定。

表 2-18　预应力混凝土用金属波纹管产品检验项目

序号	项目名称	出厂检验	型式检验	要求	试验方法
1	外观	√	√	4.4	5.1
2	尺寸	√	√	4.2.2、4.4	5.2
3	抗局部横向荷载性能	√	√	4.5	5.3
4	抗均布荷载性能	—	√	4.5	5.3
5	承受局部横向荷载后抗渗漏性能	—	√	4.6	5.4.1
6	弯曲后抗渗漏性能	√	√	4.6	5.4.2

（3）组批和抽样。

① 出厂检验。

a. 出厂检验应按批进行。每批应由同一钢带生产厂生产的同一批钢带制造的产品组成。每半年或累计 50 000 m 生产量为一批。

b. 外观应全数检验，其他项目抽样数量均为 3 件。

② 型式检验。

同一截面形状、同一性能要求的金属波纹圆管应按下列规定分组，并在每组中各选用一种规格的有代表性的产品进行型式检验：

a. 公称内径小于等于 60 mm 时，为小规格组。

b. 公称内径大于 60 mm 小于等于 90 mm 时，为中规格组。

c. 公称内径大于 90 mm 时，为大规格组。

d. 公称内短轴相同的扁管为一组。

所有型式检验项目抽样数量均为 6 件。

（4）检验结果判定。

当全部出厂检验项目均符合要求时，应判定该批产品合格；当检验结果有不合格项目时，应从同一批产品中未经抽样的产品中重新加倍取样对不合格项目复验，复检结果全部合格，应判定该批产品合格，否则应判定该批产品不合格。

当全部型式检验项目均符合要求时，应判定型式检验合格；当检验结果有不合格项目时，对不合格项目应重新加倍取样复检，复检结果全部合格，应判定型式检验合格，否则应判定型式检验不合格。

2.4　座浆材料检测

装配式建筑用座浆料

座浆材料检查执行以下标准规范条文：

（1）《装配式混凝土结构技术规程》（JGJ 1—2014）第 13.2.4 条：剪力墙底部接缝座浆强度应满足设计要求。

检查数量：按批检验，每层为一检验批；每工作班同一配合比应制作 1 组且每层不应少于 3 组边长为 70.7 mm 的立方体试件，标准养护 28 d 后进行抗压强度试验。

检验方法：检查座浆材料强度试验报告及评定记录。

（2）《装配式混凝土建筑技术标准》（GB/T 51231—2016）第 11.3.5 条：预制构配件底部接缝座浆强度应满足设计要求。

检查数量：按批检验，以每层为一检验批；每工作班同一配合比应制作 1 组且每层不应少于 3 组边长为 70.7 mm 的立方体试件，标准养护 28 d 后进行抗压强度试验。

检验方法：检查座浆材料强度试验报告及评定记录。

条文说明：接缝采用座浆连接时，如果希望座浆满足竖向传力要求，则应对座浆的强度提出明确的设计要求。对于不需要传力的填缝砂浆可以按构造要求规定其强度指标。施工时应采取措施确保座浆在接缝部位饱满密实，并加强养护。

（3）《建筑砂浆基本性能试验方法标准》（JGJ/T 70—2009）。

（4）《钢筋连接用套筒灌浆料》（JG/T 408—2019）附录 B "抗压强度试验"。

（5）《钢筋套筒灌浆连接应用技术规程》（JGJ 355—2015）第 3.1.3 条。

此外，若座浆材料为灌浆料时，其检测应符合《水泥基灌浆材料应用技术规范》（GB/T 50448—2015）附录 A 的规定。

2.5 连接材料检测

2.5.1 钢筋机械连接检测

1. 检测标准

《混凝土结构工程施工质量验收规范》（GB 50204）第 9.3.4 条：钢筋采用机械连接时，其接头质量应符合现行行业标准《钢筋机械连接技术规程》（JGJ 107）的规定。

检查数量：按现行行业标准《钢筋机械连接技术规程》（JGJ 107）的规定确定。

检验方法：检查质量证明文件、施工记录及平行加工试件的检验报告。

2. 接头试件试验方法

接头试件型式检验应按表 2-19 和图 2-5 ~ 图 2-7 所示的加载制度进行。

表 2-19　接头试件型式检验的加载制度

试验项目		加载制度
单向拉伸		$0 \rightarrow 0.6f_{yk} \rightarrow 0.02f_{yk} \rightarrow 0.6f_{yk} \rightarrow 0.02f_{yk} \rightarrow 0.6f_{yk}$（测量非弹性变形）$\rightarrow$最大拉力$\rightarrow 0$（测定总伸长率）
高应力反复拉压		$0 \rightarrow （0.9f_{yk} \rightarrow -0.5f_{yk}）\rightarrow$ 破坏（反复 20 次）
大变形反复拉压	Ⅰ级	$0 \rightarrow （2\varepsilon_{yk} \rightarrow -0.5_{yk}）\rightarrow （5\varepsilon_{yk} \rightarrow -0.5_{yk}）\rightarrow$ 破坏
	Ⅱ级	（反复 4 次）　　　　　（反复 4 次）
	Ⅲ级	$0 \rightarrow （2\varepsilon_{yk} \rightarrow -0.5_{yk}）\rightarrow$ 破坏

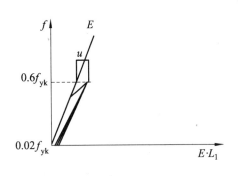

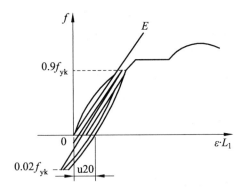

图 2-5 单向拉伸　　　　　　　　　　图 2-6 高应力反复拉压

施工现场的接头抗拉强度试验可采用零到破坏的一次加载制度。

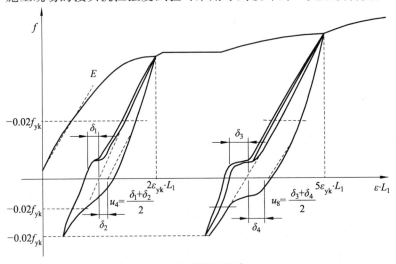

图 2-7 大变形反复拉压

注：①线 E 表示钢筋弹性模量 2×10^5 N/mm²。

②δ_1 为 $2\varepsilon_{yk} \times L_1$ 反复加载四次后，在加载应力水平为 $0.5 f_{yk}$ 及反向卸载应力水平为 $-0.25 f_{yk}$ 处作 E 的平行线与横坐标交点之间的距离所代表的变形值。

③δ_2 为 $2\varepsilon_{yk} \times L_1$ 反复加载四次后，在加载应力水平为 $0.5 f_{yk}$ 及反向卸载应力水平为 $-0.25 f_{yk}$ 处作 E 的平行线与横坐标交点之间的距离所代表的变形值。

④δ_3、δ_4 为 $\varepsilon_{yk} \times L_1$ 反复加载四次后，按与 δ_1、δ_2 相同方法所得的变形值。

3. 接头的型式检验

在下列情况时应进行型式检验：确定接头性能等级时；材料、工艺、规格进行改动时；质量监督部门提出专门要求时。

用于型式检验的钢筋应符合有关标准的规定，当钢筋抗拉强度实测值大于抗拉强度标准值的 1.10 倍时，Ⅰ级接头试件的抗拉强度尚不应小于钢筋抗拉强度实测值的 0.95 倍；Ⅱ级接头试件的抗拉强度尚不应小于钢筋抗拉强度实测值的 0.90 倍。

型式检验的变形测量标距应符合下列规定：

$$L_1 = L + 4d \tag{2-9}$$

$$L_2 = L + 8d \tag{2-10}$$

式中：L_1——非弹性变形、残余变形测量标距；

L_2——总伸长率测量标距；

L——机械接头长度；

d——钢筋公称直径。

对每种型式、级别、规格、材料、工艺的钢筋机械连接接头，型式检验试件不应少于 9 个，其中：单向拉伸试件不应少于 3 个；高应力反复拉压试件不应少于 3 个；大变形反复拉压试件不应少于 3 个。同时应另取 3 根钢筋试件做抗拉强度试验。全部试件均应在同一根钢筋上截取。

型式检验的加载制度应按上述接头试件试件方法的规定进行，其合格条件为：

强度检验：每个接头试件的强度实测值均应符合表 2-20 的规定。

表 2-20 接头的抗拉强度

接头等级	Ⅰ 级	Ⅱ 级	Ⅲ 级
抗拉强度	$f_{mst}^0 \geqslant f_{st}^0$ 或 $1.10 \geqslant f_{uk}$	$f_{mst}^0 \geqslant f_{uk}$	$f_{mst}^0\ 1.35 \geqslant f_{yk}$

注：f_{mst}^0——接头试件实际抗拉强度；

f_{st}^0——接头试件中钢筋抗拉强度实测值；

f_{uk}——钢筋抗拉强度标准值；

f_{yk}——钢筋屈服强度标准值；

变形检验：对非弹性变形、总伸长率和残余变形，3 个试件的平均实测值应符合表 2-21 的规定。

表 2-21 接头的变形性能

接头等级		Ⅰ 级、Ⅱ 级	Ⅲ 级
单拉伸	非弹性变形/mm	$u \leqslant 0.10$（$d \leqslant 32$） $u \leqslant 0.15$（$d > 32$）	$u \leqslant 0.10$（$d \leqslant 32$） $u \leqslant 0.15$（$d > 32$）
	总伸长度/%	$\delta_{sgt} \geqslant 4.0$	$\delta_{sgt} \geqslant 2.0$
高应力反复拉压	残余变形/mm	$U_{20} \leqslant 0.3$	$U_{20} \leqslant 0.3$
大变形反复拉压	残余变形/mm	$U_4 \leqslant 0.3$ $U_8 \leqslant 0.6$	$U_4 \leqslant 0.6$

注：u——接头的非弹变形；

U_{20}——接头经高应力反复拉压 20 次后的残余变形；

U_4——接头经大变形反复拉压 4 次后的残余变形；

U_8——接头经大变形反复拉压 8 次后的残余变形；

δ_{sgt}——接头试件总伸长率。

型式检验应由国家、省部级主管部门认可的检测机构进行，并应按规定格式出具检验报告（表 2-22）和评定结论。

表 2-22　接头试件型式检验报告

接头名称				送检数量		送检日期	
送检单位						设计接头等级	Ⅰ级 Ⅱ级 Ⅲ级
接头基本						钢筋级别	HRB335 HRB400
	连接件示意图					连接件材料	
						连接工艺参数	
	钢筋母材编号		No.1	No.2	No.3	要求指标	
	钢筋直径/mm						
	屈服强度/（N/mm²）						
	抗拉强度/（N/mm²）						
试验结果	单向拉伸试件编号		No.1	No.2	No.3		
	单向拉伸	抗拉强度/（N/mm²）					
		非弹性变形/m					
		总伸长度					
	高应力反复拉压试件编号		No.4	No.5	No.6		
	高应力反复拉压	抗拉强度/（N/mm²）					
		残余变形/mm					
	大变形反复拉压试件编号		No.7	No.8	No.9		
	大变形反复拉压	抗拉强度/（N/mm²）					
		残余变形/mm					
评定结论							
负责人：		校核：			试验员：		
试验日期：		年　月　日			试验单位：		
注：接头试件基本参数应详细记载。套筒挤压接头应包括套筒长度、外径、内径、挤压道次、压痕总宽度、压痕平均直径、挤压后套筒长度；螺纹接头应包括连接套长度、外径、螺纹规格、牙形角、以粗直螺纹过渡段坡度、谁螺纹谁度、安装时拧紧力矩等							

4. 接头的施工现场检验与验收

（1）工程中应用钢筋机械连接接头时，应由该技术提供单位提交有效的型式检验报告。

（2）钢筋连接工程开始前及施工过程中，应对每批进场钢筋进行接头工艺检验，工艺检验应符合下列要求：

① 每种规格钢筋的接头试件不应少于 3 根；

② 钢筋母材抗拉强度试件不应少于 3 根，且应取自接头试件的同一根钢筋；

③ 根接头试件的抗拉强度均应符合相关标准的规定；

④ 对于 I 级接头，试件抗拉强度尚应大于等于钢筋抗拉强度实测值的 0.95 倍；对于 II 级接头，应大于 0.90 倍。

（3）现场检验应进行外观质量检查和单向拉伸试验。对接头有特殊要求的结构，应在设计图纸中另行注明相应的检验项目。

（4）接头的现场检验按验收批进行。同一施工条件下采用同一批材料的同等级、同型式、同规格接头，以 500 个为一个验收批进行检验与验收，不足 500 个也作为一个验收批。

（5）对接头的每一验收批，必须在工程结构中随机截取 3 个接头试件作抗拉强度试验，按设计要求的接头等级进行评定。

① 当 3 个接头试件的抗拉强度均符合相应等级的要求时，该验收批评为合格。

② 如有 1 个试件的强度不符合要求，应再取 6 个试件进行复检。复检中如仍有 1 个试件的强度不符合要求，则该验收批评为不合格。

（6）现场检验连续 10 个验收批抽样试件抗拉强度试验 1 次合格率为 100%时，验收批接头数量可以扩大 1 倍。

（7）外观质量检验的质量要求、抽样数量、检验方法、合格标准以及螺纹接头所必需的最小拧紧力矩值由各类型接头的技术规程确定。

（8）现场截取抽样试件后，原接头位置的钢筋允许采用同等规格的钢筋进行搭接连接，或采用焊接及机械连接方法补接。

（9）对抽检不合格的接头验收批，应由建设方会同设计等有关方面研究后提出处理方案。

（10）接头现场抽检项目应包括极限抗拉强度试验、加工和安装质量检验。抽检应按验收批进行，同钢筋生产厂、同强度等级、同规格、同类型和同型式接头应以 500 个为一个检验批进行检验与验收，不足 500 个也应作为一个检验批。

（11）钢筋锚固板的现场检验应包括工艺检验、抗拉强度检验、螺纹连接锚固板的钢筋丝头加工质量检验和拧紧扭矩检验、焊接锚固板的焊缝检验。拧紧扭矩检验应在工程实体中进行，工艺检验、抗拉强度检验的试件应在钢筋丝头加工现场抽取。工艺检验、抗拉强度检验和拧紧扭矩检验规定为主控项目，外观质量检验规定为一般项目。

2.5.2　焊接、螺栓连接检测

钢筋焊接连接、构件型钢焊接连接、构件螺栓连接均按《装配式混凝土结构技术规程》（JGJ 1—2014）第 4.2.6 条规定：连接用焊接材料，螺栓、锚栓和铆钉等紧固件的材料应符合国家现行标准《钢结构设计规范》（GB 50017）、《钢结构焊接规范》（GB 50661）和《钢筋焊接及验收规程》（JGJ 18）等的规定。其他检测要求根据相关规范执行。

套筒灌浆连接

2.5.3　套筒灌浆连接、浆锚搭接节点质量检测

1. 相关规范条文

套筒灌浆连接、浆锚搭接节点质量检测执行的标准规范条文：

（1）《装配式混凝土结构技术规程》（JGJ 1—2014）第 12.1.5 条：钢筋套筒灌浆前，应在

现场模拟构件连接接头的灌浆方式，每种规格钢筋应制作不少于 3 个套筒灌浆连接接头，进行灌注质量以及接头抗拉强度的检验；经检验合格后，方可进行灌浆作业。

（2）《装配式混凝土结构技术规程》（JGJ 1—2014）第 13.2.2 条：钢筋套筒灌浆连接及浆锚搭接连接的灌浆应密实饱满。

检查数量：全数检查。

检验方法：检查灌浆施工质量检查记录。

（3）预留孔宜选用镀锌螺旋管，管的内径应大于钢筋直径 15 mm，且应符合《预应力混凝土用金属波纹管》JG/T 225 的要求。

检查数量：抽查 10%。

检验方法：观察，尺量检查。

（4）《钢筋套筒灌浆连接应用技术规程》（JGJ 355—2015）第 5 章"接头型式检验"及第 7 章"验收"。

2. 其他要求

（1）装配式结构施工前，施工单位应按照设计文件或专项方案规定的灌浆方式、灌浆料配合比、灌浆压力、灌浆时间等控制指标制作主要竖向受力构件的模拟节点，相同结构类型和同一施工单位施工的，每个项目模拟节点不少于 1 个，每个项目主要竖向受力构件的模拟节点连接钢筋均应进行灌浆饱满度和钢筋锚固长度检验，其中不少于 50% 应采取破损检验。

（2）灌浆套筒连接质量应进行全过程质量监控，并形成可追溯的文档记录资料和影像记录资料，通过文档、影像资料确定见证取样的真实性。如需进行灌浆套筒连接质量现场检测可按有关规定执行。

（3）套筒灌浆连接前应按行业标准《钢筋套筒灌浆连接应用技术规程》（JGJ 355—2015）的第 5 章中接头型式检验的规定，进行钢筋套筒灌浆连接接头工艺试验，试验合格后方可进行灌浆作业。

（4）其他连接方式按照标准规范或专项方案进行工艺试验。

混凝土强度检测

2.5.4　后浇混凝土强度检测

《装配式混凝土建筑技术标准》（GB/T 51231）第 11.3.2 条：
"装配式结构采用后浇混凝土连接时，构件连接处后浇混凝土的强度应符合设计要求"。

检查数量：按批检验。

检验方法：应符合现行国家标准《混凝土强度检验评定标准》（GB/T 50107）的有关规定。

装配整体式混凝土结构节点区的后浇混凝土质量控制非常重要，不但要求其与预制构件的结合面紧密结合，还要求其自身浇筑密实，更重要的是要控制混凝土强度指标。当后浇混凝土和现浇结构采用相同强度等级混凝土浇筑时，此时可以采用现浇结构的混凝土试块强度进行评定；对有特殊要求的后浇混凝土应单独制作试块进行检验评定。

后浇混凝土强度检测标准执行《混凝土强度检验评定标准》（GB/T 50107）。当原位实体检测时，应符合现行国家标准《混凝土结构施工质量验收规范》（GB 50204）的有关规定，检测要求按现行国家标准《混凝土结构现场检测技术标准》（GB/T 50784）执行。

2.6 密封材料检测

建筑胶的分类与选用

2.6.1 混凝土接缝用建筑密封胶

装配式建筑是在施工现场对预制件进行拼装和部分浇筑，这种施工方式会有很多拼缝部位，需要施注专用密封胶用于防水。密封胶性能的好坏将会直接影响装配式建筑的防水效果，一旦密封失效导致渗漏，不仅影响装配式建筑的外观和质量，也会严重影响用户的居住和使用，而且后续的维修费用有可能是最初密封胶材料和施工费用的好几倍。因此，装配式建筑接缝用密封胶是每个装配式建筑中非常重要的防水材料，其检测环节也不应忽视。

1. 混凝土接缝用建筑密封胶分类

常见的装配式建筑接缝用密封胶根据化学成分不同可分为：聚氨酯类（PU）、硅酮类（SR）、硅烷改性聚醚类（MS）等。

（1）聚氨酯密封胶。

聚氨酯密封胶力学性能良好，但是环保性差，施工不方便，耐老化性差，大多用于非阳光照射的胶缝里（建筑内部接缝密封）。若在装配式建筑中使用聚氨酯密封胶，长期使用后因自身老化存在开裂漏水风险。

（2）硅酮密封胶。

硅酮密封胶耐老化性能优异，但是表面涂饰性差。对于无需涂饰的装配式建筑接缝，可以采用硅酮密封胶，充分发挥其耐老化优势，具备很长的使用寿命。

（3）硅烷改性聚醚胶。

硅烷改性聚醚胶兼有硅酮密封胶和聚氨酯密封胶的优点和长处，表现出高的抗位移能力、良好的涂饰性、黏结性、环境友善性，抗污染性、施工性优异，耐老化性能良好，非常适合装配式建筑的水泥预制构件接缝密封，是装配式建筑接缝密封胶的首选。

2. 混凝土接缝用建筑密封胶性能检测试验方法（部分）

（1）试验基本要求。

混凝土接缝用建筑密封胶试验方法依照《混凝土接缝用建筑密封胶》（JC/T 881）执行。

① 试验室标准试验条件为：温度（23±2）℃，相对湿度（50±5）%。

② 试验基材的材质和尺寸应符合（GB/T 13477.1）的规定，选用水泥砂浆基材，基材的黏结表面不应有气孔。当基材需要涂敷底涂料时，应按生产商要求进行。

③ 试件制备：

a. 制备前，样品应在标准试验条件下放置 24 h 以上。

b. 制备时，单组分试样应用挤枪从包装筒（膜）中直接挤出注模，使试样充满模具内腔，不得带入气泡。

c. 挤注后应及时修整，防止试样在成型完毕前结膜。

d. 多组分试样应按生产商标明的比例混合均匀，避免混入气泡。若事先无特殊要求，混合后应在 30 min 内完成注模和修整。

黏结试件的数量见表 2-23。

表 2-23　黏结试件数量及处理方法

序号	项目		试件数量		处理条件
			试验组	备用组	
1	弹性恢复率		3	3	GB/T 13477.17—2017 中 8.2，A 法
2	拉伸模量	23℃	3	—	GB/T 13477.8—2017 中 8.2，A 法
		−20℃	3	—	
3	定伸黏结性		3	3	GB/T 13477.10—2017 中 8.2，A 法
4	浸水后定伸黏结性		3	3	GB/T 13477.11—2017 中 8.2，A 法
5	浸油后定伸黏结性		3	3	GB/T 13477.11—2017 中 8.2，A 法
6	冷拉-热压后黏结性		3	3	GB/T 13477.13—2002 中 8.1，A 法

注：多组分试件可在标准试验条件下放置 14 d

从包装中挤出试样，刮平后目测。

（2）流动性。

使用非下垂型密封材料的下垂度和自流平型密封材料的流平性表示建筑密封材料密封性。

① 下垂度测定。

对每一试验温度 70℃或 50℃或 5℃及表 2-25 所示试验步骤各测试一个试件。根据各方协商，试件可按表 2-24 中任意步骤进行测试，并确定所用模具的数量。

表 2-24　下垂度试验步骤

试验步骤 A	将制备好的试件立即垂直放置在已调节至（70±2）℃或（50±2）℃的干燥箱或（5±2）℃的低温箱内，模具的延伸端向下［图 2-8（a）］，放置 24 h。然后从干燥箱或低温箱中取出试件。用钢板尺在垂直方向上测量每一试件中试样从底面往延伸端向下移动的距离（mm）
试验步骤 B	将制备好的试件立即水平放置在已调节至（70±2）℃或（50±2）℃的干燥箱或（5±2）℃的低温箱内，使试样的外露面与水平面垂直［见图 2-8（b）］，放置 24 h。然后从干燥箱或低温箱中取出试件。用钢板尺在水平方向上测量每一试件中试样超出槽形模具前端的最大距离（mm）

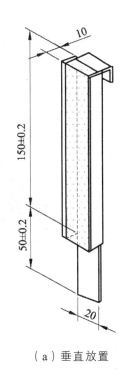
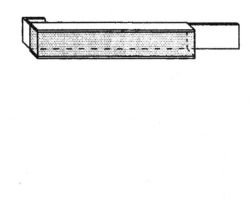

（a）垂直放置   （b）水平放置

图 2-8　下垂度模具（单位：mm）

将下垂度模具用丙酮等溶剂清洗干净并干燥之后，把聚乙烯条衬在模具底部，使其盖住模具上部边缘，并固定在外侧，然后把已在（23±2）℃下放置 24 h 的密封材料用刮刀填入模具内，制备试件时应注意避免形成气泡，且在模具内表面上将密封材料压实，修整密封材料的表面，使其与模具的表面和末端齐平，放松模具背面的聚乙烯条。

如果试验失败，允许重复一次试验，但只能重复一次。当试样从槽形模具中滑脱时，模具内表面可按生产方的建议进行处理，然后重复进行试验。

② 流平性测定。

将流平性模具用丙酮溶剂清洗干净并干燥之，然后将试样和模具在（23±2）℃下放置至少 24 h，每组制备一个试件。

将试样和模具在（5±2）℃的低温箱中处理 16～24 h，然后沿水平放置的模具的一端到另一端注入约 100 g 试样，在此温度下放置 4 h。观察试样表面是否光滑平整。

多组分试样在低温处理后取出，按规定配比将各组分混合 5 min，然后放入低温箱内静置 30 min，再按上述方法试验。

其他性能试验步骤依照《混凝土接缝用建筑密封胶》JC/T881 执行。

2.6.2　硅酮和改性硅酮建筑密封胶

硅酮密封胶作为玻璃幕墙、铝板幕墙、石材幕墙的关键黏结密封材料，我国曾长期依赖进口。国外的硅酮密封胶的生产和应用已达到较高水平，全世界的市场基本上被美国 DowCorning、GE，德国 Wacker，法国 RP，日本信越等几家大公司控制，DowCorning 的产品曾占据了国内主要市场。我国硅酮建筑密封胶的研制工作始于 20 世纪 60 年代，但进展十分缓慢，直到 80 年代也没有工业化的产品投放市场。不过 90 年代以来，发展速度明显加快，酸性硅酮密封胶的国产产品已经占据了国内超过 50% 的市场，还在进一步发展壮大。中性硅酮密封胶系列产品的开发工作也正在进行中，有一些产品已经投放市场。

单组分硅酮建筑密封胶是以羟基封端的聚二甲基硅氧烷作基础胶料，酮肟基硅烷作交联剂，在无水的条件下与增塑剂、填料、催化剂、黏结促进剂、硫化促进剂等混合均匀，灌装在密封容器中，使用时从容器中挤出，接触大气中的湿气后，硫化成性能优异的弹性体。

1. 硅酮和改性硅酮建筑密封胶的应用

（1）在道路、立交桥混凝土接缝防水中的应用。

硅酮密封胶具有卓越的耐候性能、优异的耐高低温性能和良好耐水性能，能有效阻止雨水从接缝浸入而侵蚀破坏路基。同时硅酮密封胶具有长久的使用寿命，在国外的幕墙行业已经使用了近 30 年，没有出现老化现象。

硅酮密封胶
介绍及检测

（2）在建筑领域的应用。

在房屋建筑上的结构性应用。有机硅建筑结构胶、有机硅耐候密封胶用于黏接、密封，能够可靠保证建筑幕墙在气流、风压、冰雪、自重等荷载下的结构强度和刚度。在房屋建筑上的密封应用。如高层建筑物嵌板和内墙接缝，门窗框架和门窗玻璃的接缝，预制混凝土板、大理石等的接缝，超净厂房和冷库的接缝，厨房周围空隙的填平，淋浴房、浴盆、便池周围的密封等，也可用于墙壁及屋顶的裂缝修补。

2. 硅酮和改性硅酮建筑密封胶性能试验方法（部分）

（1）试验前准备。

试验室标准试验条件为：温度（23±2）℃，相对湿度 50%±5%。

试验基材的材质和尺寸应符合 GB/T 13477.1 的规定。Gn 类和 Gw 类产品选用玻璃基材，也可选用铝合金基材；F 类产品选用水泥砂浆或铝合金基材或玻璃基材；R 类产品选用水泥砂浆基材。

水泥砂浆基材的黏结表面不应有气孔。当基材需要涂敷底涂料时，应按生产商要求进行。

试件制备制备前，样品应在标准试验条件下放置 24 h 以上。试样制备时，单组分试样应用挤枪从包装筒（膜）中直接挤出注模，使试样充满模具内腔，不得带入气泡。挤注后应及时修整，防止试样在成型完毕前结膜。多组分试样应按生产商标明的比例混合均匀，避免混入气泡。若事先无特殊要求，混合后应在 30 min 内完成注模和修整。黏结试样数量如表 2-25 所示。

表 2-25　粘结试件数量和处理条件

序号	项目		试件数量/个		处理条件
			试验组	备用组	
1	弹性恢复率		3	3	GB/T 13477.17—2017 8.2，A 法
2	拉伸模量	23℃	3	—	GB/T 13477.8—2017 8.2，A 法
		−20℃	3	—	
3	定伸黏结性		3	3	GB/T 13477.10—2017 8.2，A 法
4	浸水后定伸黏结性		3	3	GB/T 13477.11—2017 8.2，A 法

序号	项目	试件数量/个		处理条件
		试验组	备用组	
5	冷拉-热压后黏结性	3	3	GB/T 13477.13—2002 8.1，A 法
6	紫外线辐照后黏结性	3	3	GB/T 13477.10—2017 8.2，A 法
7	浸水光照后黏结性	3	3	GB/T 13477.10—2017 8.2，A 法
8	定伸永久变形	3	3	GB/T 13477.17—2017 8.2，A 法

（2）流平性。

将流平性模具用丙酮溶剂清洗干净并干燥之，然后将试样和模具在（23±2）℃下放置至少 24 h，每组制备一个试件。

将试样和模具在（5±2）℃的低温箱中处理（16～24）h，然后沿水平放置的模具的一端到另一端注入约 100 g 试样，在此温度下放置 4 h。观察试样表面是否光滑平整。

多组分试样在低温处理后取出，按规定配比将各组分混合 5 min，然后放入低温箱内静置 30 min，再按上述方法试验。

2.6.3　聚氨酯建筑密封胶

聚氨酯密封胶是当今世界广泛使用的 3 大类弹性密封胶之一，可用于金属、玻璃、塑料、橡胶等材料的粘接密封。密封胶用聚氨酯类聚合物是由二异氰酸酯与带端羟基的聚醚（聚酯）二元醇，在异氰酸酯过量条件下，经过反应制得异氰酸酯基团封端的预聚体，通常又称为液体聚氨酯橡胶。以这种预聚体为基材，配合含有活泼氢的小分子化合物（如二元醇、多元醇）作为扩链剂，最后得到具有低定伸应力的弹性密封胶。这种密封胶具有突出的耐油性、耐磨性、耐寒性和绝缘性，强度高、弹性好，且对氧和臭氧有一定的稳定性，具有抗离子化辐射作用，耐低温，耐生物侵蚀，而且具有高弹性和高回复性。

1. 聚氨酯建筑密封胶应用

聚氨酯密封胶的主要用途是土木建筑业、交通运输业等。在建筑方面的具体应用有：混凝土预制件等建筑材料的连接及施工缝的填充密封，门窗的木框四周与墙的混凝土之间的密封嵌缝，建筑物上轻质结构（如幕墙）的粘贴嵌缝，阳台、游泳池、浴室等设施的防水嵌缝，空调及其他体系连接处的密封，隔热双层玻璃、隔热窗框的密封等。

2. 聚氨酯建筑密封胶性能检测试验方法（部分）

试验室标准试验条件为：温度（23±2）℃，相对湿度（50±5）%。试验基材选用符合 GB/T 13477.1 规定的水泥砂浆或铝基材，水泥砂浆基材的黏结表面不应有气孔。也可根据各方商定，选用其他材质和尺寸的基材。当基材需要涂敷底涂料时，应按生产商要求进行。

制备前，样品应在标准试验条件下放置 24 h 以上。

制备时，单组分试样应用挤枪从包装筒（膜）中直接挤出注模，使试样充满模具内腔，不应带入气泡。挤注后应及时修整，防止试样在成型完毕前结膜。

多组分试样应按生产商标明的比例混合均匀，避免混入气泡。若事先无特殊要求，混合后应在 30 min 内完成注模和修整。

黏结试件的数量和制备方法见表 2-26。

表 2-26　黏结试件的数量和制备方法

序号	项目		试件数量/个		试件制备方法
			试验组	备用组	
1	拉伸模量	23℃	3	—	GB/T 13477.8—2017
		−20℃	3	—	
2	弹性恢复率		3	3	GB/T 13477.17—2017
3	定伸黏结性		3	3	GB/T 13477.10—2017
4	浸水后定伸黏结性		3	3	GB/T 13477.11—2017
5	冷水-热压后黏结性		3	3	GB/T 13477.13—2019
6	人工气候老化后黏结性		3	3	GB/T 13477.10—2017

其他性能试验步骤依照现行《聚氨酯建筑密封胶》(JC/T 428)执行。

2.7　案例——装配式混凝土结构预制墙板套筒灌浆饱满度检测

某项目政府极力推广的装配式施工进行主体施工，本案例将介绍该项目装配施工中灌浆套管连接的检测工作。

检测依据：《冲击回波法检测混凝土缺陷技术规程》(JGT/T 411—2017)。

抽样检测要求：《装配式住宅建筑检测技术标准》(JGT/T 485—2019)。

1. 检测方法

通过在套筒出浆孔位置安装灌浆传感器，对该工程预制外墙竖向钢筋连接套筒灌浆饱满程度进行了现场检测。通过对比灌浆前后的测试结果，可以看出传感器反馈的振动信号能够快速、直观地反映出套筒内部灌浆的饱满程度。当接缝发生漏浆和再次补灌时，通过传感器反馈的振动信号即可准确判断套筒内部是否达规定灌浆饱满的要求，便于实现对装配式混凝土结构灌浆施工过程进行控制。如图 2-9 所示。

图 2-9　检测项目现场图片

2. 检测结论

如图 2-10 和图 2-11 所示，检测结果显示：该小区部分套筒内部灌浆不密实，经施工单位确认，发现为灌浆工人在施工过程中漏灌导致。在业主的责令整改下，施工单位对存在问题的套筒及时进行了补灌处理，确保了工程质量。

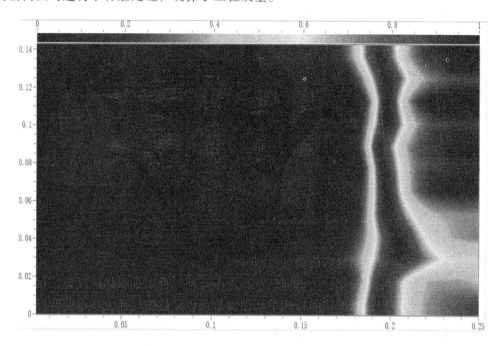

图 2-10　灌浆密实结果

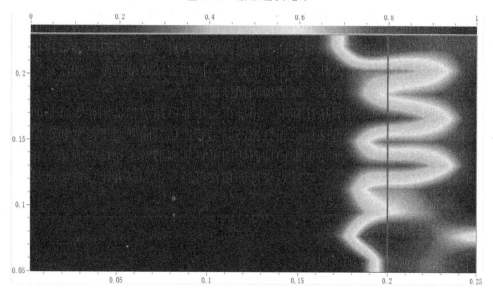

图 2-11　灌浆存在缺陷结果

2.8　课程思政载体——科技创新之3D打印装配式建筑

随着多领域的跨界融合，许多新兴产物出现在日常生活中，但你想过用3D打印造房子吗？

中国3D打印建筑实例

2.8.1　3D打印技术与装配式建筑

3D打印技术是一种以数字模型文件为基础，运用粉末状金属或塑料等可黏合材料，通过逐层打印的方式来构造物体的技术。3D打印技术推动着制造业的数字化发展，它在工业设计、建筑、工程和施工、汽车、航空航天、牙科和医疗产业等众多领域都有所应用。

装配式建筑是指把传统建造方式中的大量现场作业工作转移到工厂进行，在工厂加工制作好建筑用构件和配件（如楼板、墙板、楼梯、阳台等），运输到建筑施工现场，通过可靠的连接方式在现场装配安装而成的建筑。

2.8.2　中国的3D打印装配式建筑

中国建筑第八工程局有限公司（简称中建八局）在某项目中展示"装配式售楼处"的技术亮点和工艺工法。展示装配式建筑小楼高9 m、建筑面积1 154 m²，由255块预制梁、预制柱、叠合板等预制构件装配而成，预制率高达80%以上。

其中该项目首创采用3D打印柱模，柱身表面看起来像是由一层层钢圈叠加起来的。但这是采用3D打印技术才会留下的痕迹。这根柱采用3D打印柱模壳，再现场浇筑核心区混凝土。用于打印该柱模的"油墨"实为混凝土。现阶段国内也有3D打印的房屋，但都是1、2层的楼房。而此次3D打印柱模技术首次与装配式建筑结合，再高的楼房也同样能够应用。

此外，对于岗亭、隔离间等多种小型无须地基建筑均可由3D打印完成，高层建筑则可使用3D打印生产部分构件，以装配式建筑方式安装。3D打印装配式建筑的原材料多采用建筑废料加工而成，且材料利用率高，节能环保，二次污染小，在许多中国城市都有一定使用。

科技是在不断进步的，学科也在不断融合、创新。大学生是中国新一代的建设者，更加需要有开阔的眼光和敏锐的思维。只有走在科技的前沿，才能真正体会到创新的意义。作为当代大学生，我们应该积极探索，勇于创新，坚定理想信念，练就过硬本领，为全面建成社会主义现代化强国书写壮丽青春篇章。

2.9　实训项目——混凝土抗渗性检测

2.9.1　仪器设备

（1）混凝土抗渗仪。应能使水压按规定的程度稳定地作用在试件上的装置。

（2）加压装置。螺旋或其他形式，其压力以能把试件压入试件套内为宜。

2.9.2　试样制备

（1）根据抗渗设备要求，制作抗渗试件，以6个为一组。

（2）试件成型后24 h拆模，用钢丝刷刷去两端面水泥浆膜，然后送入标准养护室养护。

试件一般养护至 28 d 龄期进行试验，如有特殊要求，可在其他龄期进行。

2.9.3　检测步骤

（1）试件养护至试验前一天取出，将表面晾干，然后在其侧面涂一层熔化的密封材料，随即在螺旋或其他加压装置上，将试件压入经烘箱预热过的试件套中，稍冷却后，即可解除压力，连同试件套装在抗渗仪上进行试验。

（2）试验从水压为 0.1 MPa 开始。以后每隔 8 h 增加水压 0.1 MPa，并且要随时注意观察试件端面的渗水情况。

（3）当 6 个试件中有 3 个试件端面呈有渗水现象时，即可停止试验，记下当时的水压。

（4）在试验过程中，如发现水从试件周边渗出，则应停止试验，重新密封。

2.9.4　结果整理

混凝土的抗渗标号以每组 6 个试件中 4 个试件未出现渗水时的最大水压力计算，其计算式为：

$$P=10H-1 \tag{2-11}$$

式中：P——抗渗标号；

　　　H——6 个试件中 3 个渗水时的水压力（MPa）。

章节测验

一、填空题

1. 灌浆料抗压强度应符合相关规定的要求，且（　　　　　）接头设计要求的灌浆料抗压强度；灌浆料抗压强度试件尺寸应按（　　　　　）尺寸制作，其加水量应按灌浆料产品说明书确定，试件应按标准方法制作、养护。

2. 常温型套筒灌浆料试件成型时试验室的温度应为（　　　　　），相对湿度应（　　　　　），养护室的温度应为（　　　　　），养护室的相对湿度（　　　　　），养护水的温度应为（　　　　　）。

3. 描述混凝土泌水特性的指标有（　　　　　）和（　　　　　）。

4. 水泥基灌浆材料的最大骨料粒径不大于 4.75 mm 时，抗压强度标准试件应采用尺寸为（　　　　　）的（　　　　　），抗压强度的检验应按现行国家标准《水泥胶砂强度检验方法（ISO 法）》（GB/T 17671）中的有关规定执行。

5. 《装配式混凝土结构技术规程》（JGJ 1）第 12.1.5 条：钢筋套筒灌浆前，（　　　　　），每种规格钢筋应制作（　　　　　）套筒灌浆连接接头，进行灌注质量以及（　　　　　）的检验；经检验合格后，方可进行灌浆作业。

二、简答题

1. 说说你对 3D 打印装配式建筑的看法。

2. 在什么情况时应进行接头型式检验？

3. 泌水对混凝土质量的影响？

4. 装配式混凝土结构连接方式包括哪几种？

5. 钢筋锚固板的现场检验包括哪些内容？

情景导入

我国装配式混凝土建筑发展经历了三个阶段：初期、起伏期及提升期。

初期时间为 1950 年至 1976 年：这一时期我国装配式混凝土建筑应用领域从工业建筑、公共建筑，逐步发展到居住建筑。

发展起伏期从 1976 年至 1995 年：这个时期装配式建筑经历了停滞—发展—再停滞的起伏波动。经过建筑工业化初期的发展，20 世纪 70 年代中国城市主要是多层的无筋砖混结构住宅。这种结构的水平构件基本没有任何拉结，简单地用砂浆铺坐在砌体墙上，墙上的支承面又不充分，砌体墙也无配筋，出现了一系列问题。1978 至 20 世纪 80 年代初，我国建筑工业化出现了一轮高峰，各地纷纷组建产业链条企业，标准化设计体系快速建立，一大批大板建筑、砌块建筑纷纷落地。但随着市场需求快速增长，工业化构件生产无法满足建设需要，出现构件质量下滑的问题。另外配套技术研发也没有跟上，防水、冷桥、隔声等影响住宅性能的关键技术均出现了问题，加之住房商品化带来了多样化需求的极大提升，使得一度红火的建筑工业化又逐渐陷于停滞。20 世纪 80 年代初至 1995 年，国外现浇混凝土被引入到我国，成为建筑工业化的另一路径（即现浇混凝土的机械化）。砖石砌体被抛弃后，用大模板现浇配筋混凝土的内墙应运而生，现浇楼板的框架结构、"内浇外砌"和"外浇内砌"等各种体系纷纷出现。从 20 世纪 80 年代开始，这类体系应用极为广泛，因为它解决了高层建筑用框架结构时梁、柱和填充墙的抗震设计复杂的问题，提高了结构的最大允许高度。

发展提升期从 1996 年到 2015 年。2002 年国家颁布行业标准《高层建筑混凝土结构技术规程》JGJ 3—2002，由于预制混凝土楼板、预制外墙板节点处理的问题较为复杂，为了进一步提高建筑整体性，现浇混凝土楼板逐渐取代了预制大楼板和预制承重的混凝土外墙板结构。随着施工现场湿作业的复苏，现浇技术的缺点日益彰显，即使用钢模，支模的手工作业多、劳动强度大、养护耗时长、施工现场污染严重。随着劳动力市场发生变化，从事体力劳动的人力资源紧张，建筑业出现了人工短缺现象。装配式建筑的发展重新引起了关注。

2009 年，深圳市发布了地方标准《预制装配整体式钢筋混凝土结构技术规范》(SJG 18—2009)；2010 年，上海市发布了地方标准《装配整体式混凝土住宅体系设计规程》DG/TJ 08-2071—2010；2014 年住房和城乡建设部发布了《装配式混凝土结构技术规程》(JGJ1—2014)。随后，全国各省、自治区、直辖市积极出台政策，在保障性住房建设中大力推进产业化，装配式混凝土建筑试点示范工程开始涌现。

◇**知识目标**

（1）掌握混凝土构件工厂构件制作阶段的质量检查方法与质量验收标准；

（2）掌握装配式混凝土结构现场安装阶段的质量查方法与质量验收标准；

（3）掌握装配式混凝土结构实体质量检测方法与质量验收标准。

◇**技能目标**

（1）能独立完成混凝土构件的出厂质量验收和进场质量检测；

（2）能独立完成装配式混凝土结构实体建筑的质量检测。

◇**思政目标**

（1）培养新时代的劳模精神；

（2）培养精益求精的工匠精神；

（3）培养学生的行业自信；

（4）培养学生强大的爱国情怀。

知识详解

3.1 混凝土预制构件制作质量检查与验收

3.1.1 生产模具的检查

1. 模具设计要求

预制构件模具由底模和侧模构成（图 3-1），底模为定模，侧模为动模，模具要易于组装和拆卸。制作预制混凝土构件模具优先采用钢制底模或者铝模，其循环使用次数可达上千次，可大大节约周转成本。根据具体情况也可采用其他材料模具，比如有些异形且周转次数较少的预制混凝土构件，可采用木模具、高强塑料模具或其他材料模具。木模具、塑料模具和其他材质模具，均应满足易于组装和脱模的要求，并能够抵抗可预测的外来因素撞击和适合蒸汽养护。

图 3-1　混凝土预制构件模具

不管是钢模具、木模具还是其他材料模具，模具本身应满足混凝土浇筑、脱模、翻转、起吊时刚度和稳定性的要求，模具与混凝土接触面的表面应均匀涂刷隔离剂，并便于清理和涂刷脱模剂。使用之前，检查模具的表面，对模具和预埋件定位架等部位进行清理，且满足以下要求：

（1）模具表面光滑，没有划痕、生锈、氧化层脱落等现象。

（2）模具规格化、标准化、定型化，便于组装成多种尺寸形状。

（3）模具组装宜采用螺栓或者销钉连接，严禁敲打。

2．模具组装要求

模具拼装应牢固，尺寸应准确，拼装应严密、不漏浆，组装完成后尺寸允许偏差应符合表 3-1 要求。考虑到模具在混凝土浇筑振捣过程中会有一定程度的胀模现象，故净尺寸宜比构件尺寸缩小 1~2 mm。应对所有的生产模具进行全数检查，当所有尺寸精度满足要求后方能投入使用。

模具组装尺寸
允许偏差检测

表 3-1　模具组装尺寸允许偏差

测定部位		允许偏差/mm	检验方法
长度	L≤6 m	（-2，1）	用钢尺量平行构件高度方向，取其中偏差绝对值较大处
	6 m<L≤12 m	（-4，2）	
	L>12 m	（-5，3）	
截面尺寸	墙板	（-2，1）	用钢尺测量两端或者中部，取其中偏差绝对值较大处
	其他构件	（-4，2）	
对角线误差		3	细线测量纵横两个方向对角线尺寸，取差值
底模平整度		2	对角用细线固定，钢尺测量细线到底模各点距离的差值，取最大值
侧板高差		2	钢尺两边测量取平均值
表面凸凹		2	靠尺和塞尺检查
扭曲		2	对角线用细线固定，钢尺测量中心点高度差值
翘曲		2	四角固定细线，钢尺测量细线到钢模边距离，取最大值
弯曲		2	四角固定细线，钢尺测量细线到钢模顶距离，取最大值
侧向扭曲	H≤300		侧模两对角用细线固定，钢尺测量中心点高度
	H>300		侧模两对角用细线固定，钢尺测量中心点高度

注：L 为模具与混凝土接触面中最长边的尺寸。

由于场地的某些因素会导致模具扭翘和变形，故现场堆放模具时，要求摆放场地坚固平整、坚固，同时场地应做好排水措施。

3.1.2　构件的制作与检验

1. 一般规定

预制混凝土构件生产应在工厂或符合条件的现场进行，生产线及生产设备应符合相关行业技术标准要求。构件生产企业应依据构件制作图进行预制混凝土构件的制作，并应根据预制混凝土构件型号、形状、重量等特点制订相应的工艺流程，明确质量要求和生产各阶段质量控制要点，编制完整的构件制作计划书。构件生产企业应建立构件制作全过程的计划管理和质量管理体系，以提高生产效率，确保预制构件质量。

预制混凝土构件生产企业应建立构件标识系统，标识系统应满足唯一性要求。构件脱模后应在其表面醒目位置对混凝土预制构件生产所需的原材料、部件等进行分类标识，按制作图要求进行编码（图3-2），构件编码系统应包括构件种类、型号、质量情况、使用部位、外观、生产日期（批次）及检测和检查状态（合格）字样，表面的标识应清晰、可靠，以确保能够识别预制构件的"身份"，如有必要，尚需通过约定标识表示构件在结构中安装的位置和方向、吊运过程中的朝向等，并做到在施工全过程中对发生的质量问题可追溯，加强生产过程中的质量控制。不合格构件应用明显标志在构件显著位置标识，使不合格产品的原材料和部件来源具有可查性。不合格构件应单独存放并集中处理，远离合格构件区域。构件编码所用材料宜为水性环保涂料或塑料贴膜等可清除材料。

图 3-2　混凝土预制构件二维码标识

为保证预制构件质量，各工艺流程必须由相关专业技术人员进行操作，专业技术人员应经过基础知识和实物操作培训，并符合上岗要求。在构件生产之前应对各分项工程进行技术交底，并对员工进行专业技术操作技能的岗位培训。上道工序质量检测结果不符合设计要求、相关标准规定或合同要求时，不应进行下道工序。

2. 混凝土浇筑前检查

（1）根据循环使用次数等相关条件选择模具。

模具组装应保证能够彻底清扫，确保不弯曲、不变形等，尺寸、轴线和角度必须正确。组装后尺寸偏差应符合表 3-1 规定，检查表如表 3-2 所示。

按照组装顺序组装模具，对于特殊构件，当要求钢筋先入模后组装模具时，应严格按照操作步骤执行。

（2）带外装饰面的预制混凝土构件宜采用水平浇筑一次成型反打工艺，应符合下列要求：

① 外装饰石材、面砖的图案、分割、色彩、尺寸应符合设计要求。

② 外装饰石材、面砖铺贴之前应清理模具，并按照外装饰敷设图的编号分类摆放。

③ 石材和底模之间宜设置垫片保护。

④ 石材入模敷设前，应根据外装饰敷设图核对石材尺寸，并提前在石材背面涂刷界面处理剂。

⑤ 石材和面砖敷设前应在按照控制尺寸和标高在模具上设置标记，并按照标记固定和校正石材和面砖。

⑥ 石材和面砖敷设后表面应平整，接缝应顺直，接缝的宽度和深度应符合设计要求。

（3）钢筋骨架和网片应符合现行国家标准《混凝土结构工程施工质量验收规范》（GB 50204）的相关要求：

① 钢筋骨架尺寸应准确，骨架吊装时应采用多吊点的专用吊架，防止骨架产生变形。

② 保护层垫块宜采用塑料类垫块，且应与钢筋骨架或网片绑扎牢固；垫块按梅花状布置，间距满足钢筋限位及控制变形要求。

③ 钢筋骨架入模时应平直、无损伤，表面不得有油污或者锈蚀。

④ 钢筋骨架应轻放入模。

⑤ 应按构件图安装好钢筋连接套管、连接件、预埋件。

⑥ 钢筋网片或骨架装入模具后，应按设计图纸要求对钢筋位置、规格、间距、保护层厚度等进行检查，检查表如表 3-3 所示，允许偏差应符合表 3-4 规定。

表 3-2　模具检查表

工程项目名称：

建设单位：　　　　　　　　　　　　　　　设计单位：

施工单位：　　　　　　　　　　　　　　　监理单位：

构件生产企业：　　　　　　　　　　　　　构件类型：

构件编号：　　　　　　　　　　　　　　　图纸编号：

检查日期：

检查项目		允许偏差/mm	设计值	实测值	调整后实测值	判定
边长		±2				合　否
对角线误差		3				合　否
底模平整度		2				合　否
侧板高差		2				合　否
表面凸凹		2				合　否
扭曲		2				合　否
翘曲		2				合　否
弯曲		2				合　否
侧向扭曲	$H \leqslant 300$	1.0				合　否
	$H > 300$	2.0				
外观		凹凸、破损、弯曲、生锈				合　否
验收意见：						
构件生产企业（公章）： 责任人（签字）： 　　　　　　　年　月　日			协作单位（公章）： 责任人（签字）： 　　　　　　　年　月　日			
设计单位（公章）： 责任人（签字）： 　　　　　　　年　月　日			施工单位（公章）： 责任人（签字）： 　　　　　　　年　月　日			
监理单位（公章）： 责任人（签字）： 　　　　　　　年　月　日			建设单位（公章）： 责任人（签字）： 　　　　　　　年　月　日			

表 3-3 混凝土浇筑前钢筋检查表

工程项目名称：

建设单位：   设计单位：

施工单位：   监理单位：

构件生产企业：   构件类型：

构件编号：   图纸编号：

检查日期：

检查项目		允许偏差/mm	实测值	调整后实测值	判定
绑扎钢筋网	长、宽	±10			合 否
	网眼尺寸	±20			合 否
绑扎钢筋骨架	长	±10			合 否
	宽、高	±5			合 否
	钢筋间距	±10			合 否
受力钢筋	位置	±5			合 否
	排距	±5			合 否
	保护层	满足设计要求			合 否
绑扎钢筋、横向钢筋间距		±20			合 否
箍筋间距		±20			合 否
钢筋弯起点位置		±20			合 否

验收意见：

构件生产企业（公章）： 责任人（签字）： 　年　月　日	协作单位（公章）： 责任人（签字）： 　年　月　日
设计单位（公章）： 责任人（签字）： 　年　月　日	施工单位（公章）： 责任人（签字）： 　年　月　日
监理单位（公章）： 责任人（签字）： 　年　月　日	建设单位（公章）： 责任人（签字）： 　年　月　日

表 3-4　钢筋网或钢筋骨架尺寸和安装位置偏差

项目			允许偏差/mm	检验方法
绑扎钢筋网	长、宽		±10	钢尺检查
	网眼尺寸		±20	钢尺量连续三档，取最大值
绑扎钢筋骨架	长		±10	钢尺检查
	宽、高		±5	钢尺检查
	钢筋间距		±10	钢尺量两端、中间各一点
受力钢筋	位置		±5	钢尺量测两端、中间各一点，取较大值
	排距		±5	
	保护层	柱、梁	±5	钢尺检查
		楼板、外墙板楼梯、阳台板	±3	钢尺检查
绑扎钢筋、横向钢筋间距			±20	钢尺量连续三档，取最大值
箍筋间距			±20	钢尺量连续三档，取最大值
钢筋弯起点位置			±20	钢尺检查

　　⑦ 固定在模板上的连接套管、外装饰敷设、预埋件、连接件、预留孔洞位置的偏差应符合表 3-5 的规定。

表 3-5　连接套管、外装饰敷设、预埋件、连接件、预留孔洞的允许偏差

项目		允许偏差/mm	检验方法
钢筋连接套管	中心线位置	±3	钢尺检查
	安装垂直度	1/40	拉水平线、竖直线测量两端差值且满足连接套管施工误差要求
	套管内部、注入/排出口的堵塞		目视
外装饰敷设	图案、分割、色彩、尺寸		与构件制作图对照及目视
预埋件（插筋、螺栓、吊具等）	中心线位置	±5	钢尺检查
预埋件（插筋、螺栓、吊具等）	外露长度	（0，5）	钢尺检查且满足连接套管施工误差要求
	安装垂直度	1/40	拉水平线、竖直线测量两端差值且满足施工误差要求
连接件	中心线位置	±3	钢尺检查
	安装垂直度	1/40	拉水平线、竖直线测量两端差值且满足连接套管施工误差要求
预留孔洞	中心线位置	±5	钢尺检查
	尺寸	（0，8）	钢尺检查
其他需要先安装的部件	安装状况：种类、数量、位置、固定状况		与构件制作图对照及目视

　　注：钢筋连接套管除应满足上述指标外，尚应符合套管厂家提供的允许误差值和施工允许误差值。

⑧ 混凝土浇筑前，应逐项对模具、垫块、外装饰材料、支架、钢筋、连接套管、连接件、预埋件、吊具、预留孔洞等进行检查验收，并做好隐蔽工程记录。检查表如表3-6所示。

表3-6　混凝土浇筑前其他部件检查表

工程项目名称：

建设单位：　　　　　　　　　　　　　　　设计单位：

施工单位：　　　　　　　　　　　　　　　监理单位：

构件生产企业：　　　　　　　　　　　　　　构件类型：

构件编号：　　　　　　　　　　　　　　　图纸编号：

检查日期：

检查项目		允许偏差/mm	实测值	调整后实测值	判定
钢筋连接套管	中心线位置	±3			合　否
	安装垂直度	1/40			合　否
	套管内部、注入、排出口的堵塞				合　否
外装饰敷设	图案、分割、色彩、尺寸				合　否
预埋件（插筋、螺栓、吊具等）	中心线位置	±5			合　否
	外露长度	（0，5）			合　否
	安装垂直度	1/40			合　否
连接件	中心线位置	±3			合　否
	安装垂直度	1/40			合　否
预留孔洞	中心线位置	±5			合　否
	尺寸	（0，8）			合　否
其他需要先安装的部件	安装状况				

验收意见：

构件生产企业（公章）： 责任人（签字）： 　　　　　年　月　日	协作单位（公章）： 责任人（签字）： 　　　　　年　月　日
设计单位（公章）： 责任人（签字）： 　　　　　年　月　日	施工单位（公章）： 责任人（签字）： 　　　　　年　月　日
监理单位（公章）： 责任人（签字）： 　　　　　年　月　日	建设单位（公章）： 责任人（签字）： 　　　　　年　月　日

3．混凝土浇筑

混凝土浇筑时应符合下列要求：

（1）混凝土应均匀连续浇筑，投料高度不宜大于 500 mm。

（2）混凝土浇筑时应保证模具、门窗框、预埋件、连接件

混凝土的浇筑与养护

不发生变形或者移位，如有偏差应采取措施及时纠正。

（3）混凝土应边浇筑、边振捣。振捣器宜采用振捣棒，平板振动器辅助使用。

（4）混凝土从出机到浇筑时间及间歇时间不宜超过 40 min。

预制混凝土构件宜采用水平浇筑成型工艺。带夹心保温材料的构件，底层混凝土强度达到 1.2 MPa 时方可进行保温材料敷设，保温材料应与底层混凝土固定，当多层敷设时上下层接缝应错开。当采用垂直浇筑成型工艺时，保温材料可在混凝土浇筑前放置。连接件穿过保温材料处应填补密实。

4．混凝土养护

浇筑后，混凝土养护可采用覆盖浇水和塑料薄膜覆盖的自然养护、化学保护膜养护和蒸汽养护方法。梁、柱等体积较大预制混凝土构件宜采用自然养护方式；楼板、墙板等较薄预制混凝土构件或冬期生产预制混凝土构件，宜采用蒸汽养护方式。预制混凝土构件蒸汽养护应严格控制升降温速率及最高温度，养护过程应注意：

（1）预制构件浇筑完毕后应进行养护，可根据预制构件的特点选择自然养护、自然养护加养护剂或加热养护方式。

（2）加热养护制度应通过试验确定，宜在常温下预养护 2～6 h，升、降温度不应超过 20℃/h，最高温度不宜超过 70℃，预制构件脱模时的表面温度与环境温度的差值不宜超过 25℃。

（3）夹芯保温外墙板采取加热养护时，养护温度不宜大于 50℃，以防止保温材料变形造成对构件的破坏。

（4）预制构件脱模后可继续养护，养护可采用水养、洒水、覆盖和喷涂养护剂等一种或几种相结合的方式。

（5）水养和洒水养护的养护用水不应使用回收水，水中养护应避免预制构件与养护池水有过大的温差，洒水养护次数以能保持构件处于润湿状态为度，且不宜采用不加覆盖仅靠构件表面洒水的养护方式。

（6）当不具备水养或洒水养护条件或当日平均温度低于 5℃ 时，可采用涂刷养护剂方式。养护剂不得影响预制构件与现浇混凝土面的结合强度。

5．脱模与表面修补

构件蒸汽养护后，控制构件蒸汽养护脱罩时内外温差小于 20℃，以免由于构件温度梯度过大造成构件表面裂缝。构件脱模应严格按照顺序拆除模具，不得使用振动方式拆模。构件脱模时应仔细检查确认构件与模具之间的连接部分完全拆除后方可起吊。

预制构件脱模时，如果混凝土强度不足，会造成构件变形、棱角破损、开裂等现象。为保证构件结构安全和使用功能不受影响，混凝土预制构件脱模起吊时，应根据设计要求或具体生产条件确定所需的混凝土标准立方体抗压强度，并满足下列要求：

（1）脱模混凝土强度应不小于 15 MPa。

（2）外墙板、楼板等较薄预制混凝土构件起吊时，混凝土强度应不小于 20 MPa。

（3）梁、柱等较厚预制混凝土构件起吊时，混凝土强度不应小 30 MPa。

（4）对于预应力预制混凝土构件及脱模后需要移动的预制混凝土构件，脱模时的混凝土立方体抗压强度应不小于混凝土设计强度的 75%。

构件脱模后，不存在影响结构性能、钢筋、预埋件或者连接件锚固的局部破损和构件表面的非受力裂缝时，可用修补浆料进行表面修补后使用，详见表 3-7。构件表面修补后应重新进行检查验收。构件脱模后，构件外装饰材料出现破损应进行修补。对于表面面砖出现破损应采用同规格面砖用黏接剂重新粘贴；如果花岗岩表面出现严重破损，应作为废品处理。

表 3-7　构件表面破损或裂缝处理方案

项目	破损或裂缝情况描述	处理方案	检查依据与方法
破损	（1）影响结构性能且不能恢复的破损	废弃	目测
	（2）影响钢筋、连接件、预埋件锚固的破损	废弃	目测
	（3）上述（1）、（2）以外的，破损长度超过 20 mm	修补①	目测、卡尺测量
	（4）上述（1）、（2）以外的，破损长度 20 mm 以下	现场修补	—
裂缝	（1）影响结构性能且不可恢复的裂缝	废弃	目测
	（2）影响钢筋、连接件、预埋件锚固的裂缝	废弃	目测
	（3）裂缝宽度大于 0.3 mm 且裂缝长度超过 300 mm	废弃	目测、卡尺测量
	（4）上述（1）、（2）、（3）以外的，裂缝宽度超过 0.2 mm	修补②	目测、卡尺测量
	（5）上述（1）、（2）、（3）以外的，宽度不足 0.2 mm，且在外表面时	修补③	目测、卡尺测量

注：①用不低于混凝土设计强度的专用修补浆料修补。

②用环氧树脂浆料修补。

③用专用防水浆料修补。

6. 起　吊

构件起吊应平稳，楼板应采用专用多点吊架进行起吊，复杂构件应采用专门的吊架进行起吊。楼板应多点起吊，如果非预应力叠合楼板可以利用桁架筋起吊，吊点的位置应根据计算确定；预应力楼板吊点应由设计确定。复杂构件需要设置临时固定工具，吊点和吊具应进行专门设计。

3.1.3　构件质量验收

1. 一般规定

因预制混凝土构件存在尺寸小、厚度较薄等特点，与结构实体上的构件具有一定的差异，故需要针对不同构件分类规定混凝土强度的检测方法。预制构件粗糙面凹凸深度是影响结合面连接性能的重要指标，故针对不同类型的粗糙面规定其凹凸深度的检测方法。预埋吊件的锚固质量会影响预制构件的翻转、运输和吊装；预埋保温拉结件施工质量也会影响外墙的保温性能和建筑物的使用安全。因此，预制构件的质量检验主要包括混凝土抗压强度、粗糙面质量、预埋吊件承载力及保温拉结件锚固性能的检测。

预制构件的混凝土强度、预埋吊件承载力、保温拉结件锚固性能进行检测时，应符合下列规定：

（1）当需要进行符合性判定时，检测时预制构件混凝土养护的等效龄期宜达到 600℃·d；

（2）检测时预制构件混凝土养护的等效龄期未达到 600℃·d，当检测结果符合设计要求时，可进行符合性判定；当检测结果不符合设计要求时，可仅给出检测数据结果。

2．质量验收

（1）预制构件混凝土抗压强度检测。

预制构件厂一般根据构件类型、强度等级分批次制作、养护预制构件。现场批量检测预制构件的混凝土抗压强度时，批量的划分与现浇混凝土结构不同。一般情况下，现浇混凝土结构同层构件可化为一批，而装配式混凝土结构可能存在多层、同类型构件均为同批次生产的情况，因此，对装配式结构预制构件的混凝土抗压强度进行批量检测时，应根据实际情况来划分检测批。批量检测预制构件混凝土抗压强度时，宜根据构件类型、进场批次、混凝土养护龄期、设计强度等级等因素，依据现行相关标准的要求划分检测批。

当对预制构件混凝土抗压强度进行检测时，应按相关专项检测技术标准的规定执行。混凝土抗压强度的检测方法较多，基于预制混凝土构件的特点和现有检测方法的适用条件，分类规定了可采用的检测方法及其检测要求。对于非薄壁的预制混凝土构件，可参照目前现行的混凝土强度相关检测技术标准要求执行。

预制构件混凝土抗压强度检测应符合下列规定：

① 对于实心墙、夹心保温墙、柱、梁、楼梯等非薄壁预制构件，可采用回弹法、钻芯法等方法进行检测。

② 对于叠合板、叠合剪力墙等预制混凝土厚度不小于 50 mm 的薄壁预制构件可按钻芯法进行检测。

③ 对于预制空心板剪力墙，在其实心部位可采用回弹法、钻芯法、超声回弹综合法等进行检测；在预制混凝土厚度不小于 50 mm 的空心部位可按钻芯法进行检测。

④ 采用回弹法检测时，构件不应有位置的移动或者转动，必要时应对预制构件进行固定，对于弹击时易产生颤动的预制构件，应采取必要的防颤措施。

混凝土抗压强度

⑤ 钻芯法宜选择在不影响构件使用的部位进行检测，并应避开主筋、预埋件和管线。

⑥ 钻芯法作为检测混凝土抗压强度的直接方法被广泛应用，随着装配式建筑的推广应用，薄壁或小尺寸预制构件的强度检测面临难题。采用回弹法检测薄壁或小尺寸构件，弹击时构件颤动的能量损失会导致检测结果失真。

混凝土中粗骨料粒径是决定钻取芯样直径的主要因素，对于装配式混凝土结构中叠合楼板的预制底板、叠合剪力墙的两侧预制部分，其预制部分的厚度通常不大于 60 mm，无法满足行业标准《钻芯法检测混凝土强度技术规程》（JGJ/T 384—2016）对芯样尺寸不小于 70 mm 的要求。薄壁或小尺寸构件混凝土的粗骨料最大粒径通常在 20～25 mm，按照芯样直径不小于粗骨料最大粒径 2 倍的要求，芯样试件直径范围可在 40 ~ 50 mm。直径 50 mm 是指标称直径，芯样的实际直径会有一定的偏差，故考虑了 5 mm 的偏差，要求实际直径应在 45 ~ 55 mm；芯样加工时，再按高径比 1∶1 原则对芯样的高度进行控制。故对薄壁或小尺寸构件的混凝土抗压强度，可采用钻取直径 50 mm 芯样进行检测，并应符合下列规定：

① 粗骨料的粒径不宜大于 20 mm，不应大于 25 mm。

② 芯样试件直径范围应在 45 ~ 55 mm。

③ 芯样试件高径比宜为 1∶1，实际高径比应控制在 0.95 ~ 1.05。

④ 混凝土设计强度等级宜在 C30 ~ C50。

对于直径 50 mm 芯样钻芯法检测混凝土抗压强度，尚应符合下列规定：

① 芯样钻取时，钻芯机应平稳运行，避免芯样缩颈，当钻透构件取样时，应有防止芯样坠落的措施。

② 芯样不应有裂缝或其他缺陷，试件内不应含有钢筋。

③ 芯样试件的端面可采用磨平处理，也可采用硫磺胶泥补平处理，补平层厚度不宜大于 2 mm。

混凝土芯样抗压强度换算值可按下式计算：

$$f_{cu,cor} = \beta \frac{F_c}{A_c} \qquad (3-1)$$

式中：$f_{cu.cor}$——芯样试件混凝土抗压强度换算值（MPa），精确 0.1 MPa；

F_c——芯样试件抗压试验的破坏压力值（N）；

A_c——芯样试件抗压截面积（mm²）；

β——芯样试件强度换算系数，取 1.05。

（2）预制构件混凝土粗糙面质量检测。

混凝土粗糙面的设置是保证装配式混凝土结构结合面连接质量的重要技术措施，现行行业标准《装配式混凝土结构技术规程》（JGJ 1）对各类构件和构件的不同部位均规定了粗糙面面积与结合面的占比、凹凸深度的具体设置要求。

预制构件粗糙面的面积比和凹凸深度检测应符合计数抽样要求，以同一类型、同一生产批次、相同粗糙面成型工艺的预制构件划分为一个检测批，抽样检测的样本容量应符合《装配式混凝土结构技术规程》（JGJ 1—2014），如下表 3-8 的规定。

表 3-8　计数抽样检测的最小样本容量

检测批的容量	检测类别和样本最小容量			检测批的容量	检测类别和样本最小容量		
	A	B	C		A	B	C
3 ~ 8	2	2	3	91 ~ 150	8	20	32
9 ~ 15	2	3	5	151 ~ 280	13	32	50
16 ~ 25	3	5	8	281 ~ 500	20	50	80
26 ~ 50	5	8	13	501 ~ 1200	32	80	125
51 ~ 90	5	13	20	1201 ~ 3200	50	125	200

① 预制构件粗糙面的面积比检测。

预制构件与后浇混凝土、灌浆料、坐浆料的结合面位置处粗糙面所占最小面积比进行了规定。检测时应测量粗糙面外边缘尺寸，结合面尺寸可按照构件截面尺寸进行测量。当预制构件结合面或粗糙面外形不规则时，可将检测区域划分为若干个规则分区进行尺寸测量和面积计算。

预制构件的粗糙面和结合面的长度和宽度可采用直尺或卷尺测量，精确至 1 mm，根据测量结果按照式（3-2）计算粗糙面与结合面的面积比：

$$\zeta = \frac{\sum_{i=1}^{n} A_{ci}}{\sum_{i=1}^{n} A_i} \tag{3-2}$$

式中：A_{ci}——为第 i 个测量区域内粗糙面面积（mm^2）；

A_i——为第 i 个测量区域的结合面面积（mm^2）；

ζ——为粗糙面与结合面的面积比。

② 预制构件混凝土粗糙面凹凸深度检测。

预制混凝土构件的粗糙面凹凸深度常采用测深尺法检测和三维扫描法检测，本文主要介绍三维扫描法，如图 3-3 和图 3-4。预制构件混凝土粗糙面凹凸深度检测前应做好下列工作：

a. 检查检测工具和设备是否正常。

b. 清理粗糙面表面的颗粒、杂物。

c. 记录预制构件生产厂家、工程名称、楼号、楼层、构件编号、检测人员等信息。

采用三维扫描法检测混凝土粗糙面凹凸深度时，根据检测部位分类划分测区，以测区为单位测量粗糙面的凹凸深度。测区尺寸是根据不同类型预制构件的常规尺寸确定，采用三维扫描法检测粗糙面凹凸深度的测区布置应符合下列规定：

a. 测区布置应避开预埋件、预留孔洞、桁架钢筋以及表面有明显凸出区域等容易产生干扰的部位。

b. 混凝土梁、柱等杆类构件的两个端面应各布置不少于 1 个测区，混凝土叠合梁顶面宜布置不少于 3 个测区，混凝土剪力墙 4 个端面宜各布置不少于 2 个测区，混凝土叠合板面应布置不少于 4 个测区。

c. 对于凹槽形粗糙面，每个测区的长度方向不应小于 300 mm，宽度方向应至少包含 4 条连续的凹槽；对于凹坑形粗糙面，设置于混凝土剪力墙 4 个端面时，每个测区的面积不宜小于 150 mm×600 mm，设置于其他部位时，每个测区的面积不宜小于 300 mm×300 mm。

d. 测区应具有代表性，当在同一端面或平面上布置多个测区时，测区应均匀布置。

e. 对测区进行逐一编号，并记录测区位置和外观质量状况。

采用三维扫描法检测预制构件混凝土粗糙面凹凸深度时，应符合下列规定：

a. 手持式三维扫描仪应具备获取三维点云数据的功能，分辨力不应低于 0.1 mm。

b. 钢尺最小分度值应为 1 mm。

c. 对于凹槽形粗糙面，采用图形处理软件在测区内截取凹槽选定区，凹槽选定区的长度为 250 mm，宽度方向应只包含 4 条连续的凹槽，将凹槽选定区在长度方向五等分，4 个等分面与四条连续凹槽的交界处形成 16 个测点，以凹槽轮廓曲线上峰谷点的高差作为测点的凹凸深度，采用图形处理软件获得 16 个测点的凹凸深度数据。

对于凹坑形粗糙面，采用图形处理软件在测区内截取凹坑选定区，对于混凝土剪力墙 4 个端面，凹坑选定区的长度为 400 mm，宽度为 100 mm，在凹坑选定区内划分两行八列共 16 个边长为 50 mm 的正方形凹坑单元格；对于其他部位，凹坑选定区的长和宽均为 200 mm，在凹坑选定区内划分 4 行 4 列共 16 个边长为 50 mm 的正方形凹坑单元格；将每个凹坑单元格作为一个测点，以凹坑单元格中峰谷点的高差作为测点的凹凸深度，采用图形处理软件获得 16 个测点的凹凸深度数据。

在 16 个凹凸深度数据中，依次剔除 3 个最大值和 3 个最小值，剩余 10 个有效数据。

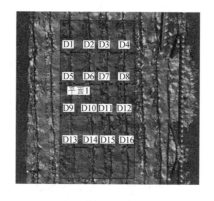
（a）划分选定区

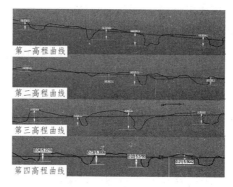
（b）粗糙面凹凸曲线

图 3-3 凹槽形粗糙面检测示意

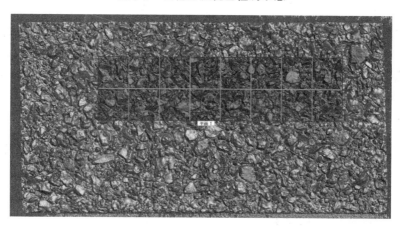

图 3-4 凹坑形粗糙面检测示意

混凝土粗糙面凹凸深度评价指标宜包括平均值和变异系数，并应按下列公式计算：

$$\mu = \frac{\sum_{i=1}^{N} x_i}{N} \tag{3-3}$$

$$\delta = \frac{\sqrt{\frac{1}{N-1}\sum_{i=1}^{N}(x_i - \mu)^2}}{\mu} \tag{3-4}$$

式中：μ——平均值（mm），计算时应精确至 0.1 mm；

δ——变异系数，计算时应精确至 0.01；

x_i——各个测点的效凹凸深度数据（mm）；

N——所测有效凹凸深度总数，按测区的数量乘以每一测区内有效凹凸深度的数量计算。

混凝土粗糙面凹凸深度是保证结合面连接质量的重要因素之一。预制板的粗糙面凹凸深度不应小于 4 mm，预制梁端、预制柱端、预制墙端的粗糙面凹凸深度不应小于 6 mm。为了确保粗糙面凹凸深度的均匀性，参照行业标准《装配式住宅建筑检测技术标准》（JGJ/T 485—2019），增加了对凹凸深度变异系数的要求。

③ 预埋吊件锚固承载力检测。

预制构件在后续的施工中需要进行吊装，在吊装过程中，预埋吊件的实际受力是处于拉剪复合受力状态，考虑到拉剪复合试验加载的难度，故预埋在混凝土构件中的吊件锚固承载力以抗拔承载力作为检测项目。

预埋吊件锚固承载力检测可分为非破损性检测和破损性检测，本文主要介绍非破损性检测方法。其应符合下列规定：

a. 当要求检测后不影响预制构件的使用时，应采用非破损性检测。

b. 当要求确定预埋吊件的极限锚固承载力时，应采用破损性检测。

c. 采用非破损性检测时，检测荷载值应根据设计图纸或产品技术手册确定。

预埋吊件锚固承载力检测的抽检规则应符合下列规定：

a. 以相同规格型号的吊件安装于连接部位基本相同、混凝土强度等级相同的同类构件作为一检测批。

b. 进行极限承载力检测时，检测批容量不宜大于 1 000 个，每一检测批应抽取不少于 5 个吊件。

c. 进行非破损性检测时，吊件的抽样比例应符合表 3-9 的规定，当预埋吊件的总数量介于表 3-9 中两栏的数量之间时，可按线性内插法确定抽样数量。

表 3-9　非破损性检测预埋吊件抽样数量

检验批容量	≤100	500	1000	2500	5000
最小抽样数量/件	5	10	15	20	25

d. 吊件应在检测批中随机抽取。

对于非破损性检测，加载至检验荷载后，当全部试件的试验结果均符合下列规定时，应判定为合格：

a. 在持荷期间，试件无滑移、基材混凝土无裂缝或其他局部损坏迹象出现。

b. 加载装置的荷载示值在 2 min 内无下降或下降幅度不超过 5%的检验荷载。

④ 预埋保温拉结件锚固性能检测。

预埋保温拉结件锚固性能检测适用于纤维复合材料拉结件和不锈钢材料拉结件。预制夹心保温混凝土墙体的预埋保温拉结件锚固性能检测项目包括单个拉结件的抗拔承载力和整体群锚的抗剪承载力。

预制夹心保温混凝土墙体单个保温拉结件的抗拔承载力检测应符合下列规定：

a. 纤维复合材料保温拉结件和针式不锈钢材料保温拉结件应进行单个拉结件的抗拔承载力检测。

b. 规格类型相同、基材混凝土设计强度等级且锚固条件相同的拉结件为一个检测批，每个检测批构件数量不宜大于 500 个，每个检测批的抽样数量不应少于 5 件。

c. 在进行单个保温拉结件的抗拔承载力检测时，基材混凝土抗压强度应达到设计要求。

d. 以保温拉结件所在位置作为圆柱体的轴心，钻取直径不宜小于 150 mm 的圆柱体试件，沿墙体厚度方向钻透，获得含有内叶板混凝土、保温材料、外叶板混凝土和保温拉结件的组合体试件。

e. 试件内不宜含有钢筋，拉结件的位置距圆柱体侧面的最小距离不应小于 45 mm，钻芯过程对拉结件的锚固性能无明显扰动。

f. 将试件的内叶板混凝土固定，加载的作用力方向沿着保温拉结件的轴向，对外叶板混凝土施加连续荷载直至锚固破坏，加载示意见图 3-5，加载速率宜控制在 1 ~ 3 kN/min。

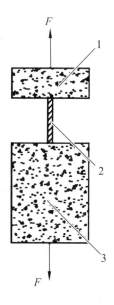

图 3-5　单个保温拉结件抗拔承载力试验示意

检测批的抗拔承载力标准值应按下列公式计算：

$$R_{tk} = \overline{R_t} - k \cdot s_{R_t}$$

$$\overline{R_t} = \frac{1}{n}\sum_{i=1}^{n}T_{ti}$$

$$s_{R_t} = \sqrt{\frac{\sum_{i=1}^{n}(R_{ti} - \overline{R_t})^2}{n-1}}$$

式中：R_{tk}——拉结件抗拔承载力标准值（kN），精确至 0.1kN；

R_t——检测批抗拔承载力平均值（kN），精确至 0.1kN；

R_{ti}——抗拔承载力单个值（kN），精确至 0.1kN；

S_{Rt}——检测批抗拔承载力标准差（kN），精确至 0.1kN；

n——试件数量；

k——推定系数，按表 3-10 取值。

表 3-10　推定系数

样本容量	k	样本容量	k	样本容量	k
5	3.399 83	16	2.299 00	26	2.120 37
6	3.091 88	17	2.272 40	27	2.109 24
7	2.893 80	18	2.248 62	28	2.098 81
8	2.754 28	19	2.227 20	29	2.089 03
9	2.649 90	20	2.207 78	30	2.079 82
10	2.568 37	21	2.190 07	31	2.071 13

当检测批抗拔承载力不低于设计要求时，可判定拉结件的抗拔承载力符合设计要求。

预制夹心保温混凝土墙体预埋保温拉结件的整体群锚抗剪承载力检测应符合下列规定：

a. 板式不锈钢保温连接和钢筋桁架式保温拉结件应进行整体群锚抗剪承载力检测。

b. 规格型号相同、混凝土强度等级且拉结件锚固条件相同的预制构件为一个检测批，每个检测批构件数量不宜大于 500 个，抽样数量不宜少于 2 个构件。

c. 宜在墙体平面内沿两个方向分别进行抗剪承载力检测。

d. 在进行整体群锚抗剪承载力检测时，混凝土抗压强度应达到设计要求。

整体群锚抗剪承载力检测加载示意见图 3-6，分配梁应均有一定刚度，保证试验过程中均匀加载。

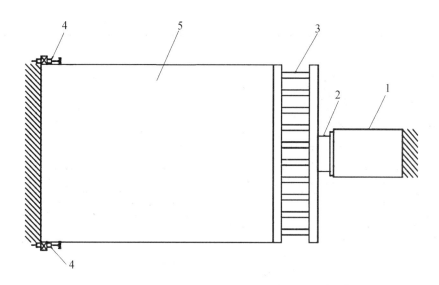

1—千斤顶；2—荷载传感器；3—分配梁；4—位移计；5—外叶板；6—保温层；7—内叶板。

图 3-6 整体群锚抗剪承载力加载示意

对外叶板施加与墙板平面平行的均匀连续荷载，加载速率宜控制在 1~3 kN/min，加载至极限荷载或外叶板与内叶板相对位移大于 10 mm 时停止试验，加载过程中内叶板不应有平面外位移，并记录位移-荷载曲线。

在达到极限荷载情况下，若外叶板与内叶板的相对位移不大于 10 mm 时，试件的抗剪承载力取极限荷载；在未达到极限荷载情况下，若外叶板与内叶板的相对位移大于 10 mm 时，试件的抗剪承载力取相对位移达到 10 mm 时的荷载值。

当试件两个方向的抗剪承载力均不低于对应的设计要求时，可判定试件的抗剪承载力符合设计要求。

3.2 混凝土预制构件安装过程的质量检查

3.2.1 混凝土预制构件的进场检验

混凝土预制构件
进场检验

预制构件进场检验内容主要有以下几个方面：

（1）参照国家标准《混凝土结构工程施工质量验收规范》（GB 50204—2015）外观质量检查不应有严重缺陷和一般缺陷：预制构件的外观质量不应有严重缺陷，且不应有影响结构性能和安装、使用功能的尺寸偏差，尺寸偏差符合表 3-11 的规定。

（2）预制构件上的预埋件、预留插筋、预埋管线、预留孔、预留洞等应符合设计要求。

（3）粗糙面的质量及键槽的数量应符合设计要求。

（4）预制构件应有标识。

表 3-11　预制构件尺寸的允许偏差及检验方法

项目			允许偏差/mm	检验方法
长度	楼板、梁、柱、桁架	<12 m	±5	尺量
		12 m 且<18 m	±10	
		18 m	±20	
	墙板		±4	
宽度、高（厚）度	楼板、梁、柱、桁架		±5	尺量一端及中部，取其中偏差绝对值较大处
	墙板		±4	
表面平整度	楼板、梁、柱、墙板内表面		5	2 m 靠尺和塞尺量测
	墙板外表面		3	
侧向弯曲	楼板、梁、柱		$L/750$ 且≤20	拉线、直尺量测最大侧向弯曲处
	墙板、桁架		$L/1\,000$ 且≤20	
翘曲	楼板		$l/750$	调平尺在两端量测
	墙板		$l/1\,000$	
对角线	楼板		10	尺量两个对角线
	墙板		5	
预留孔	中心线位置		5	尺量
	孔尺寸		±5	
预留洞	中心线位置		10	尺量
	洞口尺寸、深度		±10	
预埋件	预埋板中心线位置		5	尺量
	预埋板与混凝土面平面高差		（-5，0）	
	预埋螺栓		2	
	预埋螺栓外露长度		（-5，10）	
	预埋套筒、螺母中心线位置		2	
	预埋套筒、螺母与混凝土面平面高差		±5	
预留插筋	中心线位置		5	尺量
	外露长度		（-5，10）	
键槽	中心线位置		5	尺量
	长度、宽度		±5	
	深度		±10	

预制构件外观质量缺陷与尺寸偏差的规定如下：

（1）外观质量缺陷符合相关规范的要求。

（2）有产品标准的，应按产品标准及表 3-12 ~ 表 3-14，规定有差异时应取按较严格规定执行。

（3）设计有专门规定时，尺寸偏差尚应符合设计要求。

表 3-12　现浇结构外观质量缺陷

名称	现象	严重缺陷	一般缺陷
露筋	构件内钢筋未被混凝土包裹而外露	纵向受力钢筋有露筋	其他钢筋有少量露筋
蜂窝	混凝土表面缺少水泥浆而形成石子外露	构件主要受力部位有蜂窝	其他部位有少量蜂窝
孔洞	混凝土中孔穴深度和长度均超过保护层厚度	构件主要受力部位有孔洞	其他部位有少量孔洞
夹渣	混凝土中有杂物且深度超过保护层厚度	构件主要受力部位有夹渣	其他部位有少量夹渣
疏松	混凝土局部不密实	构件主要受力部位有疏松	其他部位有少量疏松
裂缝	裂缝从混凝土表面延伸至混凝土内部	构件主要受力部位有影响结构性能或使用功能的裂缝	其他部位有少量不影响结构性能或使用功能的裂缝
连接部位缺陷	构件连接处混凝土有缺陷及连接钢筋、连接件松动	连接部位有影响结构传力性能的缺陷	连接部位有基本不影响结构传力性能的缺陷
外形缺陷	缺掉棱角、棱角不直、翘曲不平、飞边凸肋等	清水混凝土构件有影响使用功能或装饰效果的外形缺陷	其他混凝土构件有不影响使用功能的外形缺陷
外表缺陷	构件表面麻面、掉皮、起砂、玷污等	具有重要装饰效果的清水混凝土构件有外表缺陷	其他混凝土构件有不影响使用功能的外表缺陷

表 3-13　空心板的外观质量

项号	项目		质量要求	检验方法
1	露筋	主筋	不应有	观察
		副筋	不宜有	

项号	项目		质量要求	检验方法
2	孔洞	任何部位	不应有	观察
3	蜂窝	支座预应力筋锚固部位 跨中顶板	不应有	观察
		其余部位	不宜有	观察
4	裂缝	板底裂缝 板面纵向裂缝 肋部裂缝	不应有	观察和用尺、刻度放大镜测量
		支座预应力筋挤压裂缝	不宜有	
		板面横向裂缝 板面不规则裂缝	裂缝宽度不应大于 0.10 mm	
5	板端部缺陷	混凝土疏松、夹渣或外伸主筋松动	不应有	观察、摇动外伸主筋
6	外表缺陷	板底表面	不应有	观察
		板底、板侧表面	不宜有	
7	外形缺陷		不宜有	观察
8	外表玷污		不应有	观察

注：① 露筋指板内钢筋未被混凝土包裹而外露的缺陷。
② 孔洞指混凝土中深度和长度均超过保护层厚度的孔穴。
③ 蜂窝指板混凝土表面缺少水泥砂浆而形成石子外露的缺陷。
④ 裂缝指深入混凝土内的缝隙。
⑤ 板端部缺陷指板端处混凝土疏松、夹渣或受力筋松动等缺陷。
⑥ 外表缺陷指板表面麻面、掉皮、起砂和漏抹等缺陷。
⑦ 外形缺陷指板端头不直、倾斜、缺点棱角、棱角不直、翘曲不平、飞边、凸肋和疤瘤等缺陷。
⑧ 外表玷污指构件表面有油污或其他杂物。

表 3-14 空心板的尺寸允许偏差

项号	项目	允许偏差/mm	检验方法
1	长度	+10，-5	用尺量测平行于板长度方向的任何部位
2	宽度	±5	用尺量测垂直于板长度方向底面的任何部位
3	高度	±5	用尺量测与长边竖向垂直的任何部位
4	侧向弯曲	L/750，且≤20	拉线用尺量测，侧向弯曲最大处
5	表面平整	5	用 2 m 靠尺和塞尺与板面两点间的最大缝隙
6	主筋保护层厚度	+5，-3	用尺或用钢筋保护层厚度测定仪量测
7	预应力筋与空心板内孔净间距	+5，0	用尺量测
8	对角线差	10	用尺量测板面两个对角线

项号	项目		允许偏差/mm	检验方法
9	预应力筋在板宽方向的中心位置与规定位置偏差		<10	用尺量测
10	预埋件	中心位置偏移	10	用长量测纵、横两个方向中心线，取其中较大值
		与混凝土面平整	<5	用平尺和钢板尺量测
11	板端预应力筋外伸长度		+10，−5	用尺在板两端量测
12	板端预应力筋内缩值		5	用尺量测
13	翘曲		L/750	用调平尺在板两端量测
14	板自重		+7%，−5%	用衡器称量

3.2.2 构件吊装检验

1. 实施条件的准备

在吊装前要进行场地实施条件的准备，主要有以下几个方面：

（1）施工道路。

① 运输道路必须平整坚实，并有足够的路面宽度和转弯半径。

② 道路承受荷载必须满足运输车辆载重要求。

（2）机具设备。

① 根据构件重量、塔臂覆盖半径等条件确定塔吊的选型。塔式起重机（选用时应根据构件重量、塔臂覆盖半径等条件确定）、汽车（选用时应根据构件重量、吊臂覆盖半径等条件确定）、电焊机、可调式斜撑杆、可调式垂直撑杆、空压机、振动机、振捣棒、混凝土泵车、经纬仪、水准仪等。

② 确定吊装使用的机械、吊具、辅助吊装钢梁等。

（3）构件堆放。

① 构件堆放根据构件的刚度、受力情况及外形尺寸采取平放或立放。

② 构件堆放场地应平整，应按其受力状态设置垫块，重叠堆放时，垫块应在一条竖线上；同时，板、柱构件应做好标志，避免倒放、反放。

（4）技术文件。

① 装配式结构施工前应编制专项施工方案，施工方案应经监理审核批准后方可实施。

② 根据构件标号和吊装计划的吊装序号在构件上标出序号，在图纸上标出序号位置。

（5）人员配置。

① 构件吊装人员已经培训并到位。

② 塔吊司机、电焊工等特种作业人员均持证上岗。

（6）预拼装。

① 现场选择场地，按照实体构件类型、规格、部位组织专业人员进行预拼装。

② 对预拼装中发现的问题采取技术措施进行完善。

在起吊前，检查塔吊起重机的行走限位是否齐全、灵敏，止挡离端头一般为 2 ~ 3 m；吊钩的高度限位器要灵敏可靠；吊臂的变幅限位要灵敏有效；起重机的超载限位装置也要灵敏、可靠；使用力矩限制器的塔吊，力矩限制器要灵敏、准确、灵活、有效，力矩限制器要有技术人员调试验收单；塔吊吊钩的保险装置要齐全、灵活；塔身、塔臂的各标准节的连接螺栓应坚固无松动，塔的结构件应无变形和严重腐蚀现象且各个部位的焊缝及主角钢不得有开焊、裂纹等现象。塔吊司机及指挥人员须经考核、持证上岗。信号指挥人员应有明显的标志，且不得兼任其他的工作。要执行"十不吊"的原则。

2. 吊装工艺

（1）工艺原理。

墙板吊装

以标准层每层、每跨（户）为单元，根据结构特点和便于构件制作和安装的原则将结构拆分成不同种类的构件（如墙、梁、板、楼梯等）并绘制结构拆分图。梁、板等水平构件采用叠合形式，即构件底部（包含底筋、箍筋、底部混凝土）采用工厂预制，面层和深入支座处（包含面筋）采用现浇。外墙、楼梯等构件除深入支座处现浇外，其他部分全部预制。每施工段构件现场安全部安装完成后统一进行浇筑，这样有效地解决了拼装工程整体性差，抗震等级低的问题。同时也减少现场钢筋、模板、混凝土的材料用量，简化了现场施工。

构件的加工计划、运输计划和每辆车构件的装车顺序紧密地与现场施工计划和吊装计划相结合，确保每个构件严格按实际吊装时间进场，保证了安装的连续性。构件拆分和生产的统一性保证了安装的标准性和规范性，大大地提高了工人的工作效率和机械利用率。这些都显著缩短了施工周期和减少了劳动力数量，满足了社会和行业对工期的要求以及解决了劳动力短缺的问题。

外墙采用混凝土外墙，外墙的窗框、涂料或瓷砖均在构件厂与外墙同步完成，很大程度上解决了窗框漏水和墙面渗水的质量通病，并大大减少了外墙装修的工作量，缩短了工期（只需进行局部修补工作）。

（2）吊装前期工作。

① 测量放线：弹出构架边线及控线，复核标高线。

② 构件进场检查：复核构件尺寸和构件质量。

③ 构件编号：在构件上标明每个构件所属的吊装区域和吊装顺序编号，便于吊装工人辨认。

（3）墙板吊装。

墙板吊装前，要进行系列的施工准备，包括技术准备、材料准备和机具准备。

① 技术准备。

a. 学习设计图纸及深化图纸，并做好图纸会审。

b. 确定预制剪力墙构件吊装顺序。

c. 编制构件进场计划。

d. 确定吊装使用的机械、吊具、辅助吊装钢梁等。

e. 编制施工技术方案并报审。

② 材料准备。

a. 预制剪力墙构件、高强度无收缩灌浆材料、预埋螺栓、钢筋等。

b. 用于注浆管灌浆的灌浆材料，强度等级不宜低于 C40，应具有无收缩、早强、高强、大流动性等特点。

③ 机具准备。

塔式起重机（选用时应根据构件重量、塔臂覆盖半径等条件确定）、汽车（选用时应根据构件重量、吊臂覆盖半径等条件确定）、电焊机、可调式斜撑杆、可调式垂直撑杆、空压机、振动机、振捣棒、砼泵车、经纬仪、水准仪等。

④ 吊装检查。

a. 检查预留钢筋位置长度是否准确，并进行修整，如图 3-7 所示。

b. 检查墙板构件预埋注浆管位置、数量是否正确，清理注浆管，确保畅通，如图 3-8 所示。

c. 检查构件中预埋吊环边缘混凝土是否破损开裂，吊环本身是否开裂断裂，如图 3-9 所示；吊楼地面清理，将接缝处石子、杂物等清理干净，如图 3-10 所示。

d. 在墙板安装部位放置垫片，垫片厚度根据水平抄测数据，如图 3-11 所示。

图 3-7 预留钢筋检查   图 3-8 注浆管检查

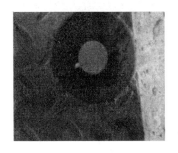  

图 3-9 预埋吊点检查   图 3-10 楼层清扫   图 3-11 垫片设置

⑤ 墙板构件安装就位：按构件吊装顺序，进行构件吊装。

a. 构件距离安装面约 1.5 m 时，应慢速调整，适当可由安装人员辅助轻推构件，调整构件到安装位置，如图 3-12 所示。

b. 楼地面预留插筋与构件预埋注浆管逐根对应，全部准确插入注浆管后构件缓慢下降，如图 3-13 所示。

图 3-12　墙板构件起吊　　　　　　　　图 3-13　与预埋注浆管对应

c. 构件距离楼地面约 30 cm 时由安装人员辅助轻推构件或采用撬棍，逐根根据定位线进行初步定位，如图 3-14 所示。

d. 构件完全落下后，采用顶丝根据定位线对构件进行调整，精确定位，如图 3-15 所示。

图 3-14　墙板构件起吊　　　　　　　　图 3-15　人工辅助定位

⑥ 构件斜撑安装。

a. 将地面预埋的拉接螺栓进行清理，清除表面包裹的塑料薄膜及迸溅的水泥浆等，露出连接丝扣。

b. 将构件上套筒清理干净，安装螺杆。注意螺杆不要拧到底，与构件表面空隙 30 mm。

c. 安装斜向支撑，即将撑杆上的上下垫板沿缺口方向分别套在构件上及地面上的螺栓上。安装时应先将一个方向的垫板套在螺杆上，然后转动撑杆，将另一个方向的垫板套在螺栓上，如图 3-16 所示。

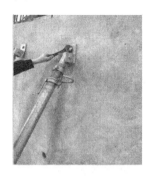  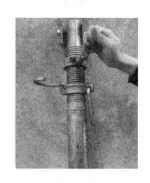

（a）斜撑上部固定　　　　　（b）斜撑底部固定　　　　　（c）调整初步垂直

图 3-16　斜撑安装

d. 将构件上的螺栓及地面预埋螺栓的螺母收紧。同时应查看构件中预埋套筒及地面预埋螺栓是否有松动现象，如出现松动，必须进行处理或更换。

e. 转动斜撑，调整构件初步垂直。

f. 松开构件吊钩，进行下一块构件吊装。

⑦ 构件垂直度校正。

a. 用靠尺量测构件的垂直偏差，注意要在构件（台模面）侧面进行量测，如图 3-17 所示。

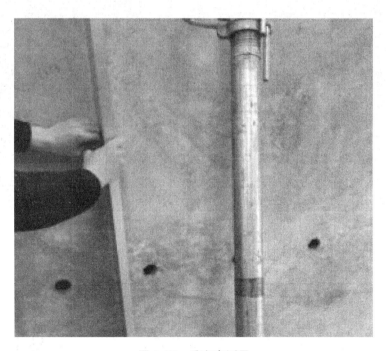

图 3-17　垂直度测量

b. 逐渐转动斜撑撑杆，调节撑杆长短来校正构件，直至垂直度符合要求。

3．梁、板、楼梯吊装

（1）吊装准备。

①检查预留钢筋位置长度是否准确，并进行修整。

②检查梁板构件预埋注浆管、预留孔的位置、数量是否正确，并进行清理，确保畅通。

③检查构件中预埋吊环（或用于做吊点的钢筋桁架）边缘混凝土是否破损开裂，吊环本身是否开裂断裂。

④梁板楼梯搁置边缘及相应搁置位置已根据标高线切割整齐。

（2）安装垂直支撑。

①根据垂直地面上已标注的垂直支撑点，安装垂直支撑，如图 3-18 所示。

②首先将初步垂直支撑顶紧上部梁板楼梯等构件，待构件全部安装就位后根据标高线调节撑杆，精确控制构件高度，并根据跨度要求适当控制起拱高度。

（3）预制梁构件吊装。

①已吊装完成的墙柱构件，根据抄测的水平线进行检查，局部不平整的部位，应进行切割修整，切割深度为 15 mm（不得碰到钢筋）。

②个别两端无搁置点的梁，如图 3-19 所示，应先设置垂直临时撑杆。

③对预制梁中部留有缺口的，应在吊装前进行局部加固，防止断裂。

④进行预制梁构件吊装，并根据定位线用撬棍等将梁就位准确。

图 3-18　支撑系统安装

图 3-19　梁构件起吊

（4）预制板构件吊装。

①已吊装完成的墙柱构件，根据抄测的水平线进行检查，局部不平整的部位，应进行切割修整，切割深度为 15 mm（不得碰到钢筋）。

②清理墙板上预留的预制楼板搁置凹槽。

③采用桁架吊梁使得板面受力均匀，距离墙顶 500 mm 时根据墙顶垂直控制线和板面控制线缓缓下降至支撑上方，待构件稳定后进行摘钩和校正，如图 3-20 和图 3-21 所示。

④ 通过撬棍调整水平定位，通过调整支撑控制板面标高，控制水平定位及标高误差在 +5 mm 以内。

（5）预制楼梯构件吊装。

① 根据楼梯图纸，在休息平台及楼梯梁上放出预制楼梯水平定位线及控制线，在周边墙体上放出标高控制线，如图 3-22 所示。

图 3-20　叠合板起吊　　　　　　　　图 3-21　叠合板转运

图 3-22　预制楼梯吊装

② 在楼梯安装部位设置钢垫片调整标高，钢垫片设置高度为安装板面标高以上 20 mm。

③ 楼梯段采用长短吊链进行吊装，吊装前检查吊环及固定螺栓应满足要求。

④ 楼梯下放到距离楼面 0.5 m 处，进行人工辅助就位，根据水平控制线缓慢下放楼梯，对准预留螺杆，安装至设计位置。

3.2.3　混凝土预制构件安装验收

装配式结构安装和连接质量验收内容：

（1）参照国家标准《混凝土结构工程施工质量验收规范》（GB 50204—2015）外观质量检查不应有严重缺陷和一般缺陷。

（2）构件位置、尺寸偏差、连接部位表面平整度符合要求，且不应有影响结构性能和安装、使用功能的尺寸偏差。

（3）其他相关连接质量验收：钢筋焊接，钢筋机械连接，构件焊接，构件螺栓连接，构件现浇混凝土连接。

3.3 装配式混凝土结构实体检验

3.3.1 一般规定

混凝土结构
实体检验

施工单位必须按照工程设计要求、施工技术标准和合同约定，对建筑材料、建筑构配件、设备和商品混凝土进行检验，检验应当有书面记录和专人签字；未经检验或者检验不合格的，不得使用。

结构性能检验的目的是检验构件实际生产质量，检验荷载应根据构件实际配筋、混凝土强度计算，具体计算取材料的强度设计值。根据以往的实践经验及能够进行结构性能检验的可能性，国家标准《混凝土结构工程施工质量验收规范》（GB 50204—2015）规定，预应力混凝土简支预制构件应定期进行结构性能检验；对生产数量较少的大型预应力混凝土简支受弯构件可不进行结构性能检验或只进行部分检验内容。预制构件结构性能检验尚应符合国家现行相关产品标准及设计的有关要求。

3.3.2 装配式混凝土结构实体检验

1. 依据规范

（1）《混凝土结构设计规范》（GB 50010）。

（2）《混凝土结构施工质量验收规范》（GB 50204）。

（3）《建筑结构荷载规范》（GB 50009）。

（4）《混凝土结构试验方法标准》（GB 50152）。

（5）《混凝土结构现场检测技术标准》（GB/T 50784）。

2. 预制构件试验的分类（GB 50192—2012）

（1）型式检测：主要针对设计（标准）图的检测、复核。

（2）首件检测：批量生产前，确定试生产的构件合格与否；调整、优化生产相关的材料及工艺。

（3）合格性检测：生产过程中检测批的抽样检测。

（4）预制构件应按标准图或设计要求的试验参数及检测指标进行结构性能检测。

（5）预制构件应在明显部位标明生产单位、构件型号、生产日期和质量验收标志，了解其生产工艺。构件上的预埋件、插筋和预留孔洞的规格、位置和数量应符合标准图或设计的要求。

（6）预制构件应进行结构性能检测。结构性能检测不合格的预制构件不得用于混凝土结构。

3. 检测内容

企业生产的预制构件进场时，目前规范要求梁板类简支受弯预制构件的结构性能检验要求（如图 3-23 所示），常见的有预制梁、预制板、预制楼梯等。对于其他预制构件，如常用的墙板、预制柱，很难通过结构性能检验确定构件受力性能，故规范规定除设计有专门要求外，进场时可不做结构性能检验。其他预制构件对于用于叠合板、叠合梁的梁板类受弯预制构件（叠合底板、底梁），是否进行结构性能检验、结构性能检验的方式也应根据设计要求确定。

图 3-23　预制梁结构性能试验

结构性能检验通常应在构件进场时进行，但考虑检验方便，工程中多在各方参与下在预制构件生产场地进行。对多个工程共同使用的同类型预制构件，也可在多个工程的施工、监理单位见证下共同委托进行结构性能检验，其结果对多个工程共同有效。

国家标准《混凝土结构工程施工质量验收规范》（GB 50204—2015）给出了受弯预制构件的抗裂、变形及承载力性能的检验要求和检验方法钢筋混凝土构件和允许出现裂缝的预应力混凝土构件应进行承载力、挠度和裂缝宽度检验；不允许出现裂缝的预应力混凝土构件应进行承载力、挠度和抗裂检验。

对生产数量较少的大型构件及有可靠应用经验的构件，可仅作挠度、抗裂或裂缝宽度检验：

（1）大型构件一般指跨度大于 18 m 的构件。

（2）可靠应用经验指该单位生产的标准构件在其他工程已多次应用，如预制楼梯、预制空心板、预制双 T 板等。

对使用数量较少（一般指 50 件以内）的构件，当有近期完成的合格报告可作为可靠依据时，可不进行结构性能检验。

同一工艺正常生产的不超过 1 000 件且不超过 3 个月的同类型预制构件为一批，在每批中应随机抽取一个构件进行检验。当连续检验 10 批且每批的结构性能检验结果均符合本规范规定的要求时，对同一工艺正常生产的构件，可改为不超过 2 000 件且不超过 3 个月的同类型（"同类型"是指同一钢种、同一混凝土等级、同一生产工艺和同一结构形式）产品为一批。在每批中应随机抽取一个构件作为试件进行检验。抽取预制构件时，宜从设计荷载最大、受力最不利或生产数量最多的预制构件中抽取。

对于所有不做结构性能检验的构件，可通过施工单位或监理单位代表驻厂监督制作的方式进行质量控制，此时构件进场的质量证明文件应经监督代表确认。

当无驻厂监督时，预制构件进场时应对预制构件主要受力钢筋数量、规格、间距及混凝土强度、混凝土保护层厚度等进行实体检验。检验方法主要有非破损方法，也可采用破损方法。一般情况下，规定不超过 1 000 个同类型预制构件为一批，每批抽检 2%且不少于 5 个构件。混凝土现浇连接部位或者混凝土叠合部位的检验项目和检查方法等同现浇混凝土结构，具体可参照国家标准《混凝土结构工程施工质量验收规范》（GB 50204—2015）的规定。

对所有进场时不做结构性能检验的预制构件，进场时的质量证明文件宜增加构件制作过程检查文件，如钢筋隐蔽工程验收记录、预应力筋张拉记录等。

总之，预制构件进场验收的流程如图 3-24 所示。

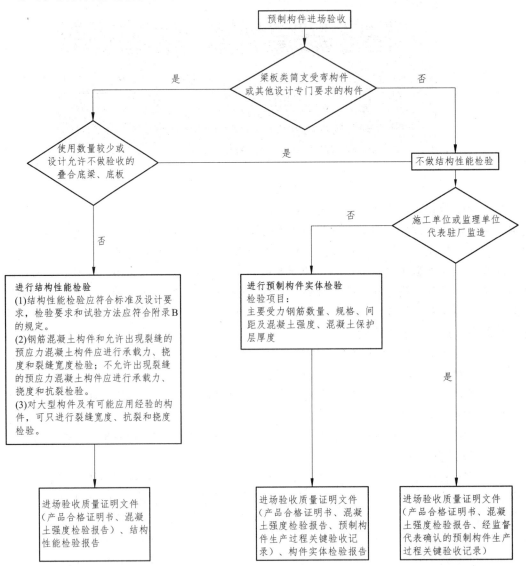

图 3-24　预制构件进场验收流程

4. 加强材料和制作质量检测的措施

（1）钢筋进场检测合格后，在使用前再对用作构件受力主筋的同批钢筋按不超过 5 t 抽取一组试件，并经检测合格；对经逐盘检测的预应力钢丝，可不再抽样检查。

（2）受力主筋焊接接头的力学性能，应按现行行业标准《钢筋焊接及验收规程》JGJ 18检测合格后，再抽取一组试件，并经检测合格。

（3）混凝土按 5 m³ 且不超过半个工作班生产的相同配合比的混凝土，留置一组试件，并经检测合格。

（4）受力主筋焊接接头的外观质量、入模后的主筋保护层厚度、张拉预应力总值和构件的截面尺寸等，应逐件检测合格。

5. 检测项目及检测指标

（1）承载能力极限状态检测：承载力检测。

（2）正常使用极限状态检测：挠度检测、抗裂检测、裂缝宽度检测。

6. 具体检测项目

项目一 承载力检测

（1）当按混凝土结构设计规范的规定进行检测时，应符合式（3-6）的要求：

$$\gamma_u^0 \geqslant \gamma_0 \eta [\gamma_u] \quad \gamma_u^0 \geqslant \gamma_0 [\gamma_u] \tag{3-6}$$

式中：γ_u^0——构件的承载力检验系数实测值；

γ_0——结构的重要性系数；

$[\gamma_u]$——构件的承载力检验系数允许值，见表 3-15 和表 3-16。

表 3-15 构件的承载力检测系数允许值

受力情况	达到承载能力极限状态的检验标志		$[\gamma_u]$
轴心受拉、偏心受拉、受弯、大偏心受压	受拉主筋处的最大裂缝宽度达到 1.5 mm，或挠度达到跨度的 1/50	热轧钢筋	1.20
		钢丝、钢绞线、热处理钢筋	1.35
	受压区混凝土破坏	热轧钢筋	1.30
		钢丝、钢绞线、热处理钢筋	1.45
	受拉主筋拉断		1.50
受弯构件的受剪	腹部斜裂缝达 1.5 mm，或斜裂缝末端受压混凝土剪压破坏		1.40
	沿斜截面混凝土斜压破坏，受拉主筋在端部滑脱或其他锚固破坏		1.55
轴心受压、小偏心受压	混凝土受压破坏		1.50

注：热轧钢筋系指 HPB 300 级、HRB 335 级、HRB 400 级和 RRB 400 级钢筋。

在加载试验过程中，应取首先达到的标志所对应的检验系数允许值进行检验。

表 3-16　构件的承载力检验系数允许值

受力类型	标志类型（i）	承载力标志	加载系数 $\gamma_{u,i}$
受拉受压受弯	1	弯曲挠度达到跨度的 1/50 或悬臂长度的 1/25	1.20（1.35）
	2	受拉主筋处的最大裂缝宽度达到 1.5 mm 或钢筋应变达到 0.01	1.20（1.35）
	3	构件的受拉主筋断裂	1.60
	4	弯曲受压区混凝土受压开裂、破碎	1.30（1.50）
	5	受压构件的混凝土受压破碎、压溃	1.60
受剪	6	构件腹部斜裂缝宽度达到 1.50 mm	1.40
	7	斜裂缝端部出现混凝土剪压破坏	1.40
	8	沿构件斜截面斜拉裂缝，混凝土撕裂	1.45
	9	沿构件斜截面斜压裂缝，混凝土撕裂	1.45
	10	沿构件叠合面、接槎面出现剪切裂缝	1.45
受扭	11	构件腹部斜裂缝宽度达到 1.50 mm	1.25
受冲切	12	沿冲切锥面顶、底的环状裂缝	1.45
局部受压	13	混凝土压陷、劈裂	1.40
	14	边角混凝土剥裂	1.50
钢筋的锚固、连接	15	受拉主筋锚固失效、主筋端部滑移达到 0.2 mm	1.50
	16	受拉主筋在搭接连接接头处滑移、传力性能失效	1.50
	17	受拉主筋搭接脱离或在焊接、机械连接处断裂，传力中断	1.60

（2）当设计要求按构件实配钢筋的承载力进行检测时，应符合式（3-7）的要求：

$$\eta = \frac{R(f_c, f_s, A_s^0, \cdots)}{\gamma_0 S} \tag{3-7}$$

式中：η——构件的承载力检测修正系数，根据现行国家标准《混凝土结构设计规范》（GB 50010—2010）按实配钢筋的承载力计算确定；

$R(f_c, f_s, A_s^0, \cdots)$——按实配钢筋确定的承载力标志所对应承载力的计算值；

S——承载力标志对应承载力极限状态下的内力组合设计值。

承载力检测的荷载设计值是指承载能力极限状态下，根据构件设计控制截面上的内力设计值与构件检测的加载方式，经换算后确定的荷载值（包括自重）。

项目二　挠度检测

（1）当按混凝土结构设计规范的规定进行检测时，应符合式（3-8）的要求：

$$a_s^0 \leqslant [a_s] \qquad [a_s] = \frac{M_k}{M_q(\theta-1)+M_k}[a_f] \tag{3-8}$$

式中：a_s^0——在正常使用短期荷载检验值下，构件跨中短期挠度实测值（mm）；

$[a_s]$——短期挠度允许值（mm），见表 3-17；

$[a_f]$——受弯构件的挠度限值，按现行国家标准《混凝土结构设计规范》（GB 50010—2010）确定；

M_k——按荷载标准组合计算的弯矩值，正常使用极限状态计算时，采用标准值或组合值为荷载代表值的组合；

M_q——按荷载准永久组合计算的弯矩值，正常使用极限状态计算时，对可变荷载采用准永久值为荷载代表值的组合；

θ——考虑荷载长期作用对挠度增大的影响系数，按现行国家标准《混凝土结构设计规范》（GB 50010—2010）确定。

表 3-17 受弯构件的挠度限值

构件类型		挠度限值
吊车梁	手动吊车	$l_0/500$
	电动吊车	$l_0/600$
屋盖、楼盖及楼梯构件	当 $l_0<7$ m 时	$l_0/200$（$l_0/250$）
	当 7 m $\leqslant l_0 \leqslant$ 9 m 时	$l_0/250$（$l_0/300$）
	当 $l_0>9$ m 时	$l_0/300$（$l_0/400$）

注：①表中 l_0 为构件的计算跨度；计算悬臂构件的挠度限值时，其计算跨度 l_0 按实际悬臂长度的 2 倍取用；

②表中括号内的数值适用于使用上对挠度有较高要求的构件；

③如果构件制作时预先起拱，且使用上也允许，则在验算挠度时，可将计算所得的挠度值减去起拱值；对预应力混凝土构件，尚可减去预加力所产生的反拱值；

④构件制作时的起拱值和预加力所产生的反拱值，不宜超过构件在相应荷载组合作用下的计算挠度值。

（2）按构件实配钢筋进行挠度检测或仅检测构件的挠度、抗裂或裂缝宽度时，应符合式（3-9）的要求：

$$a_s^0 \geqslant 1.2a_s^c, \quad a_s^0 \leqslant [a_s] \tag{3-9}$$

式中：a_s^0——在荷载标准值下，按实配钢筋确定的构件挠度计算值（mm），按现行国家标准《混凝土结构设计规范》（GB 50010—2010）确定。

直接承受重复荷载的混凝土受弯构件，当进行短期静力加荷试验时，a_s^0 值应按正常使用极限状态下静力荷载标准组合相应的刚度值确定。

正常使用极限状态检测的荷载标准值是指正常使用极限状态下，根据构件设计控制截面上的荷载标准组合效应与构件检测的加载方式，经换算后确定的荷载值。

项目三 抗裂性检测

（1）构件的抗裂检测应符合下式的要求：

$$\gamma_{cr}^0 \geq [\gamma_{cr}] \qquad [\gamma_{cr}] = 0.95 \frac{\sigma_{pc} + \gamma f_{tk}}{\sigma_{ck}} \qquad (3\text{-}10)$$

式中：γ_{cr}^0——构件的抗裂检验系数实测值，即试件的开裂荷载实测值与荷载标准值（均包括自重）的比值；

　　$[\gamma_{cr}]$——构件的抗裂检验系数允许值；

　　σ_{pc}——由预加力产生的构件抗拉边缘混凝土法向应力值，按现行国家标准《混凝土结构设计规范》（GB 50010—2010）确定；

　　γ——混凝土构件截面抵抗矩塑性影响系数，按现行国家标准《混凝土结构设计规范》（GB 50010—2010）计算确定；

　　f_{tk}——混凝土抗拉强度标准值（MPa）；

　　σ_{ck}——由荷载标准值产生的构件抗拉边缘混凝土法向应力值，按现行国家标准《混凝土结构设计规范》（GB 50010—2010）计算确定（MPa）。

（2）构件的裂缝宽度检测应符合式（3-11）的要求：

$$w_{S,max}^0 \leq [w_{max}] \qquad (3\text{-}11)$$

式中：$w_{S,max}^0$——在正常使用短期荷载检验值下，受拉主筋处最大裂缝宽度实测值（mm）；

　　$[w_{max}]$——构件检验的最大裂缝宽度允许值（mm），见表3-18。

表 3-18　构件检验的最大裂缝宽度限值

设计要求的最大裂缝宽度限值	$[w_{max}]$/mm
0.1	0.07
0.2	0.15
0.3	0.20
0.4	0.25

（3）检测结果的验收。

①当试件结构性能的全部检测结果均符合要求时，该批构件的结构性能应评为合格。

②当第一个构件的检测结果未达到标准，但又能符合第二次检测的要求时，可加试两个备用构件。第二次检测的指标，对抗裂、承载力检测系数的允许值应取规定允许值的0.95倍（允许值-0.05）；对挠度检测系数的允许值应取规定允许值的1.10倍。

③当第一个备用试件的全部检测结果均达到标准要求，则构件的结构性能评为合格。

④当第二次两个试件的全部检测结果均符合第二次检测的要求，则构件的结构性能评为合格。

（4）检测结果的验收注意问题。

①承载力、挠度、抗裂性采用复式抽样检测方案。

② 当第一次检测的构件某些检测实测值不满足相应要求的检测指标，当能满足第二次检测指标要求时，可进行第二次抽样检测。（加试两个备有试件）

③ 抽检的每个试件（备有试件），必须完整地取得三项检测结果，不得因某一项检测项目达到二次抽样检测指标要求就中途停止试验，而不对其余项目进行检测。

（5）检测条件。

① 构件应在 0 ℃ 以上的温度中进行试验。

② 蒸汽养护后的构件应在冷却至常温后进行试验。

③ 构件在试验前应量测其实际尺寸，并仔细检查构件的表面，所有的缺陷和裂缝应在构件上标出。

④ 试验所用加荷设备及仪表应预先进行标定或校准。

项目四　挠度量测

（1）测量仪器：构件挠度可用百分表、位移传感器、水平仪等进行观测，其量测精度应符合有关标准的规定。接近破坏阶段的挠度，可用水平仪或拉线、钢尺等测量，如图 3-25 所示。

图 3-25　挠度量测仪器

挠度量测试验时，应量测构件跨中位移和支座沉陷。如图 3-26（a）所示。

对宽度较大的构件，应在每一量测截面的两边或两肋布置测点，并取其量测结果的平均值作为该处的位移。如图 3-26（b）所示。

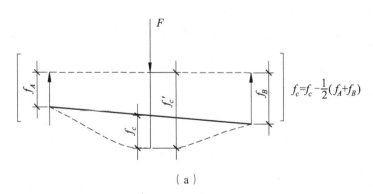

$$f_c = f_c' - \frac{1}{2}(f_A + f_B)$$

（a）

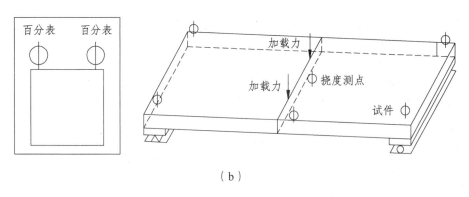

（b）

图 3-26　挠度量测示意

（2）实测挠度的计算。

当试验荷载竖直向下作用时，对水平放置的试件，在各级荷载下的跨中短期挠度实测值应按下列公式计算：

$$a_t^0 = a_q^0 + a_g^0 \tag{3-12}$$

式中：a_t^0——全部试验荷载作用下构件跨中的挠度实测值（mm）；

a_q^0——外加试验荷载作用下构件跨中的挠度实测值（mm）；

a_g^0——构件自重和加荷设备产生的跨中挠度实测值（mm）。

$$a_q^0 = v_m^0 - (v_1^0 + v_2^0)/2 \tag{3-13}$$

$$a_g^c = \frac{M_g}{M_b} a_b^0 \tag{3-14}$$

式中：v_m^0——外加试验荷载作用下构件跨中的位移实测值（mm）；

v_1^0，v_2^0——外加试验荷载作用下构件左右端支座沉陷位移的实测（mm）；

M_g——构件自重和加荷设备重产生的跨中弯矩值（KN·m）；

M_b——从外加试验荷载开始至构件出现裂缝的前一级荷载为止外加荷载产生的跨中弯矩值（kN·m）；

a_b^0——从外加试验荷载开始至构件出现裂缝的前一级荷载为止外加荷载产生的跨中挠度实测值（mm）。

（3）等效荷载的挠度修正。

当采用等效集中力加载模拟均布荷载进行试验时，挠度实测值应乘以修正系数。当采用三分点加载时可取为0.98；当采用其他形式集中力加载时，可根据表取用；当采用其他形式加载时，应经计算确定，如表3-19所示。

表 3-19　简支受弯试件等效加载图式及等效集中荷载 P 和挠度修正系数 ψ

名称	加载图式	挠度修正系 ψ	单个等效荷 P
均布荷载		1.00	Q
四分点集中力加载	$L/4$ $L/2$ $L/4$	0.91	$qL/2$
三分点集中力加载	$L/3$ $L/3$ $L/3$	0.98	$3qL/8$
剪跨 a 集中力加载	a a	计算确定	$qL_2/8a$
八分点集中力加载	$L/4$ $L/4$ $L/4$ $L/4$	0.97	$qL/4$
十六分点集中力加载	$L/16$	1.00	$qL/8$

项目五　裂缝量测

（1）出现裂缝的检测或判断方法。

① 直接观察法：在试件表面涂刷大白，用肉眼或放大倍数不小于 4 倍的放大镜或电子裂缝观测仪观察第一次裂缝出现。

② 仪表动态判定法：当以重物加载时，荷载不增加而量测位移变形的仪表读数不停地连续增加（自动挠曲）；当以千斤顶加载时，在某一位移下荷载读数不停地连续减小（自动卸载），则表明试件已经开裂。

③ 挠度转折法：测定加载过程中试件的荷载-变形关系曲线，判断开裂和开裂荷载。

④ 应变量测判断法：在试件受拉区边缘连续布置应变计监测应变值的发展。取某一应变计的应变增量有突变时的荷载值作为开裂荷载实测值，且判断裂缝就出现在该应变计的范围内，如图 3-27 所示。

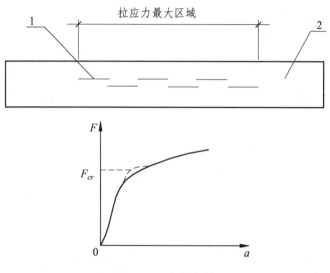

图 3-27　应力分析

（2）裂缝宽度量测的部位。

① 梁、柱、墙的弯曲裂缝应在构件侧面受拉主筋处量测最大裂缝宽度。

② 梁、柱、墙的剪切裂缝应在构件侧面斜裂缝最宽处量测最大裂缝宽度。

③ 板类构件可在板面或板底量测最大裂缝宽度。

④ 其余试件根据试验目的量测预定区域的裂缝宽度。

（3）裂缝宽度量测的仪器。

① 刻度放大镜。

② 裂缝宽度检测卡。

③ 电子裂缝观测仪。

④ 振弦式测缝计。

裂缝测宽仪器的技术要求分别为：

① 刻度放大镜最小分度不宜大于 0.05 mm。

② 电子裂缝观察仪的测量精度不应低于 0.02 mm。

③ 振弦式测缝计的量程不应大于 50 mm，分辨率不应大于量程的 0.05%。

④ 也可采用经标定的裂缝宽度检测卡量测裂缝宽度，最小分度值不大于 0.05 mm。

（4）开裂荷载的确定方法。

构件抗裂检测中，当在规定的荷载持续时间内出现裂缝时，应取本级荷载值与前一级荷载值的平均值作为其开裂荷载实测值；当在规定的荷载持续时间结束后出现裂缝时，应取本级荷载值作为其开裂荷载实测值。

（5）注意事项。

① 试验的加荷设备、支架、支墩等，应有足够的承载力安全储备。

② 对屋架等大型构件时，必须根据设计要求设置侧向支承，以防止构件受力后产生侧向弯曲或倾倒。侧向支承应不妨碍构件在其平面内的位移。

③ 试验过程中应注意人身和仪表安全；为了防止构件破坏时试验设备及构件坍落，应采

取安全措施（如在试验构件下面设置防护支承等）。

（6）试验报告。

①试验报告应包括试验背景、试验方案、试验记录、检测结论等内容，不得漏项缺检。

②试验报告中的原始数据和观察记录必须真实、准确，不得任意涂抹篡改，记录表如表3-20所示。

表3-20 预制构件结构性能的试验记录表

委托单位：　　　构件名：

称型号：　　　生产工艺生产日期：

编号：

保护层厚度/mm	混凝土强度/（kN/mm²）	构件自重/（/kN/m²）	准永久荷载/（kN/m²）	设计荷载/（kN/m²）	检验指标			
					挠度 $[a_s]$ /mm	裂缝宽度 $[w_{max}]$ /mm	抗裂检验系数 $[\gamma_{cr}]$	承载力检验系数 $[\gamma_u]$

仪表位置编号：				试验现象（裂缝情况、破坏特征等）：			
量测记录				挠度/mm	裂缝宽度/mm		实验现象记录
仪表编号							
A	B	C	D		侧	侧	

记录　　　负责　　　校核

试验单位（公章）

试验日期

3.3.3 装配式混凝土构件节点连接质量检验

连接是装配式混凝土结构中的关键环节，装配式结构应重视构件连接节点的选型和设计。《装配式混凝土结构连接节点构造（楼盖和楼梯）》（15G310-1）、《装配式混凝土结构连接节点构造（剪力墙）》（15G310-2）图集规范了连接节点及构造做法，为装配式混凝土结构建筑的应用提供有力的技术支撑。楼盖和楼梯分册给出了楼盖结构和

混凝土构件
节点连接检验

楼梯连接节点做法及节点内钢筋构造要求，包括预制构件连接基本构造要求、叠合板连接构造、叠合梁连接构造以及预制楼梯连接构造等；剪力墙分册重点给出了装配式混凝土剪力墙

结构连接节点做法及节点内钢筋构造要求，包括预制构件连接基本构造要求、不同形式墙板水平和竖向后浇连接区域构造要求等。图集可供设计直接选用或参考使用，施工单位按设计图纸及图集提供的连接构造施工。连接节点的选型和设计应注重概念设计，满足耐久性要求，并通过合理的连接节点与构造，保证构件的连续性和结构的整体稳定性，使整个结构具备必要的承载能力、刚性和延性，以及良好的抗风、抗震和抗偶然荷载的能力，并避免结构体系出现连续倒塌。应根据设防烈度、建筑高度及抗震等级选择适当的节点连接方式和构造措施。重要且复杂的节点与连接的受力性能应通过试验确定，试验方法应符合相应规定。装配式结构的节点和连接应同时满足施工和使用阶段的承载力、稳定性和变形的要求；在保证结构整体受力性能的前提下，应力求连接构造简单，传力直接，受力明确；所有构件承受的荷载和作用，应有可靠的传向基础的连续的传递路径。承重结构中节点和连接的承载能力和延性不宜低于同类现浇结构，亦不宜低于预制构件本身，应满足强剪弱弯，更强节点设计理念。宜采取可靠的构造措施及施工方法，使装配式结构中预制构件之间或者预制构件与现浇构件之间的节点或接缝的承载力、刚度和延性不低于现浇结构，使装配式结构成为等同现浇装配式结构。当节点连接构造不能使装配式结构成为等同现浇型混凝土结构时，应根据结构体系的受力性能、节点和连接的特点采取合理准确的计算模型，并应考虑连接和节点刚度对结构内力分布和整体刚度的影响。预制构件的连接部位应满足建筑物理性能的功能要求。预制外墙及其连接部位的保温、隔热和防潮性能应符合现行国家标准《民用建筑热工设计规范》（GB 50176）和国家现行相关建筑节能设计标准的规定。必要时，应通过相关的试验。

1. 节点钢筋绑扎

预制构件吊装就位后，根据结构设计图纸，绑扎剪力墙垂直连接节点、梁、板连接节点钢筋。钢筋绑扎前，应先校正预留锚筋、箍筋位置及箍筋弯钩角度。剪力墙垂直连接节点暗柱、剪力墙受力钢筋采用搭接绑扎，搭接长度满足规范要求。暗梁（叠合梁）纵向受力钢筋宜采用帮条单面焊接。节点钢筋绑扎如图 3-28 所示。

叠合板受力钢筋与外墙支座处锚筋搭接绑扎，搭接长度应满足规范要求，同时应确保负弯矩钢筋的有效高度。叠合板钢筋绑扎完成后，应对剪力墙、柱竖向受力钢筋采用钢筋限位框对预留插筋进行限位，以保证竖向受力钢筋位置准确。

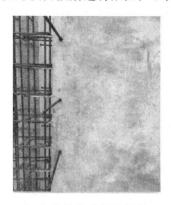

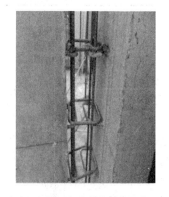

（1）外墙转角钢筋绑扎　　　（2）L形节点钢筋绑扎　　　（3）墙-墙连接钢筋绑扎

图 3-28　节点钢筋绑扎

2. 节点灌浆

装配整体式结构构件连接可采用焊接连接、螺栓连接、套筒灌浆连接和钢筋浆锚搭接连接等方式。预制构件与现浇混凝土接触面位置，可采用拉毛或表面露石处理，也可采用凿毛处理。预制构件插筋影响现浇混凝土结构部分钢筋绑扎时，可采用在预制构件上预留内置式钢套筒的方式进行锚固连接。装配整体式结构的现浇混凝土连接施工应符合下列规定：

节点灌浆检测

（1）构件连接处现浇混凝土的强度等性能指标应满足设计要求。如设计无要求时，现浇混凝土的强度等级不应低于连接处预制构件混凝土强度等级的较大值。

（2）浇筑前应清除浮浆、松散骨料和污物，并应采取湿润的技术措施。

（3）构件表面清理干净后，应在浇筑混凝土前 2 h 前对预制构件进行洒水湿润，保证底部预制砼构件吸水吸透，但在浇筑混凝土前构件表面不能有积水，宜采用喷雾器进行连续喷水。

（4）梁头等节点处混凝土振捣应选用小型振捣棒，一般直径不宜超过 30 mm。

（5）振捣要做到"快插慢拔"，并且要上下微微抽动，以使上下振捣均匀。在振捣时，使混凝土表面呈水平，不再显著下沉、不再出现气泡表面泛出灰浆为止现浇混凝土连接处应一次连续浇筑密实，如图 3-29 所示。

图 3-29　叠合层混凝土浇筑

（6）采用焊接或螺栓连接时，应按设计要求进行连接，并应对外露铁件采取防腐和防火措施。采用钢筋套筒灌浆连接时，应按设计要求检查套筒中连接钢筋的位置和长度，套筒灌浆施工尚应符合下列规定：

①灌浆前应制订套筒灌浆操作的专项质量保证措施，灌浆操作全过程应有质量监控。

②灌浆料应按配比要求计量灌浆材料和水的用量，经搅拌均匀后测定其流动度满足设计要求后方可灌注。

③将构件拼缝处（竖向构件上下连接的拼缝及竖向构件与楼地面之间的拼缝）石子、杂物等清理干净。

④外侧采用木模板或木方围挡，用钢管加顶托顶紧。

⑤洒水应适量，主要用于湿润拼缝混凝土表面，便于灌浆料流畅，洒水后应间隔 15 min 再进行灌浆，防止积水。

⑥灌浆作业应采取压浆法从下口灌注，当浆料从上口流出时应及时封堵，持压 30 s 后再

封堵下口，如图 3-30 所示。

⑦ 灌浆作业应及时做好施工质量检查记录，每工作班制作一组试件。

⑧ 灌浆作业时应保证浆料在 48 h 后凝结硬化过程中连接部位温度不低于 10°C。

注浆管口应在注浆料终凝前进行填实压光至与构件表面平整，且不得凸出或凹陷；注浆料终凝后应进行洒水养护，每天 3 ~ 5 次，养护时间不得少于 7 d，冬期施工时不得洒水养护。灌浆完成效果如图 3-31 所示。

（a）水平缝封堵　　　（b）灌浆料加注　　　（c）套筒灌浆　　　（d）波纹管灌浆

图 3-30　浆锚节点灌浆

图 3-31　灌浆完成效果

（7）检测方法如下：

① 构件搁置长度可用钢尺量测。

② 支座、支垫中心位置可用钢尺量测。

③ 墙板接缝宽度和中心线位置可用钢尺量测。

④ 套筒灌浆量可采用 X 射线工业 CT 法、预埋钢丝拉拔法、预埋传感器法、X 射线法等，针对不同施工阶段进行检测，并符合下列规定：

a. 施工前，可结合工艺检验采用 X 射线工业 CT 法进行套筒质量检测。

b. 灌浆施工时，可根据实际需要采用预埋钢丝拉拔法或预埋传感器法进行套筒灌浆饱满度检测。

c. 灌浆施工后，可根据实际需要采用 X 射线法结合局部破损法进行套筒浆数量检测。

⑤ 采用 X 射线工业 CT 法检测套筒灌浆质量时，应符合下列规定：

a. 宜选用高能 X 射线工业 CT。

b. 射线源距胶片的距离宜与射线机焦距相同。

c. 管电压、管电流和曝光时间设置应符合检测要求。

⑥ 采用预埋丝拉拔法检测套筒灌浆饱满度应符合相关规定，检测数量应符合下列要求：

a. 采用预埋丝拉拔法检测灌浆饱满度时，用钢筋套筒灌浆连接的预制构件的种类分类，首层每类构件选择 20%且不少于 2 个构件进行检测，其他层每层每类构件选择 10%且不少于 1 个构件进行检测。

b. 对采用钢筋套筒灌浆连接的外墙板以及梁、柱构件的套筒灌浆饱满度进行检测时，每个灌浆仓应检测其套筒总数的 50%且不少于 3 个套筒，被检测套筒应包含灌浆口处套筒、距离灌浆口套筒最远处的套筒。

c. 对采用钢筋套筒灌浆连接的内墙板的套筒浆满度进行检时，每个灌浆仓应检测其套筒总数的 30%且不少于 2 个套筒，被检测套筒应包含灌浆口处套筒、距离灌浆口套筒最远处的套筒。

d. 当出现设计认为重要的构件以及对施工工艺或施工质量有怀疑的构件，构件的所有套筒均应进行灌浆饱满度检测。

⑦ 采用埋传感器法检测套筒灌浆度时，应符合行业标准《钢筋连接用灌浆套筒》（JGT 398—2012）规定。

⑧ 采用 X 射线法检测套筒灌浆量时，宜采用便携式 X 射线探伤仪，并符合行业标准《钢筋连接用灌浆套筒》（JGT 398—2012）规定；必要时采用局部破损法对 X 射线法检测结果进行验证。

⑨ 浆锚搭接灌浆质量可采用 X 射线法结合局部破损法检测，检测要求应符合行业标准《钢筋连接用灌浆套筒》（JGT 398—2012）规定。

⑩ 构件采用焊接连接或螺栓连接时，连接质量检测应符合现行国家标准《钢结构工程施工质量验收规范》（GB 50205）的规定。

3. 密封材料嵌缝

（1）密封材料嵌缝施工质量要求：

① 密封防水部位的基层应牢固，表面应平整、密实，不得有蜂窝、麻面、起皮和起砂等现象。

② 嵌缝密封材料的基层应干净和干燥。

③ 嵌缝密封材料与构件组成材料应彼此相容。

④ 采用多组分基层处理剂时，应根据有效时间确定使用量。

⑤ 密封材料嵌填后不得碰损和污染。

（2）嵌缝密封胶与混凝土黏结质量。

嵌缝密封胶完全固化后方能达到理想的黏结效果，因此，检测应在嵌缝材料完全固化后进行。嵌缝密封胶的性能受环境温度影响较大，为了保证检测结果的准确性，对检测环境的温度进行了限定。采用剥离黏结试验的方法对嵌缝密封胶与混凝土黏结质量进行现场检测，应符合下列规定：

① 检测应在装配式混凝土外墙的嵌缝密封胶完全固化后进行。

② 每 500 m 拼缝作为一个检测区，每个检测区应选取 3 处进行检测，且应至少包含 1 处横缝。

③ 检测应在 5~35℃的气温环境下进行。

④ 检测过程中应采取必要的安全措施。

检测仪及辅助工具应符合下列规定：

① 检测仪应具备能夹持嵌缝密封胶端头并能施加匀速拉力的功能。

② 切割刀具应锋利且刀口长度应大于嵌缝密封胶的注胶深度。

③ 可采用网格纸测量嵌缝密封胶黏结破坏的面积。

为了保证检测设备能有效夹持嵌缝密封胶，要求最小的切割长度不宜小于 75 mm，切割深度为注胶深度。在切割时，应选择密封胶外观良好的位置且不应对密封胶造成损伤，以免剥离过程中胶体在切割位置处断裂。在剥离过程中应采用位移控制，保证检测过程中位移速率均匀。如图 3-32 所示，检测仪夹持嵌缝密封胶的一端，以 90°方向沿缝剥离嵌缝密封胶，剥离速率应为（100±10）mm/min，剥离时间不宜小于 1 min。

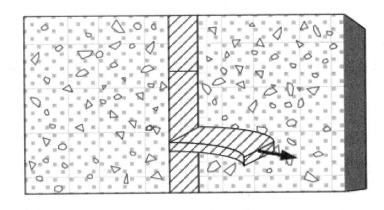

图 3-32　嵌缝密封胶剥离检测示意

在剥离过程中，如果黏结质量较好，会因剥离力较大导致胶体拉断。黏结破坏形式包括内聚破坏和黏结破坏，内聚破坏是指胶体或基材混凝土发生破坏，表明密封胶与混凝土黏结良好；黏结破坏是指密封胶与混凝土脱粘，表明密封胶与混凝土黏结不好。

（3）外墙拼缝防水质量。

外墙拼缝防水质量的现场检测应采用淋水试验的方式，并应符合下列规定：

① 检测宜在防水系统完工后进行，应关闭窗户，封闭各种预留洞口。

② 相同的构造、材料、工艺和施工条件的 1 000 m² 外墙划分为一个检测批，不足 1 000 m² 时也应划分为一个检测批，每个检测批应至少选取一个检测区。

③ 检测区应选取最不利部位，每个检测区覆盖的外墙拼缝不应少于 3 条，且十字形拼缝不应少于 1 处，并应包含一个完整的混凝土墙板。

④ 检测时记录大气压和气温，当温度、风速、降雨等环境条件影响检测结果时，应排除干扰因素后再检测，并在报告中注明。

⑤ 检测过程中应采取必要的安全防护措施。

淋水试验结束后，应及时检查有无渗漏，若存在渗漏现象，应记录渗漏的部位，并对渗漏的部位进行修复，修补后应重新进行淋水试验，对怀疑有渗漏的部位，可延长淋水时间。

3.4 案例——装配式框架结构预制钢筑混凝土构件吊装工程检测方案

3.4.1 工程概况

某生活楼工程建筑面积为 17 307 m²，建筑高度为 21.6 m，有地上 6 层，无地下室。建筑功能：1 层为食堂，局部设门厅、附属用房；2 层为办公室及宿舍；3~6 层为宿舍。结构形式为：钢筋混凝土框架，结构安全等级为二级，抗震设防烈度为 6 度。设计使用年限为 50年，防火设计分类为二类，耐火等级为二级。

某生活楼工程（PC 楼）概况：生活楼分东西区 A、B 两栋楼，地下部分采用传统现浇结构形式，地面以上部分由预制梁板柱及外挂板装配而成，预制装配结构范围包括 1 层以上（含1 层）外挂板、梁、柱、叠合板、楼梯、整体阳台、预制檐沟、预制挑檐、女儿墙等。装配后浇部位包括：梁柱节点部位、楼板叠合层、部分框架梁、楼梯梁、楼梯休息平台等。后浇部位均采用木模板，叠合板、阳台、预制梁、挑檐、檐沟等水平构件吊装均采用满堂脚手架进行支撑，具体工程概况如表 3-21 所示。

表 3-21　工程概况

建筑高度	21.6 m
建筑层数	地上 6 层，无地下室
结构类型	预制混凝土框架结构
建筑层高	首层 3.9 m；2~6 层 3.3 m
抗震等级	四级
抗震设防类别	丙类
抗震设防烈度	6 度
建筑防火等级	二级
设计使用年限	50 年
主要预制部品种类	预制外挂墙板部品
	预制柱部品
	预制梁部品
	预制叠合楼板部品
	预制楼梯部品
	预制整体阳台部品
	预制檐沟部品
	预制挑檐部品
	预制女儿墙部品

生活楼工程为预制装配式混凝土框架结构，预制柱竖向连接采用灌浆套筒连接，其整体装配率高达 80%，两栋生活楼的预制混凝土构件共计 4 838 个，预制构件的整体情况如表 3-22 所示。

表 3-22 每层预制构件概况（A、B 两栋楼）

构件类型	外挂板	预制柱	预制梁	叠合板	挑檐	檐沟	预制阳台	女儿墙	预制楼梯
数量/个	750	877	1 261	1 510	34	20	262	64	60
最大体积/m³	1.53	1.23	0.99	0.98	0.65	1.4	1.3	1.08	1.04
最大质量/t	3.825	3.075	2.475	2.45	1.625	3.5	3.25	2.7	2.6

3.4.2　检测标准

（1）《建筑工程质量验收统一标准》（GB 50300）；

（2）《建筑结构检测技术标准》（GB 50344）；

（3）《装配式混凝土建筑技术标准》（GB/T 51231）；

（4）《工业化建筑评价标准》（GB/T 51129）；

（5）《装配式混凝土结构技术规程》（JGJ 1）；

（6）《建筑机械使用安全技术规范》（JGJ 33）；

（7）《混凝土结构工程施工质量验收规范》（GB 50204）；

（8）《回弹法检测混凝土抗压强度技术规程》（JGJ/T 23）；

（9）《建筑变形量测规程》（JGJ 8）；

（10）《民用建筑可靠性鉴定标准》（GB 50292）；

（11）《建筑抗震鉴定标准》（GB 50023）；

（12）《建筑抗震设计规范》（GB 50011）；

（13）《混凝土结构设计规范》（GB 50010）；

（14）委托单位提供的结构施工图纸一套。

3.4.3　检测内容及方法

1. 预制构件安装事前检测

（1）构件进场交接检验。

构件厂应建立产品数据库，对构件产品进行统一编码，建立产品档案，对产品的生产、检验、出厂、储运、物流、验收做全过程跟踪，在产品醒目位置做明显标识。

构件编码系统信息应包括构件型号、质量证明材料、使用部位、参与制作检验人员、外观、生产日期（批次）、出厂日期、生产厂、产出地及"准用"字样等；构件编码所用材料宜为水性环保涂料或塑料贴模等可清除材料。

预制构件出厂前应达到出厂准用标准，有构件生产过程质量检验证明，有出厂前混凝土强度质量检验证明，有出厂准用证及合格证明书，并明确构件的现场养护方法和养护时间。

构件厂应根据构件的结构形式，采用科学、经济、合理的储运方法进行构件运输和存放。

构件运输到现场后，应根据场地和吊车位置进行存放，避免出现二次倒运。运至现场的构件强度、刚度及预埋吊件结构强度均应满足结构吊装的安全性能要求。

构件厂、施工方和监理方应对运至现场的构件进行联合检验，检查标准具体参照《混凝土结构工程施工质量验收规范》（GB 50204）及《预制混凝土构件制作与验收规程》中构件质量验收表的相关规定执行。施工方应建立进场构件接收检验台账，明确进场日期、规格、型号、使用部位、编号、参与检验人员、检验评定结果等具体内容。

（2）预制柱部品吊装检验。

① 柱定位线控制。

在首层结构底板，即 1 层楼面进行施工放线。根据定位轴线放置部品的定位控制线。测量放线是装配整体式框架结构施工中要求最为精确的一道工序，对确定预制部品安装位置及高度起着重要作用，也是后续工作的位置准确的保证。装配整体式框架结构工程放线遵循先整体后局部的程序。具体要求如下：

a. 检查复核施工单位使用水准仪、经纬仪并利用辅助轴线，将叠合板下部柱轴线返到本层，轴线无误后作为本层柱控制线。

b. 使用原始控制点核对标高，进行本层柱底面抄平后，做找平垫块。以此来控制柱安装标高。标高误差不超过 3 mm。

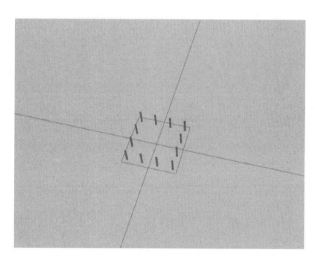

图 3-33　柱控制线放线

② 柱套筒钢筋调整校核及表面清理。

柱套筒钢筋灌浆连接是整个结构节点中最重要的部位，套筒钢筋灌浆连接的质量高低直接影响到整个建筑的结构安全，因此套筒钢筋的准确定位、套筒钢筋的锚固长度检查、套筒钢筋的表面清理是十分重要的施工工序。在首层钢筋绑扎完成之后，要根据预制混凝土柱部品的套筒位置进行钢筋预埋。钢筋预埋的位置要与预制柱部品套筒位置相对应，在预埋钢筋的上部使用定位钢板进行定位，以保证混凝土浇筑时预埋钢筋不会跑位偏移。

③ 柱预制构件吊装：

a. 进场时或起吊前对柱体部品预留插筋口进行透口检查，如有堵口，及时进行通口后方可起吊安装。

b. 核对柱规格、型号准确后方可进行吊装。

c. 柱部品缓慢起吊，吊装时用遛绳控制柱高空位置；至安装位置后两个人扶正，两人检查预留筋对正预留孔后缓慢下落。插筋情况工人配用反光镜进行调整。

d. 构件调节及就位

柱部品放置在板面上后应与板面上的预先弹放的柱控制两边线吻合。部品安装初步就位后，对部品进行三项微调，确保预制部品调整后标高一致、进出一致、板缝间隙一致，并确保垂直度。

④ 安装斜撑：

a. 柱体落稳核对标高、轴线符合后安装固定斜撑。

b. 应用固定斜撑的微调功能调节柱的垂直度。

c. 应用的斜撑以拉压两种功能的为主，一根柱体上不少于 2 个（即纵横向两向），同时定于柱体相邻两侧，留出过道，便于其他物品运输。

d. 柱体斜撑楼面连接采用膨胀螺栓或楼面预埋螺杆进行连接。

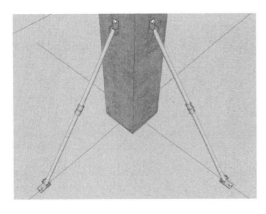
图 3-34　柱斜撑安装

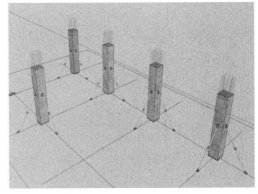
图 3-35　柱斜撑安装模型

柱构件垂直度调节柱部品垂直度调节采用可调节斜拉杆，每一块预制部品在相邻两侧设置 2 道可调节斜拉杆，拉杆后端均牢靠固定在结构楼板上。拉杆顶部设有可调螺纹装置，通过旋转杆件，可以对预制部品顶部形成推拉作用，起到柱部品垂直度调节的作用。部品垂直度通过靠尺杆来进行复核。每根柱吊装完成后须复核，每个楼层吊装完成后须统一复核。每流水段预制柱构件抽样不少于10个点，且不少于10个构件。预制柱吊装质量允许偏差后附表。

2. 预制柱构件注浆

（1）检查灌浆前准备工作：

a. 检查工器具并对柱部品构件垂直度进行校核调整。

b. 灌浆用材料等准备情况。

（2）清除拼缝内杂物。

将构件拼缝处（竖向构件上下连接的拼缝及竖向构件与楼地面之间的拼缝）石子、杂物等清理干净。

（3）坐浆封堵检测。

至少提前 1 天用水泥砂浆将墙板下部注浆位置进行封堵，水泥砂浆嵌入柱缝不宜大于 20 mm，并在柱一侧设置一个注浆缺口。

（4）注浆槽内注水湿润。

注水应适量，主要用于湿润拼缝混凝土表面，便于灌浆料流畅。

（5）搅拌注浆料：

a. 注浆材料选用成品高强灌浆料，应具有大流动性，无收缩，早强高强等特点。1 d 强度不低于 35 MPa，28 d 强度不低于 85 MPa，流动度应 200 mm。初凝时间应大于 1 h，终凝时间应在 3 ~ 5 h。

b. 搅拌注浆料投料顺序、配料比例及计量误差为应严格遵照产品使用说明书。

注浆料搅拌宜使用手电钻式搅拌器，用量较大时也可选用砂浆搅拌机。搅拌时间为 5 min，应充分搅拌均匀，选用手电钻式搅拌器搅拌过程中不得将叶片提出液面，防止带入气泡。

c. 一次搅拌的注浆料应在 45 min 内使用完。

（6）坐浆层及套筒灌浆（图 3-36）：

a. 灌浆可采用自重流淌灌浆和压力灌浆。自重流淌灌浆即选用料斗放置在高处利用材料自重流淌灌入；压力灌浆，灌浆压力应保持在 0.2 ~ 0.5 MPa。

b. 坐浆层注浆，采用自重流淌分段灌浆的方法，每根柱子设置一个注浆槽，待灌浆料液面高度超过柱底面 5 mm，且个别套筒的注浆孔开始溢出灌浆料时，停止注浆。

c. 坐浆层注浆完毕 45 min 后，用手持注射器从下部注浆孔向每个套筒进行注浆，当排气孔开始出浆后，停止注浆并保持灌浆料溢出 3 s 以上，用封堵材料封堵排气孔，拔出注射器后，迅速对注浆孔进行封堵，将封堵材料摁入注浆孔不小于 10 mm 深。每个套筒注浆施压时间不得小于 10 s。

d. 套筒灌浆应逐个进行，一块构件中的灌浆孔或单独的拼缝应一次连续灌满。

e. 注浆完成后 24 h 之内不得对构件进行扰动较大的作业。

（7）构件表面清理。

构件灌浆后应及时清理沿灌浆口溢出的灌浆料，随灌随清，防止污染构件表面。

（8）注浆口管填实压光：

a. 注浆管口填实压光应在注浆料终凝前进行。

b. 注浆管口应抹压至与构件表面平整，不得凸出或凹陷。

c. 注浆料终凝后应进行洒水养护，每天 3 ~ 5 次，养护时间不得少于 7d。冬期施工时不得洒水养护。

（9）按检验批次将试件做好。

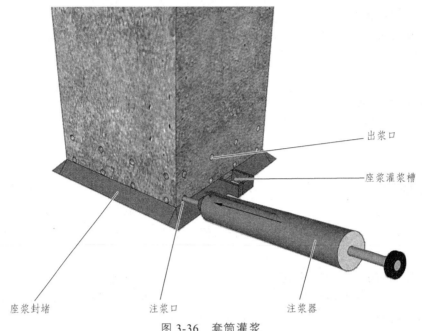

出浆口

座浆灌浆槽

座浆封堵　　　　注浆口　　　　注浆器

图 3-36　套筒灌浆

3. 施工过程检测重点

（1）构件缺陷：构件型号、规格使用错误。构件出厂尚未达到规定的强度，造成断裂或损坏。在运输与安装前，检查构件外观质量、混凝土强度。采用正确的装卸及运输方法。破损或缺陷构件未经技术部门鉴定，不得使用。

（2）构件位移偏差：安装前构件应标明型号和使用部位，复核放线尺寸后进行安装，防止放线误差造成构件偏移。不同气候变化调整量具误差。操作时认真负责，细心校正。使构件位置、标高、垂直度符合要求。

（3）上层与下层轴线不对应，出现错台，影响构件安装：施工放线时，上层的定位线应由底层引上去，用经纬仪引垂线，测定正确的楼层轴线。保证上、下层之间轴线完全吻合。

（4）节点混凝土浇捣不密实：节点模板不严跑浆。浇筑前应将节点处模板缝堵严。核心区钢筋较密，浇筑时应认真振捣。混凝土要有较好的和易性、适宜的坍落度。模板要留清扫口，认真清理，避免夹渣。

（5）墙柱钢筋位移：墙柱钢筋位移。产生原因是叠合板吊装过程中碰撞剪力墙或柱竖向钢筋，造成偏位，并且未及时对钢筋进行复位处理，吊装完毕后由于墙柱位置存在叠合板胡子筋，将钢筋位置卡住，无法复位。在吊装过程中应由钢筋班组或吊装班组派专人跟随，一旦出现碰撞导致墙柱钢筋偏位应立即进行复位处理，并加强吊装作业班组质量意识，减少碰撞。

（6）核心区构造不符合要求：叠合梁吊装过程中，由于叠合梁外露锚固钢筋伸至核心区部位，造成核心区部位箍筋绑扎施工困难，同时对剪力墙水平筋造成扰动。应合理安排施工工序，对该部位钢筋绑扎应事先预留，待吊装后进行二次绑扎。

（7）楼层超高：主要是吊装过程中对标高控制不严，抬高了安装标高。应从首层开始，引测柱基上皮实际相对标高，找准柱底找平层的标高。安装外墙板时，要调整定位钢板的标高来控制楼层的标高，节点定位钢板应用水准仪找平，根据外墙板的实际情况，逐个定出定位钢板的负偏差。负偏差值以 3~5 mm 为宜，可用钢垫板调整。

（8）机电洞口上下不通线：主要是由于构件吊装未能精确就位及构件预留孔洞误差两方面误差累积导致，在构件制作及吊装过程中，应严格控制各道工序质量。

4.预制构件吊装检查验收标准数据表

对各项目检查验收完成后，整理数据得到表 3-23~表 3-35。

表 3-23　构件外观质量

名称	现　　象	质量要求	检验方法
露筋	构件内钢筋未被混凝土包裹而外露	不应有	观察
蜂窝	混凝土表面缺少水泥砂浆而形成石子外露	主筋部位和搁置点位置不应有，其他允许有少量	观察
孔洞	混凝土中孔穴深度和长度均超过保护层厚度	不应有	观察
裂缝	缝隙从混凝土表面延伸至混凝土内部	影响结构性能的裂缝不应有，不影响结构性能或使用功能的裂缝不宜有	观察
连接部位缺陷	构件连接处混凝土缺陷及连接钢筋、连接件松动	不应有	观察
外形缺陷	内表面缺棱掉角、棱角不直、翘曲不平等外表面面砖黏结不牢、位置偏差、面砖嵌缝没有达到横平竖直、转角面砖棱角不直、面砖表面翘曲不平等	清水表面不应有，浑水表面不宜有	观察
外表缺陷	构件内表面麻面、掉皮、起砂、脏污等；外表面面砖污染、铝窗框保护纸破坏	清水表面不应有，浑水表面不宜有	观察

表 3-24　预制混凝土构件外形尺寸允许偏差

名称	项目	允许偏差/mm		检查依据与方法
构件外形尺寸	长度	柱	±5	用钢尺测量
		梁	±10	
		楼板	±5	
		内墙板	±5	
		外墙板	±3	
		楼梯板	±5	
	宽度	±5		用钢尺测量
	厚度	±3		用钢尺测量
	对角线差值	柱	5	用钢尺测量

名称	项目	允许偏差/mm		检查依据与方法
构件外形尺寸	对角线差值	梁	5	用钢尺测量
		外墙板	5	
		楼梯板	10	
	表面平整度、扭曲、弯曲	5		用 2 m 靠尺和塞尺检查
	构件边长翘曲	柱、梁、墙板	3	调平尺在两端量测
		楼板、楼梯	5	
主筋保护层厚度		柱、梁	+10，−5	钢尺或保护层厚度测定仪量测
		楼板、外墙板楼梯、阳台板	+5，−3	

表 3-25 预制构件预埋预留尺寸的允许偏差及检验方法

项目		允许偏差/mm	检验方法
预留孔	中心线位置	5	尺量检查
	孔尺寸	±5	
预留洞	中心线位置	10	尺量检查
	洞口尺寸、深度	±10	
门窗口	中心线位置	5	尺量检查
	宽度、高度	±3	
预埋件	预埋件锚板中心线位置	5	尺量检查
	预埋件锚板与混凝土面平面高差	0，−5	
	预埋螺栓中心线位置	2	
	预埋螺栓外露长度	+10，−5	
	预埋套筒、螺母中心线位置	2	
	预埋套筒、螺母与混凝土面平面高差	0，−5	
	线管、电盒、木砖、吊环在构件平面的中心线位置偏差	20	
	线管、电盒、木砖、吊环与构件表面混凝土高差	0，−10	
预留插筋	中心线位置	3	尺量检查
	外露长度	+5，−5	
键槽	中心线位置	5	尺量检查
	长度、宽度、深度	±5	

表 3-26　钢筋安装位置的允许偏差和检查方法

项　目		允许偏差/mm	检验方法
定位钢筋	中心线位置	5	宜用定型模具整体检查
	长度	3, 0	钢尺检查
安装预埋件	中心线位置	5	钢尺检查
	水平高差	3, 0	钢尺和塞尺检查
临时支撑预埋件	位置	±10	钢尺检查
连接钢筋	位置	±10	钢尺检查

表 3-27　预制柱安装允许偏差

项　目	允许偏差/mm	检验方法
预制柱水平位置偏差	5	基准线和钢尺检查
预制柱标高偏差	5	水准仪或拉线、钢尺检查
预制柱垂直度	$H/1000$ 且不大于 5	2 m 靠尺或吊线检查
建筑全高垂直度	$H/1000$ 且不大于 30	经纬仪检测

表 3-28　预制梁安装允许偏差

项　目	允许偏差/mm	检验方法
预制梁水平位置偏差	5	基准线和钢尺检查
预制梁标高偏差	5	水准仪或拉线、钢尺检查
梁叠合面	未损伤、无浮灰	观察检查

表 3-29　楼梯安装允许偏差

项　目	允许偏差/mm	检验方法
梯段水平位置偏差	5	基准线和钢尺检查
梯段标高偏差	±5	水准仪或拉线、钢尺检查
相邻构件高低差	3	2 m 靠尺和塞尺检查
相邻构件平整度	4	2 m 靠尺和塞尺检查

表 3-30　叠合板安装允许偏差

项　目	允许偏差/mm	检验方法
叠合板水平位置偏差	5	基准线和钢尺检查
预制构件标高偏差	±5	水准仪或拉线、钢尺检查
相邻构件高低差	3	2 m 靠尺和塞尺检查
相邻构件平整度	4	2 m 靠尺和塞尺检查
板叠合面	未损伤、无浮灰	观察检查

表 3-31　阳台板安装允许偏差

项　目	允许偏差/mm	检验方法
阳台板水平位置偏差	5	基准线和钢尺检查
阳台板标高偏差	±5	水准仪或拉线、钢尺检查
相邻构件高低差	3	2 m 靠尺和塞尺检查
相邻构件平整度	4	2 m 靠尺和塞尺检查

表 3-32　预制墙板安装允许偏差

项　目	允许偏差/mm	检验方法
单块墙板水平位置偏差	5	基准线和钢尺检查
单块墙板顶标高偏差	±5	水准仪或拉线、钢尺检查
项　目	允许偏差/mm	检验方法
单块墙板垂直度偏差	5	2 m 靠尺
相邻墙板高低差	2	2 m 靠尺和塞尺检查
相邻墙板拼缝空腔构造偏差	±3	钢尺检查
相邻墙板平整度偏差	4	2 m 靠尺和塞尺检查
建筑物全高垂直度	$H/1000$ 且不大于 30	经纬仪检测

表 3-33　女儿墙安装允许偏差

项　目	允许偏差/mm	检验方法
女儿墙水平位置偏差	5	基准线和钢尺检查
女儿墙标高偏差	±5	水准仪或拉线、钢尺检查
女儿墙垂直度偏差	5	2 m 靠尺或吊垂
相邻构件高低差	3	2 m 靠尺和塞尺检查
相邻构件平整度	4	2 m 靠尺和塞尺检查

表 3-34　装配整体式结构模板安装允许偏差

项　目		允许偏差/mm	检验方法
轴线位置		5	钢尺检查
底模上表面标高		±5	水准仪或拉线、钢尺检查
截面内部尺寸	基础	±10	钢尺检查
	柱、墙、梁	+4, −5	钢尺检查
层高垂直度	不大于 5 m	6	经纬仪或吊线、钢尺检验
	大于 5 m	8	经纬仪或吊线、钢尺检验
相邻两板表面平整度		2	钢尺检查
表面平整度		5	2 m 靠尺和塞尺检查

表 3-35 钢筋安装位置的允许偏差和检查方法

项　目		允许偏差/mm	检验方法
绑扎钢筋网	长、宽	±10	钢尺检查
	网眼尺寸	±20	钢尺量连续三档，取最大值
绑扎钢筋骨架	长	±10	钢尺检查
	宽、高	±5	钢尺检查
受力钢筋	间距	±10	钢尺量两端、中间各一点，取最大值
	排距	±5	
保护层厚度	柱、梁	±5	钢尺检查
	板、墙	±3	钢尺检查
绑扎箍筋、横向钢筋间距		±20	钢尺量连续三档，取最大值
钢筋弯起点位置		20	钢尺检查
预埋件	中心线位置	5	钢尺检查
	水平高差	3，0	钢尺和塞尺检查

3.5　课程思政载体——大国工匠之装配式"黑科技"

2023 年 1 月 5 日，全国目前建筑高度最高的装配式住宅项目——安居高新花园项目在深圳南山区举行全面封顶仪式。安居高新花园项目是南山区按照"政府主导+国企实施"模式开展的首个棚户区改造项目，由深圳市人才安居集团旗下南山人才安居公司投资建设。该项目共建设住房 4 002 套，其中"人才房"2 175套，计划于 2023 年 8 月竣工备案，将有效满足南山区人才住房需求。

装配式"黑科技"

图 3-37　安居高新花园项目

项目分南、北两区，均采用装配式建筑。其中北区设计了 3 栋 61 层近 200 m 高的住宅塔楼，是目前国内首例超过 180 m 的装配式建筑。项目配备幼儿园、学校、商业及各类齐全的公服设施，提供完善便捷的 5 分钟生活圈，小区内配套可提供泳池、球场、跑道、共享健身房、书吧等配套设施。

走进安居高新花园智慧工地展厅，科技魅力随处可见。VR 安全体验、AI 安全帽智能识别、3D 施工工艺模拟，从施工建设阶段起，这里就在践行着智慧社区的建造理念——中国式现代化公共住房智慧社区，以提升"住户体验"为目标，聚焦人员管理、车辆管理、设备管理及运营管理四大场景，体现了预制构件生产的全过程。预制构件经过图纸深化、模具安装、钢筋安装、混凝土浇筑、构件蒸养、构件脱模等工序，完成流水线生产。预制构件在工厂进行加工，再运到现场进行建造，预制剪力墙、预制叠合板、预制楼梯等同样在工厂进行标准化加工制作，到现场后进行有效拼装连接，达到一次成优、节能环保的效果。以预制为核心的装配式工艺不仅能够在控制成本的基础上提升住宅品质，也实现了一系列环节的绿色施工。将装配式技术与高效、精益、智慧"三大建造"有机结合，也是装配式建筑未来的发展方向之一。

作为新一代大学生应勤于学习、不断钻研，不断创新。要把大国"工匠精神"应用于专业领域，勤于学习新理论，主动研究新问题，深入开展调查研究，用心钻研业务知识，在工作中学习创新，立足于现状，综合分析，冷静思考，寻找创新的思路和方法。

3.6 实训项目——钢筋套筒灌浆连接检测

3.6.1 适用范围

本作业指导书适用于预制钢筋混凝土结构钢筋套筒灌浆连接的现场检测。

3.6.2 执行标准

《混凝土结构工程施工质量验收规范》（GB 50204）
《装配式混凝土建筑技术标准》（GB/T 51231）
《装配式混凝土结构技术规程》（JGJ 1）
《钢筋连接用灌浆套筒》（JG/T 398）
《钢筋机械连接技术规程》（JGJ 107）

3.6.3 检测目的

检测预制钢筋混凝土结构钢筋套筒灌浆连接是否满足现行国家标准《装配式混凝土建筑技术标准》GB/T 51231 规范要求。

3.6.4 仪器设备

圆截锥试模、钢化玻璃板、试块试模、测温计、电子秤、量杯、平底金属桶、电动搅拌机、钢卷尺、游标卡尺。

3.6.5 试验检测过程

1. 灌浆套筒进厂（场）外观质量、标识和尺寸偏差验收

灌浆套筒进厂（场）时，应抽取灌浆套筒检验外观质量、标识和尺寸偏差，检验结果应

符合现行行业标准《钢筋连接用灌浆套筒》（JG/T 398）的有关规定，具体见表3-36。

检查数量：同一批号、同一类型、同一规格的灌浆套筒，不超过 1 000 个为一批，每批随机抽取 10 个灌浆套筒。

检验方法：观察，尺量检查。

表 3-36 钢筋套筒灌浆连接检测项目及标准

主要检验项目		检验方法	标准要求
外观	标识、包装	目测	①标识清晰、准确； ②须有防雨、防潮包装
	外表	目测	不允许有锈皮、裂纹、砂眼、缩孔等
尺寸	基本尺寸	卷尺	符合计划要求的规格尺寸
	长度	卷尺	±(0.01*)
	外径	游标卡尺	1 ϕ 22：±1mm；② ϕ <22：±0.8mm；
	壁厚	游标卡尺	4mm（ ϕ 22：±1mm； ϕ <22：±0.8mm）
	螺纹段长度	卷尺	《灌浆套筒技术规格参数》，见附件一
	灌浆段长度	卷尺	
	灌浆段内径	游标卡尺	
	螺纹螺距	塞规	
	灌浆套筒与钢筋螺纹连接	目测	内露丝牙<2P（P为螺距）；外露丝牙<2P
	牙型角	环规	60°
产品合格证、产品质量检测报告、使用说明书			每批次，均由供应商提供

2. 灌浆料进场验收

灌浆料进场时，应对灌浆料拌合物 30 min 流动度、泌水率及 3 d 抗压强度、28 d 抗压强度、3 h 竖向膨胀率、24 h 与 3 h 竖向膨胀率差值进行检验，检验结果应符合有关规定。

检查数量：同一成分、同一批号的灌浆料，不超过 50 t 为一批，每批按现行行业标准《钢筋连接用套筒灌浆料》（JG/T 408）的有关规定随机抽取灌浆料制作试件。

检验方法：检查质量证明文件和抽样检验报告。

3. 接头工艺检验

灌浆施工前，应对不同钢筋生产企业的进场钢筋进行接头工艺检验；施工过程中，当更换钢筋生产企业,或同生产企业生产的钢筋外形尺寸与已完成工艺检验的钢筋有较大差异时，应再次进行工艺检验。接头工艺检验应符合下列规定：

（1）灌浆套筒埋入预制构件时，工艺检验应在预制构件生产前进行；当现场灌浆施工单位与工艺检验时的灌浆单位不同，灌浆前应再次进行工艺检验。

（2）工艺检验应模拟施工条件制作接头试件，并应按接头提供单位提供的施工操作要求进行。

（3）每种规格钢筋应制作 3 个对中套筒灌浆连接接头，并应检查灌浆质量。

（4）采用灌浆料拌合物制作的 40 mm×40 mm×160 mm 试件不应少于 1 组。

（5）接头试件及灌浆料试件应在标准养护条件下养护 28 d。

（6）每个接头试件的抗拉强度、屈服强度应符合规定，3 个接头试件残余变形的平均值应符合规定；灌浆料抗压强度应符合 28 d 强度要求。

（7）接头试件在量测残余变形后可再进行抗拉强度试验，并应按现行行业标准《钢筋机械连接技术规程》（JGJ 107）规定的钢筋机械连接型式检验单向拉伸加载制度进行试验。

（8）第一次工艺检验中 1 个试件抗拉强度或 3 个试件的残余变形平均值不合格时，可再抽 3 个试件进行复检，复检仍不合格判为工艺检验不合格。

（9）工艺检验应由检测完毕出具检验报告。

4. 灌浆套筒进厂（场）接头力学能检验

灌浆套筒进厂（场）时，应抽取灌浆套筒并采用与之匹配的灌浆料制作对中连接接头试件，并进行抗拉强度检验，检验结果均应符合有关规定。

检查数量：同一批号、同一类型、同一规格的灌浆套筒，不超过 1 000 个为一批，每批随机抽取 3 个灌浆套筒制作对中连接接头试件。

检验方法：检查质量证明文件和抽样检验报告。

5. 灌浆施工中灌浆料分批检验

灌浆施工中，灌浆料的 28 d 抗压强度应符合有关规定。用于检验抗压强度的灌浆料试件应在施工现场制作。

检查数量：每工作班取样不得少于 1 次，每楼层取样不得少于 3 次。每次抽取 1 组 40 mm×40 mm×160 mm 的试件，标准养护 28 d 后进行抗压强度试验。

检验方法：检查灌浆施工记录及抗压强度试验报告。

6. 灌浆质量检验

灌浆应密实饱满，所有出浆口均应出浆。

检查数量：全数检查。

检验方法：观察，检查灌浆施工记录。

当施工过程中灌浆料抗压强度、灌浆质量不符合要求时，应由施工单位提出技术处理方案。经监理、设计单位认可后进行处理。经处理后的部位应重新验收。

检查数量：全数检查。

检验方法：检查处理记录。

章节测验

一、选择题

1. 混凝土浇筑前对受力钢筋件的检测项目不包括（　　　）。

A. 位置

B. 排距

C. 安装垂直度

D. 保护层

2. 当对预制构件混凝土抗压强度进行检测时，（　　　）宜选择在不影响构件使用的部位进行检测，并应避开主筋、预埋件和管线。

A. 钻芯法

B. 回弹法

C. 超声回弹综合法

D. 三维扫描法

3. 预制构件的粗糙面和结合面的长度和宽度可采用直尺或卷尺测量，精确至（　　　）。

A. 1mm

B. 3mm

C. 1cm

D. 3cm

4. 空心板的外观质量中不宜有（　　　）。

A. 孔洞

B. 板端部缺陷

C. 外表脏污

D. 外形缺陷

5. 梁、板、楼梯吊装的顺序为（　　　）。

A. 吊装准备→安装垂直支撑→预制构件吊装

B. 吊装准备→预制构件吊装→安装垂直支撑

C. 安装垂直支撑→预制构件→吊装准备

D. 安装垂直支撑→吊装准备→预制构件

6. 预制构件中楼板对角线的尺寸的允许偏差为（　　　）mm。

A. 3

B. 4

C. 5

D. 10

7. 裂缝宽度量测的部位中错误的是（　　　）。

A. 梁、柱、墙的剪切裂缝应在构件侧面斜裂缝最宽处量测最大裂缝宽度

B. 板类构件可在板面量测最大裂缝宽度

C. 梁、柱、墙的弯曲裂缝应在构件支座处量测最大裂缝宽度

D. 板类构件可在板底量测最大裂缝宽度

8. 装配整体式结构构件连接方法不包括（　　　　）。

A. 焊接连接

B. 套筒灌浆连接

C. 绑扎连接

D. 螺栓连接

9. 属于承载能力极限状态检测是（　　　　）。

A. 挠度检测

B. 裂缝宽度检测

C. 抗裂检测

D. 承载力检测

10. 预制构件试验的分类不包括（　　　　）。

A. 型式检测

B. 合格性检测

C. 首件检测

D. 合规检测

二、判断题

1. 预制构件模具由底模和侧模构成，底模为定模，侧模为动模。（　　　　）

2. 所有的生产模具应进行全数检查，当所有尺寸精度满足要求后才能投入使用。（　　　　）

3. 钢筋连接套管检查中心线位置采用目视进行检查。（　　　　）

4. 预留孔洞检查项目包括中心线位置和安装垂直度。（　　　　）

5. 三维扫描法检测混凝土梁、柱等杆类构件的两个端面应各布置不少于 2 个测区。（　　　　）

6. 预埋吊件锚固承载力检测可分为非破损性检测和破损性检测。（　　　　）

7. 塔式起重机选用时应根据构件重量、塔臂覆盖半径等条件确定。（　　　　）

8. 构件距离楼地面约 10 cm 时由安装人员辅助轻推构件或采用撬棍，逐根根据定位线进行初步定位。（　　　　）

9. 已吊装完成的墙柱构件，根据抄测的水平线进行检查，局部不平整的部位，应进行切割修整，切割深度为 25 mm。（　　　　）

10. 对生产数量较少的大型构件及有可靠应用经验的构件，可仅作挠度、抗裂或裂缝宽度检验。（　　　　）

三、简答题

1. 生产模具的要求有哪些？

2. 构件质量验收的主要内容有哪些？

3. 构件吊装的要求有哪些？

4. 装配式混凝土结构实体检验的主要项目有哪些？

装配式钢结构质量检测

情景导入

2021 年 10 月，中国钢结构协会发布了《钢结构行业"十四五"规划及 2035 年远景目标》，提出钢结构行业"十四五"期间发展目标：到 2025 年年底，全国钢结构用量达到 1.4 亿吨左右，占全国粗钢产量比例 15% 以上，钢结构建筑占新建建筑面积比例达到 15% 以上。到 2035 年，我国钢结构建筑应用达到中等发达国家水平，钢结构用钢量达到每年 2.0 亿吨以上，占粗钢产量 25% 以上，钢结构建筑占新建建筑面积比例逐步达到 40%，基本实现钢结构智能建造。"十四五"期间，中国钢结构行业将会出现一些能够在设计、安装、配套部品化等方面引领行业前进方向的大型钢结构企业。装配式钢结构建筑符合我国经济可持续发展战略及绿色建筑的发展方向，在国家政策的支持下，未来装配式钢结构住宅前景可观。

装配式钢结构建筑的生产过程主要包括工厂构件制作阶段和现场结构安装阶段，最终形成钢结构建筑实体。工厂构件制作阶段又包括材料准备、号料、切割下料、钻孔、组装、焊接、校正与成形、除锈和涂装、成品构件保护、标识及发运等多个工艺流程。现场钢结构安装阶段又包括预埋件复核、制订吊装实施方案、安装高强螺栓、选用吊装机械、吊装、校正固定等多个程序。那么你知道在每一个阶段的工艺流程和质量标准吗？你知道要如何去进行每个阶段的质量检测和验收吗？你知道什么样的钢结构建筑是符合建筑标准的吗？本章我们将从钢构件制作、结构安装过程、钢结构实体检测三个方面来阐述钢结构建筑的质量检查与验收标准，并配备相应检测案例和实训项目。

学习目标

◇ **知识目标**

（1）掌握钢结构工厂构件制作阶段的质量检查方法与质量验收标准；

（2）掌握钢结构现场安装阶段的质量检查方法与质量验收标准；

（3）掌握钢结构实体质量检测方法与质量验收标准。

◇ **技能目标**

（1）能独立完成钢构件的出厂质量验收和进场质量检测；

（2）能独立完成钢结构实体建筑的质量检测。

◇ **思政目标**

（1）培养规范操作意识；

（2）培养实事求是的态度；

（3）培养精益求精的工匠精神；

（4）培养科技报国的决心。

知识详解

4.1 钢结构制作质量检查与验收

4.1.1 钢结构的工厂加工制作与检验

1. 制作前准备工作

（1）钢材采购、检验、储备：在工程施工管理人员及公司有关部门参与的情况下进行内部图纸会审。

（2）图纸深化：经图纸会审后，由技术部负责本工程的加工详图，进行节点构造细化。对其中一些需要设计签证的节点图，提交设计院签证。

（3）材料清单编制员根据钢结构深化图纸列出各类钢材的材料用量表，并做好材料规格、型号的归纳，交管理部采购员进行材料采购。材料进厂后，按下列方法进行检验：

① 钢材质量证明书。质量证明书应符合设计的要求，并按国家现行有关标准的规定进行抽样检验，不符合国家标准和设计文件的均不得采用。

② 钢材表面有锈蚀、麻点和划痕等缺陷时，其深度不得大于该钢材厚度负偏差值的1/2。

③ 钢材表面锈蚀等应符合现行国家标准《涂装前钢材表面锈蚀等级和除锈等级》（GB 8923）的规定。

钢结构制造质量控制程序如图4-1所示。

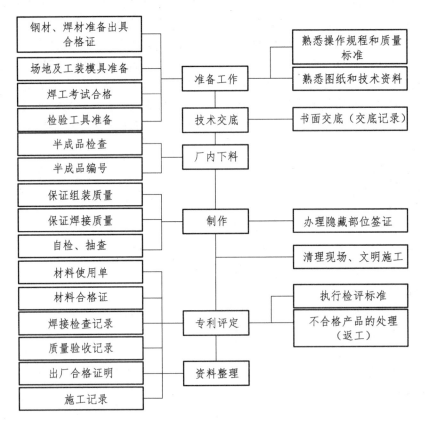

图 4-1　钢结构制造质量控制程序

原材料进场应具有出厂质量证明书，并符合设计要求和国家现行有关标准规定。现场钢材应分类堆放，做好标识。钢材的堆放成形、成方、成垛，以便于点数和取用；最底层垫上道木，防止进水锈蚀。焊接材料应按牌号和批号分别存放在干燥的储藏仓库。焊条和焊剂在使用之前按出厂证明上规定进行烘焙和烘干；焊丝应无铁锈及其他污物。材料凭领料单发放，发料时核对材料的品种、规格、牌号是否与领料单一致，并要求质检人员在领料现场签证认可。

（4）钢构件加工生产工艺及质量标准：根据国家标准《钢结构工程施工质量验收规范》（GB 50205—2017）、《建筑工程施工质量验收统一标准》（GB 50300—2013）、公司质量管理体系文件及相关钢结构制作工艺规程编制。

2. 钢结构加工制作流程

钢结构加工制作工艺，一般大致分为：① 放样→② 切割→③ 成型→④ 焊接→⑤ 矫正、钻孔→⑥组装 →⑦喷砂→⑧油漆等工序，如图 4-2 所示。

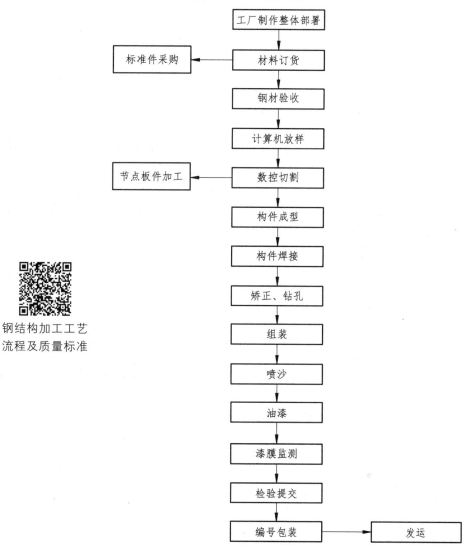

钢结构加工工艺
流程及质量标准

图 4-2　钢结构加工制作工艺

3. 各工序质量标准

（1）放样、下料和切割。

① 放　样。

按照施工图上几何尺寸，以 1∶1 比例在样台上放出实样以求出真实形状和尺寸，然后根据实样的形状和尺寸制成样板、样杆，作为下料、弯制、铣、刨、制孔等加工的依据。允许偏差见表4-1。

表 4-1　放样和样板（样杆）允许偏差

项目	允许偏差/mm
平行线距离和分段尺寸	±0.5
对角线	1.0
长度、宽度	长度 0～+0.5；宽度 0～-0.5
孔距	±0.5
组孔中心距离	±0.5
加工样板的角度	±2°

② 下　料。

下料时，如长度不够需拼板，拼缝位置宜放在构件长度 1/3（弯矩最小）～1/2（剪力最小）的范围内，钢板切割毛刺应清理干净。

利用样板计算出下料尺寸，直接在板料成型钢表面上画出零构件形状的加工界线。采用剪切、冲裁、锯切、气割等工作过程进行下料。允许偏差见表4-2。

表 4-2　下料与样杆（样板）的允许误差

项目	允许偏差/mm
零件外形尺寸	±5.0
孔	±0.5
基准线（装配或加工）	±0.5
对角线差	1.0
加工样板的角度	±2

③ 切　割。

根据工艺要求在放样和下料时预留制作和安装时的焊接收缩余量及切割、刨边和铣平等加工余量。

零件的割线与下料线的允许偏差符合表 4-3 的规定。

表 4-3　零件的切割线与下料线的允许偏差

项目	允许偏差/mm
手工切割	±20
自动、半自动切割	±1.5
精密切割	±1.0

切割前应将钢材表面切割区域内的铁锈、油污等清除干净；切割后清除断口边缘熔瘤、

飞溅物，断口上不得有裂纹和大于 1 mm 的缺棱，并清除毛刺。

切割截面与钢材表面不垂直度不大于钢板厚度的 10%，且不得大于 2 mm。

精密切割的零件，其表面粗糙度不得大于 0.03 mm。

机械切割的零件，其剪切与号料线的允许偏差不得大于 2 mm。机械剪切的型钢，其端部剪切斜度不得大于 2 mm。

图 4-3　钢构件的切割

图 4-4　钢构件切割机

（2）组立质量标准。

焊接 H 型钢的翼缘板拼接焊缝与腹板拼接焊缝的间距不应小于 200 mm。翼缘板拼接长度不应小于 2 倍板宽；腹板拼接宽度不应小于 300 mm，长度不应小于 600 mm。（注：标准 H 型钢对接参照此规定执行。焊接 H 型钢组装尺寸允许偏差参照表 4-4 的规定执行。）

表 4-4　焊接 H 型钢的允许偏差

项目		允许偏差/mm	图例
截面高度 h	$h<500$	±2.0	
	$500<h<1\ 000$	±3.0	
	$H>1\ 000$	±4.0	
截面宽度 b		±3.0	
腹板中心偏移		2.0	
翼缘板垂直度 Δ		$b/100$，且不应大于 3.0	

项目		允许偏差/mm	图例
弯曲矢高（受压构件除外）		$L/1\,000$，且不应大于 10.0	
扭曲		$h/250$，且不应大于 5.0	
腹板局部平面度 f	$t<14$	3.0	
	$t14$	2.0	

（3）埋焊质量标准。

质量标准严格按照针对相关工程制定的焊接工艺进行施焊，焊缝焊脚按照国家标准《钢结构工程施工质量验收规范》（GB 50205—2017）执行。焊缝表面不得有裂纹、焊瘤等缺陷，一、二级焊缝不得有表面气孔、夹渣、弧坑裂纹、电弧擦伤等缺陷。且一级焊缝不得有咬边、未焊满、根部收缩等缺陷。

T形接头、十字接头、角接接头等要求熔透的对接和角对接组合焊缝，其焊脚尺寸不应小于 t/4，如图 4-5（a）（b）（c）；设计有疲劳验算要求的吊车梁或类似构件的腹板与上翼缘连接焊缝的焊脚尺寸为 t/2，如图 4-5（d），且不应小于 10 mm。焊脚尺寸的允许偏差为 0～4 mm。

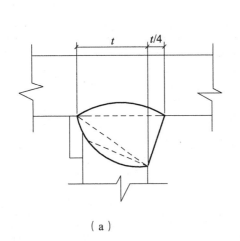

（a）

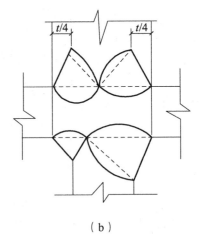

（b）

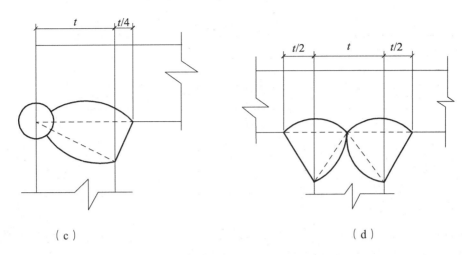

(c) (d)

图 4-5 焊脚尺寸

（4）矫正质量标准。

焊接 H 型钢矫正标准执行国家标准《钢结构工程施工质量验收规范》（GB 50205—2017）规定。矫正时不得破坏母材表面，应根据不同材质制定相应工艺。

（5）制孔质量标准。

按照图纸相关节点设计进行制孔，质量控制执行国家标准《钢结构工程施工质量验收规范》（GB 50205—2017）规定。制孔完毕，必须将孔周围毛刺清除。

B 级螺栓孔（I 类孔）应具有 H12 的精度，孔壁表面粗糙度 Ra 不应大于 12.5 μm。其孔径的允许偏差应符合表 4-5A、B 级螺栓孔径的允许偏差（mm）的规定。

表 4-5 A、B 级螺栓孔径的允许偏差 单位：mm

序号	螺栓公称直径、螺栓孔直径	螺栓公称直径允许偏差	螺栓孔直径允许偏差
1	10 ~ 18	0.00 ~ 0.21	+ 0.18 0.00
2	18 ~ 30	0.00 ~ 0.21	+ 0.21 0.00
3	30 ~ 50	0.00 ~ 0.25	+ 0.25 0.00

C 级螺栓孔（II 类孔），孔壁表面粗糙度 Ra 不应大于 25 μm，其允许偏差应符合表 4-6 C 级螺栓孔的允许偏差（mm）的规定。

表 4-6 C 级螺栓孔的允许偏差 单位：mm

项目	允许偏差
直径	+ 1.0 0.0
圆度	2.0
垂直度	0.03t，且不应大于 2.0

（6）螺栓孔孔距的允许偏差应符合表 4-7 的规定。

表 4-7　螺栓孔孔距允许偏差　　　　　　　　单位：mm

螺栓孔孔距范围	≤500	501～1 200	1 201～3 000	>3 000
同一组内任意两孔间距离	±1.0	±1.5		
相邻两组的端孔间距离	±1.5	±2.0	±2.5	±3.0

注：①在节点中连接板与一根杆件相连的所有螺栓孔为一组。

②对接接头在拼接板一侧的螺栓孔为一组。

③在两相邻节点或接头间的螺栓孔为一组，但不包括上述两款所规定的螺孔。

④受弯构件翼缘上的连接螺栓孔，每米长度范围内的螺栓孔为一组。

（7）拼装质量标准。

钢构件外形尺寸主控允许偏差如表 4-8 所示，要求全数检查，检查方法用钢尺检查。应根据图纸设计要求进行构建组装，允许偏差按表 4-9 的规定。不得在焊缝以外的母材进行打火。

表 4-8　钢构件外形尺寸主控项目的允许偏差　　　　　　　　单位：mm

项目	允许偏差
单层柱、梁、桁架受力支托（支承面）表面至第一个安装孔距离	±1.0
多节柱铣平面至第一个安装孔距离	±1.0
实腹梁两端最外侧安装孔距离	±3.0
构件连接处的截面几何尺寸	±3.0
柱、梁连接处的腹板中心线偏移	2.0
受压构件（杆件）弯曲矢高	$l/1\,000$，且不应大于 10.0

表 4-9　钢构件预拼装的允许偏差　　　　　　　　单位：mm

构件类型	项目		允许偏差	检验方法
多节柱	预拼装单元总长		±5.0	用钢尺检查
	预拼装单元弯曲矢高		$l/1\,500$，且不应大于 10.0	用拉线和钢尺检查
	接口错边		2.0	用焊缝量规检查
	预拼装单元柱身扭曲		$h/200$，且不应大于 5.0	用拉线、吊线和钢尺检查
	顶紧面至任一牛腿距离		±2.0	用钢尺检查
梁、桁架	跨度最外面两端安装孔或两端支承面最外侧距离		+5 -10.0	用钢尺检查
	接口截面错位		2.0	用焊缝量规检查
构件类型	项目		允许偏差	检验方法
梁、桁架	拱度	设计要求起拱	$±l/5\,000$	用拉线和钢尺检查
		设计未要求起拱	$l/2\,0000$	

构件类型	项目	允许偏差	检验方法
	节点处杆件轴线错位	4.0	划线后用钢尺检查
管构件	预拼装单元总长	±5.0	用钢尺检查
	预拼装单元弯曲矢高	$l/1\,500$，且不应大于 10.0	用拉线和钢尺检查
	对口错边	$t/10$，且不应大于 3.0	用焊缝量规检查
	坡口间隙	+2.0 −1.0	
构件平面总体预拼装	各楼层柱距	±4.0	用钢尺检查
	相邻楼层梁与梁之间距离	±3.0	
	各层间框架两对角线之差	$H/2\,000$，且不应大于 5.0	
	任意两对角线之差	$\sum H/2\,000$，且不应大于 8.0	

（8）焊接质量标准。

① 焊缝外观质量标准及尺寸允许偏差。

二级、三级焊缝外观质量标准应符合表 4-10 的规定。

表 4-10 一级、二级、三级焊缝外观质量标准   单位：mm

检测项目	焊缝质量等级		
	一级	二级	三级
裂纹	不允许		
未焊满	不允许	≤0.2 mm+0.02t 且 ≤1 mm，每 100 mm 长度焊缝内未焊满累积长度 ≤25 mm	≤0.2 mm+0.04t 且 ≤2 mm，每 100 mm 长度焊缝内未焊满累积长度 ≤25 mm
根部收缩	不允许	≤0.2 mm+0.02t 且 ≤1 mm，长度不限	≤0.2 mm+0.04t 且 ≤2 mm，长度不限
咬边	不允许	深度 ≤0.05t 且 ≤0.5 mm，连续长度 ≤100 mm，且焊缝两侧咬边总长 ≤10%焊缝全长	深度 ≤0.1t 且 ≤1 mm，长度不限
电弧擦伤	不允许		允许存在个别电弧擦伤
接头不良	不允许	缺口深度 ≤0.05t 且 ≤0.5 mm，每 1 000 mm 长度焊缝内不得超过 1 处	缺口深度 ≤0.1t 且 ≤1 mm，每 1 000 mm 长度焊缝内不得超过 1 处
表面气孔	不允许		每 50 mm 长度焊缝内允许存在直径 <0.4t 且 ≤3 mm 的气孔 2 个；孔距应 6 倍孔径
表面夹渣	不允许		深 ≤0.2t，长 ≤0.5t 且 ≤20 mm

注：表内 t 为连接处较薄的板厚。

② 对接焊缝及完全熔透组合焊缝尺寸允许偏差应符合表 4-11 的规定。

表 4-11 对接焊缝及完全熔透组合焊缝尺寸允许偏差 单位：mm

序号	项目	图例	允许偏差	
			一、二级	三级
1	对接焊缝余高 C		若 $B<20$：$0\sim3.0$； 若 $B\geq20$：$0\sim4.0$	若 $B<20$：$0\sim4.0$； 若 $B\geq20$：$0\sim5.0$
2	对接焊缝错边 d		$D<0.15\,t$ 且 ≤2.0	$D<0.15\,t$ 且 ≤3.0

③ 部分焊透组合焊缝和角焊缝外形尺寸允许偏差应符合表 4-12 的规定。

表 4-12 部分焊透组合焊缝和角焊缝外形尺寸允许偏差 单位：mm

序号	项目	图例	允许偏差
1	焊脚尺寸 h_f		若 $h_f\leq6$：$0\sim1.5$； 若 $h_f>6$：$0\sim3.0$
2	角焊缝余高 C		若 $h_f\leq6$：$0\sim1.5$； 若 $h_f>6$：$0\sim3.0$

注：①$h_f>8.0$ mm 的角焊缝其局部焊脚尺寸允许低于设计要求值 1.0 mm，但总长度不得超过焊缝长度 10%。

②焊接 H 形梁腹板与翼缘板的焊缝两端在其两倍翼缘板宽度范围内，焊缝的焊脚尺寸不得低于设计值。

（9）喷砂质量标准。

严格按照图纸设计说明规定的除锈等级要求进行喷砂除锈，构件表面不得有漏喷现象。涂装前钢材表面除锈应符合设计要求和国家现行有关标准的规定。处理后的钢材表面不应有焊渣、焊疤、灰尘、油污、水和毛刺等。

（10）防腐涂料涂装质量标准。

在喷砂除锈达到规定要求的前提下，按照图设计要求进行涂装，节点摩擦面部位不得涂刷油漆。构件表面不应误涂、漏涂，涂层不应脱皮和返锈等。涂装后涂层表面处理检查，应颜色一致，色泽鲜明，光亮，不起皱皮，不流挂、针眼和气泡等。表面涂装施工时和施工后，对涂装过的工作进行保护。涂装漆膜厚度，用触点式漆膜测厚仪进行测定。

① 防腐涂层。

采用涂层测厚仪进行防腐涂层厚度检测，每处 3 个测点的涂层厚度平均值不应小于设计厚度的 85%，同一构件上 15 个测点的涂层厚度平均值不应小于设计厚度。当设计对涂层厚度无要求时，涂层干漆膜总厚度：室外应为 150 μm，室内应为 125 μm，其允许偏差应为-25 μm。

② 防火涂层。

在测点处，应将厚度仪的探针或窄片垂直插入防火涂层直至钢材防腐涂层表面，并记录标尺读数，测试值应精确到 0.5 mm。当探针不易插入防火涂层内部时，可采取防火涂层局部剥除的方法进行检测。剥除面积不宜大于 15 mm×15 mm。同一截面上各测点厚度的平均值不应小于设计厚度的 85%，构件上所有测点厚度的平均值不应小于设计厚度。

4.1.2　钢构件出厂质量检测

1. 外观质量的目视检测

（1）一般规定。

① 直接目视检测时，眼睛与被测工件表面的距离不得大于 600 mm，视线与被测工件表面所成的视角不得小于 30°。

② 被测工件表面应有足够的照明，一般情况下光照度不得低于 160 lx；对细小缺陷进行鉴别时，光照度不得低于 540 lx。

③ 目视检测应从多个角度进行观察。

（2）辅助工具。

对细小缺陷进行鉴别时，可使用 2～7 倍的放大镜。

（3）检测内容。

① 检测人员在目视检测前，应了解工程施工图纸和有关标准，熟悉工艺规程，提出目视检测的内容和要求。

② 钢材表面的外观质量的检测可分为是否有夹层、裂纹、非金属夹杂等项目。

③ 钢结构焊前目视检测的内容包括焊缝坡口形式、坡口尺寸、组装间隙；焊后目视检测的内容包括焊缝尺寸、焊缝外观质量。

④ 对于焊接外观质量的目视检测，应在焊缝清理完毕后进行，焊缝及焊缝附近区域不得有焊渣及飞溅物。

（4）检测结果的评价。

① 钢材表面的外观质量应符合国家现行有关标准的规定，表面不得有裂纹、折叠，钢材端边或断口处不应有分层、夹渣等缺陷。

② 当钢材的表面有锈蚀、麻点或划伤等缺陷时，其深度不得大于该钢材厚度负偏差值的 1/2。

③ 焊缝坡口形式、坡口尺寸、组装间隙等应符合焊接工艺规程和相关技术标准的要求。

④ 焊缝表面不得有裂纹、焊瘤等缺陷。一级焊缝不允许有外观质量缺陷，二、三级焊缝外观质量应符合《钢结构工程施工质量验收规范》（GB 50205—2017）的要求。

2. 构件表面缺陷的检测——磁粉探伤

钢结构铁磁性原材料的表面或近表面缺陷，可用磁粉进行检测。磁粉检测应按照预处理、磁化、施加磁悬液、磁痕观察与记录、后处理等步骤进行。

磁痕的观察应在磁悬液施加形成磁痕后立即进行；采用非荧光磁粉时，应在能清楚识别磁痕的自然光或灯光下进行观察（观察面亮度应大于

表面缺陷检测
——磁粉探伤

500 lx）；采用荧光磁粉时，应使用符合现行《钢结构现场检测技术标准》（T/CECS 1009）规定的黑光灯装置，并应在能识别荧光磁痕的亮度下进行观察（观察面亮度应小于 20 lx）；然后对磁痕进行分析判断，区分缺陷磁痕和非缺陷磁痕；并采用照相、绘图等方法记录缺陷的磁痕。

检测完成后，避免被测试件因剩磁而影响使用时，应及时进行退磁。同时对被测部位表面应清除磁粉，并清洗干净，必要时应进行防锈处理。

对磁粉检测结果的评价磁粉检测可允许有线型缺陷和圆型缺陷存在。当缺陷磁痕为裂纹缺陷时，应直接评定为不合格。

（1）磁粉探伤的基本原理。

外加磁场对工件（只能是铁磁性材料）进行磁化，被磁化后的工件上若不存在缺陷，则它各部位的磁特性基本一致，而存在裂纹、气孔或非金属物夹渣等缺陷时，由于它们会在工件上造成气隙或不导磁的间隙，使缺陷部位的磁阻大大增加，工件内磁力线的正常传播遭到阻隔，根据磁连续性原理，这时磁化场的磁力线就被迫改变路径而逸出工件，并在工件表面形成漏磁场。

漏磁场的强度主要取决磁化场的强度和缺陷对于磁化场垂直截面的影响程度。利用磁粉就可以将漏磁场给予显示或测量出来，从而分析判断出缺陷的存在与否及其位置和大小。将铁磁性材料的粉末撒在工件上，在有漏磁场的位置磁粉就被吸附，从而形成显示缺陷形状的磁痕，能比较直观地检出缺陷，如图 4-6 所示。这种方法是应用最早、最广的一种无损检测方法。

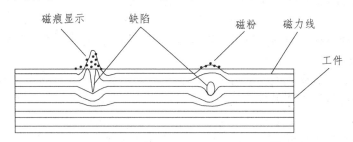

图 4-6　磁粉探伤原理

磁粉一般用工业纯铁或氧化铁制作，通常用四氧化三铁（Fe_3O_4）制成细微颗粒的粉末作为磁粉。磁粉可分为荧光磁粉和非荧光磁粉两大类，荧光磁粉是在普通磁粉的颗粒外表面涂上了一层荧光物质，使它在紫外线的照射下能发出荧光，主要的作用是提高了对比度，便于观察。磁粉探测仪如图 4-7 所示。

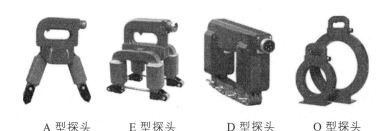

| A 型探头 | E 型探头 | D 型探头 | O 型探头 |

图 4-7　磁粉检测仪

（2）磁粉检测方法。

磁粉检测又分干法和湿法两种：

① 干法：将磁粉直接撒在被测工件表面。为便于磁粉颗粒向漏磁场滚动，通常干法检测所用的磁粉颗粒较大，所以检测灵敏度较低。但是在被测工件不允许采用湿法与水或油接触时，如温度较高的试件，则只能采用干湿法。

② 湿法：将磁粉悬浮于载液（水或煤油等）之中形成磁悬液喷洒于被测工件表面，这时磁粉借助液体流动性较好的特点，能够比较容易地向微弱的漏磁场移动，同时由于湿法流动性好就可以采用比干法更加细的磁粉，使磁粉更易于被微小的漏磁场所吸附，因此湿法比干法的检测灵敏度高。

（3）磁粉检测步骤。

① 预处理。

a. 把试件表面的油脂、涂料以及铁锈等除掉，以免妨碍磁粉附着在缺陷上。用干磁粉时还应使试件表面干燥。组装的部件要一件一件地拆开后进行探伤。

b. 应对试件探伤面进行清理，清除检测区域内试件上的附着物（如油漆、油脂、涂料、焊接飞溅、氧化皮等）;在对焊缝进行磁粉检测时,清理区域应由焊缝向两侧母材方向各延伸 20 mm。

c. 根据工件表面的状况、试件使用要求，选用油剂载液或水剂载液。

d. 根据现场条件、灵敏度要求，确定用非荧光磁粉或荧光磁粉。

e. 根据被测试件的形状、尺寸选定磁化方法。

② 磁化。

选择适当的磁化方法和磁化电流值。然后接通电源，对试件进行磁化操作。磁化应符合下列要求：

a. 磁化时，磁场方向宜与探测的缺陷方向垂直，与探伤面平行。

b. 当无法确定缺陷方向或有多个方向的缺陷时,应采用旋转磁场或采用两次不同方向的磁化方法。采用两次不同方向的磁化时，两次磁化方向应垂直。

c. 检测时,应先放置灵敏度试片在试件表面,检验磁场强度和方向以及操作方法是否正确。

d. 用磁轭检测时，应有覆盖区，磁轭每次移动的覆盖部分应在 10 ~ 20 mm。

e. 用触头法检测时，每次磁化的长度宜为 75 ~ 200 mm；检测时，应保持触头端干净，触头与被检表面接触应良好，电极下宜采用衬垫。

f. 探伤装置在被检部位放稳后才能接通电源，移去时应先断开电源。

③ 施加磁粉。

按所选的干法或湿法施加干粉或磁悬液。

磁粉的喷洒时间，按连续法和剩磁法两种施加方式。连续法是在磁化工件的同时喷洒磁粉，磁化一直延续到磁粉施加完成为止。而剩磁法则在磁化工件之后才施加磁粉。

④ 磁痕的观察与判断。

磁痕的观察是在施加磁粉后进行的，用非荧光磁粉探伤时，在光线明亮的地方，用自然的日光或灯光进行观察；而用荧光磁粉探伤时，则在暗室等暗处用紫外线灯进行观察。在磁粉探伤中，肉眼见到的磁粉堆积，简称磁痕，但不是所有磁痕都是缺陷，形成磁痕的原因很多，必须对磁痕进行分析判断，把假磁痕排除掉。有时还需要用其他探伤方法（如渗透探伤法）重新探伤进行验证。

为了记录磁粉磁痕，可采用照相或用透明胶带把磁痕粘下备查，这样的记录具有简便、直观的优点。

⑤ 后处理。

探伤完后，根据需要，应对工件进行退磁、除去磁粉和防锈处理。进行退磁处理的原因是，剩磁可能造成工件运行受阻和加大料零件的磨损，尤其是转动部件经磁粉探伤后，更应进行退磁处理。

（4）检测结果的评价。

① 磁粉检测可允许有线型缺陷和圆型缺陷存在；当缺陷磁痕为裂纹缺陷时，应直接评定为不合格。

② 评定为不合格时，应对其可以进行返修。返修后应进行复验。返修复检部位应在检测报告的检测结果中标明。

③ 检测后应填写检测记录。

3. 钢材焊缝的检测

焊缝质量检测常用的无损检测方法有射线检测、磁粉检测、渗透检测、超声检测。

射线检测（RT）是利用射线透过物体时产生的吸收和散射现象，当焊缝中存在缺陷而引起射线强度改变从而实现探测缺陷的无损检测方法。射线检测的方法有照相法、显示屏法、工业电视法等。射线检测常用的射线有 X 射线、γ 射线和中子射线。

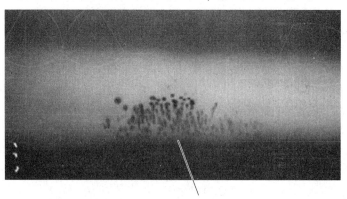

超声波焊缝检测

密集气孔

图 4-8　密集气孔影像显示图

射线检测应符合现行国家标准《焊缝无损检测射线检测》（GB/T 3323）的有关规定，合格标准应符合现行国家标准《钢结构焊接规范》（GB 50661）的有关规定。

磁粉检测（MT）是通过铁磁材料在磁场中被磁化后，缺陷处产生漏磁场吸附磁粉而形成的磁痕来显示材料表面缺陷的一种无损检测方式。磁粉检测只能检测到表面和近表面缺陷，而且只适用于铁磁性材料。磁粉检测应符合现行行业标准《无损检测 焊缝磁粉检测》（JB/T 6061）的有关规定，合格标准应符合现行国家标准《钢结构焊接规范》（GB 50661）的有关规定

渗透检测（PT）是通过彩色（红色）或荧光渗透剂在毛细管作用下渗入表面开口缺陷，然后被白色显像剂吸附而显示红色（或在紫光灯照射下显示黄绿色荧光）缺陷痕迹。渗透检测应符合现行行业标准《无损检测 焊缝渗透检测》（JB/T 6062）的有关规定，合格标准应符合现行国家标准《钢结构焊接规范》（GB 50661）的有关规定。

超声检测（UT）是指利用超声波对焊缝内部缺陷进行检查的一种无损探伤方法，如图4-9 所示。用发射探头向构件表面通过耦合剂发射超声波，超声波在构件内部传播时遇到不同界面将有不同的反射信号（回波）。利用不同反射信号传递到探头的时间差，可以检查到构件内部的缺陷。根据在荧光屏上显示出的回波信号的高度、位置等可以判断缺陷的大小，位置和大致性质。超声检测技术的特点是应用范围广、穿透能力大、设备轻便，但定量不准确，定性困难。

图 4-9 钢结构焊缝超声检测示意

超声检测还应符合现行国家标准《焊缝无损检测超声检测技术检测等级合评定》（GB/T 11345）的有关规定，合格标准应符合现行国家标准《钢结构焊接规范》（GB 50661）或《焊缝无损检测 超声检测 验收等级》（GB/T 29712）的有关规定，在此重点介绍超声检查。

（1）一般规定。

本节适用于母材厚度不小于 8 mm、曲率半径不小于 160 mm 的普通碳素钢和低合金钢对接全熔透焊缝 A 型脉冲反射式手工超声波探伤的质量检测。对于母材壁厚为 4～8 mm、曲率半径为 60～160 mm 的钢管对接焊缝与相贯节点焊缝应按照行业标准《钢结构超声波探伤及质量分级法》（JG/T 203—2007）执行。

探伤人员应了解工件的材质、结构、曲率、厚度、焊接方法、焊缝种类、坡口形式、焊缝余高及背面衬垫、沟槽等情况。

根据质量要求，检验等级分为 A、B、C 三级。检验工作的难度系数按 A、B、C 顺序逐渐增高。应根据工件的材质、结构、焊接方法、受力状态选用检验级别，如设计和结构上无特别指定，钢结构焊缝质量的超声波探伤宜选用 B 级检验。

①A 级检验采用一种角度探头在焊缝的单面单侧进行检验，只对允许扫查到的焊缝截面进行探测。一般不要求作横向缺陷的检验。母材厚度大于 50 mm 时，不得采用 A 级检验。

②B 级检验宜采用一种角度探头在焊缝的单面双侧进行检验，对整个焊缝截面进行探测。母材厚度大于 100 mm 时，采用双面双侧检验。当受构件的几何条件限制时，可在焊缝的双面单侧采用两种角度的探头进行探伤。条件允许时要求作横向缺陷的检验。

③C 级检验至少要采用两种角度探头，在焊缝的单面双侧进行检验。同时要作两个扫查方向和两种探头角度的横向缺陷检验。母材厚度大于 100 mm 时，宜采用双面双侧检验。

钢结构中 T 形接头、角接接头的超声波检测，除用平板焊缝中各种方法外，在选择探伤面和探头时，应考虑到检测各种缺陷的可能性，并使声束尽可能地垂直于该结构焊缝中的主要缺陷。在对 T 形接头、角接接头的超声波检测时，探伤面和探头的选择应符合相关标准的要求。

（2）设备与器材的技术指标。

A 型脉冲反射式超声仪有模拟式和数字式两种。A 型脉冲反射式超声仪的主要技术指标，应符合表 4-13 的要求。

探伤仪、探头及系统性能的检查按行业标准《无损检测 A 型脉冲反射式超声检测系统工作性能测试方法》（JB/T 9214—2010）规定的方法测试。检查周期应符合表 4-14 的要求。

表 4-13　A 型脉冲反射式超声仪的主要技术指标

	工作频率	2～5 MHz
超声仪主机	水平线性	≤1%
	垂直线性	≤5%
	衰减器或增益器总调节量	80 dB
	衰减器或增益器每档步进量	≤2 dB
	衰减器或增益器任意 12 dB 内误差	≤±1 dB
探头	声束轴线水平偏离角	≤2°
	折射角偏差	≤2°
	前沿偏差	1 mm
超声仪主机与探头的系统性能	在达到所需最大检测声程时，其有效灵敏度余量	10 dB
	远场分辨率	直探头：30 dB 斜探头：6 dB

表 4-14　A 型脉冲反射式超声仪的检查周期

检验项目	检查周期
前沿距离 折射角 P 或 K 值 偏离角	开始使用及每隔 5 个工作日
灵敏度余量 分辨率	开始使用、修理后及每隔 1 个月
探伤仪的水平线性 探伤仪的垂直线性	每次修理后及每隔 3 个月

探头的选择应符合下列要求：

① 纵波直探头的晶片直径在 10 ~ 20 mm，频率为 1.0 ~ 5.0 MHz。

② 横波斜探头应选用在钢中的折射角为 45°、60°、70°或 K 值为 1.0、1.5、2.0、2.5、3.0 的横波斜探头。频率为 2.0 ~ 5.0 MHz。

③ 纵波双晶探头两晶片之间的声绝缘必须良好，且晶片的面积不应小于 150 mm²。

④ 斜探头的折射角 P（或 K 值）应依据材料厚度、焊缝坡口型式等因素选择，检测不同板厚所用探头角度宜按表 4-15 采用。

表 4-15　不同板厚推荐的探头角度

板厚/mm	推荐的折射角 P（K 值）
8 ~ 25	70°（K=2.5）
25 ~ 50	70°或 60°（K=2.5 或 K=2.0）
50 ~ 100	45°和 60°并用或 45°和 70°并用
>100	K=1.0 和 K=2.0 并用或 K=1.0 和 K=2.5 并用
	45°或 60°并用（K=1.0 和 K=2.0 并用）

（3）检测步骤。

检测前，应对超声仪的主要技术指标（如斜探头入射点、斜率 K 值或角度）进行检查确认，根据所测工件的尺寸，调整仪器时间基线，绘制距离-波幅曲线。

距离-波幅曲线应由选用的仪器、探头系统在对比试块上的实测数据绘制而成。当探伤面曲率半径 $R \leqslant W^2/4$ 时，距离-波幅曲线的绘制应在曲面对比试块上进行。

绘制成的距离-波幅曲线应由评定线（EL）、定量线（SL）和判废线（RL）组成。评定线与定量线之间（包括评定线）的区域规定为Ⅰ区，定量线与判废线之间（包括定量线）的区域规定为Ⅱ区，判废线及其以上区域规定为Ⅲ区，如图 4-10 所示。

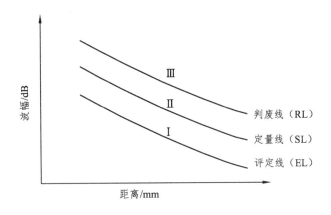

图 4-10　距离-波幅曲线

不同验收级别所对应的各条线的灵敏度要求见表 4-16。表中的"DAC"是以 $\phi3$ 横通孔作为标准反射体绘制的距离-波幅曲线——即 DAC 基准线。在满足被检工件最大测试厚度的整个范围内绘制的距离-波幅曲线在探伤仪荧光屏上的高度不得低于满刻度的 20%。

表 4-16　距离-波幅曲线灵敏度

检验等级	A	B	C
板厚/mm	8 ~ 50	8 ~ 300	8 ~ 300
判废线（RL）	DAC	DAC-4dB	DAC-2dB
定量线（SL）	DAC-10dB	DAC-10dB	DAC-8dB
评定线（EL）	DAC-16dB	DAC-16dB	DAC-14dB

超声波检测包括探测面的修整、涂抹耦合剂、探伤作业、缺陷的评定等步骤。

检测前应对探测面进行修整或打磨，清除焊接飞溅、油垢及其他杂质，表面粗糙度不应超过 6.3 mm。

根据工件的不同厚度选择仪器时间基线水平、深度或声程的调节。当探伤面为平面或曲率半径 $R>W^2/4$ 时，可在对比试块上进行时间基线的调节；当探伤面曲率半径 $R \leq W^2/4$ 时，探头楔块应磨成与工件曲面相吻合的形状。

当受检工件的表面耦合损失及材质衰减与试块不同时，宜考虑表面补偿或材质补偿。

耦合剂应具有良好透声性和适宜流动性，不应对材料和人体有损伤作用，同时应便于检测后清理。当工件处于水平面上检测时，宜选用液体类耦合剂；当工件处于竖立面检测时，宜选用糊状类耦合剂。

探伤灵敏度不应低于评定线灵敏度。扫查速度不应大于 150 mm/s，相邻两次探头移动间隔应有探头宽度 10%的重叠。为查找缺陷，扫查方式有锯齿形扫查、斜平行扫查和平行扫查等；为确定缺陷的位置、方向、形状、观察缺陷动态波形，可采用前后、左右、转角、环绕等四种探头扫查方式。

对所有反射波幅超过定量线的缺陷，均应确定其位置，最大反射波幅所在区域和缺陷指示长度。缺陷指示长度的测定可用降低 6 dB 相对灵敏度测长法和端点峰值测长法，具体要求如下：

① 当缺陷反射波只有一个高点时，用降低 6 dB 相对灵敏度法测其长度。

② 当缺陷反射波有多个高点时，则以缺陷两端反射波极大值之处的波高降低 6 dB 之间探头的移动距离，作为缺陷的指示长度（图 4-11）。

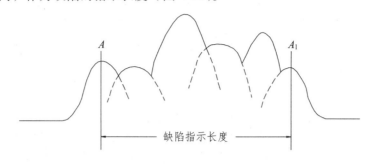

图 4-11　端点峰值测长法

③ 当缺陷反射波在Ⅰ区未达到定量线时，如探伤者认为有必要记录时，可将探头左右移动，使缺陷反射波幅降低到评定线，以此测定缺陷的指示长度。

在确定缺陷类型时，可将探头对准缺陷作平动和转动扫查，观察波形的相应变化，并结合操作者的工程经验，作出大致判断。

（4）检验结果的评价。

最大反射波幅位于 DAC 曲线Ⅱ区的非危险性缺陷，其指示长度小于 10 mm 时，可按 5 mm 计。

在检测范围内，相邻两个缺陷间距不大于 8 mm 时，两个缺陷指示长度之和作为单个缺陷的指示长度；相邻两个缺陷间距大于 8 mm 时，两个缺陷分别计算各自指示长度。

最大反射波幅位于Ⅱ区的非危险性缺陷，根据缺陷指示长度进行评级。不同检验等级、不同焊缝质量评定等级的缺陷指示长度限值应符合表 4-17 的要求。

表 4-17　不同等级缺陷指示长度

评定等级	检验等级		
	A	B	C
	板厚 T/mm		
	8 ~ 50	8 ~ 300	8 ~ 300
Ⅰ	$2T/3$，最小 12	$T/3$，最小 10，最大 30	$T/3$，最小 10，最大 20
Ⅱ	$3T/4$，最小 12	$2T/3$，最小 12，最大 50	$T/2$，最小 10，最大 30
Ⅲ	T，最小 20	$3T/4$，最小 16，最大 75	$2T/3$，最小 12，最大 50
Ⅳ	超过Ⅲ级者		

注：①T 为坡口加工侧母材板厚，母材板厚不同时，以较薄侧板厚为准。

②最大反射波幅不超过评定线（未达到Ⅰ区）的缺陷均评为Ⅰ级。

③最大反射波幅超过评定线，但低于定量线的非裂纹类缺陷均评为Ⅰ级。

④最大反射波幅超过评定线的缺陷，检测人员判定为裂纹等危害性缺陷时，无论其波幅和尺寸如何均评定为Ⅳ级。

⑤除非危险性的点状缺陷外，最大反射波幅位于Ⅲ区的缺陷，无论其指示长度如何，均评定为Ⅳ级。

不合格的缺陷应予以返修，返修部位及热影响区应重新进行评定。

检测后应填写检测记录，所填写内容宜符合钢结构超声波检测记录的规定，如表 4-18。

表 4-18　钢结构超声波检测记录

工程名称		委托单位	
检测设备		设备型号	
设备编号		检定日期	
材　质		厚　度	
焊缝种类	对接平缝〇 对接环缝〇 角接纵缝〇 T 形焊缝〇 管接口缝〇		
焊接方法		探伤面状态	修整〇 轧制〇 机加〇
探伤时机	焊后〇 热处理后〇	耦合剂	机油〇 甘油〇 糨糊〇
探伤方式	垂直〇 斜角〇 单探头〇 双探头〇 串列探头〇		

4. 钢材锈蚀的检测——超声波测厚仪

钢结构在潮湿、存水和酸碱盐腐蚀性环境中容易生锈，锈蚀导致钢材截面削弱，承载力下降。钢材的锈蚀程度可由其截面厚度的变化来反映。检测钢材厚度（必须先除锈）的仪器有超声波测厚仪（声速设定、耦合剂）和游标卡尺。

超声波测厚仪采用脉冲反射波法。超声波从一种均匀介质向另一种介质传播时，在界面会发生反射，测厚仪可测出探头自发出超声波至收到界面反射回波的时间。超声波在各种钢材中的传播速度已知（或通过实测确定），可由波速和传播时间测算出钢材的厚度。对于数字超声波测厚仪，厚度值会直接显示在显示屏上，如图 4-12。

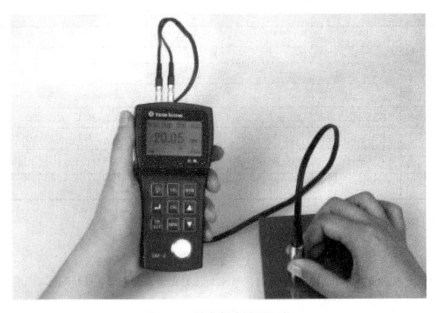

图 4-12　数字超声波测厚仪

4.2 钢结构安装过程的质量检查

4.2.1 钢构件的进场检验

钢构件进场检验

1. 钢结构材料进场要求

钢结构使用的钢材（图 4-13）、焊接材料、涂装材料和紧固件等应具有质量证明书，必须符合设计要求和现行标准的规定。进场的原材料，除必须有生产厂的质量证明书外，还应按照合同要求和现行有关规定在甲方、监理的见证下，进行现场见证取样、送样、检验和验收，做好检查记录，并向甲方和监理提供检验报告。

进场验收的检验批原则上应与各分项工程检验批一致，也可以根据工程规模及进料实际情况划分检验批。

钢材表面不许有结疤、裂纹、折叠和分层等缺陷；钢材端边或断口处不应有分层、夹渣。钢材表面的锈蚀深度，不超过其厚度负偏差值的 1/2，并应符合国家标准规定的 C 级及以上。严禁使用药皮脱落或焊芯生锈的焊条、受潮结块或已熔烧过的焊剂以及生锈的焊丝。

图 4-13 钢材

2. 钢材

（1）钢材、钢铸件的品种、规格、性能等应符合现行国家产品标准和设计要求。进口钢材产品的质量应符合设计和合同规定标准的要求。

（2）对属于下列情况之一的钢材，应进行抽样复验，其复验结果应符合现行国家产品标准和设计要求。

① 国外进口钢材；

② 钢材混批；

③ 板厚等于或大于 40 mm，且设计有 Z 向性能要求的厚板；

④ 建筑结构安全等级为一级，大跨度钢结构中主要受力构件所采用的钢材；

⑤ 设计有复验要求的钢材；

⑥ 对质量有疑义的钢材。

（3）钢板厚度及允许偏差应符合其产品标准的要求。

（4）型钢的规格尺寸及允许偏差应符合其产品标准的要求。每一品种、规格的型钢抽查5处。

（5）钢材的表面外观质量除应符合国家现有关标准的规定外，尚应符合下列规定：

① 当钢材的表面有锈蚀、麻点或划痕等缺陷时，其深度不得大于该钢材厚度负允许偏差值的1/2；

② 钢材表面的锈蚀等级应符合现行国家标准《涂装前钢材表面锈蚀等级和除锈等级》（GB 8923）规定的C级及C级以上；

③ 钢材端边或断口处不应有分层、夹渣等缺陷。

3. 焊接材料

（1）焊接材料的品种、规格、性能等应符合现行国家产品标准和设计要求。

（2）重要钢结构采用的焊接材料应进行抽样复验，复验结果应符合现行国家产品标准和设计要求。

（3）焊钉及焊接瓷环的规格、尺寸及偏差应符合现行国家标准《圆柱头焊钉》（GB 10433）中的规定；按量抽查1%，且不应少于10套。

（4）焊条（图4-14）外观不应有药皮脱落、焊芯生锈等缺陷，焊剂不应受潮结块，均应按量抽查1%，且不应少于10包。

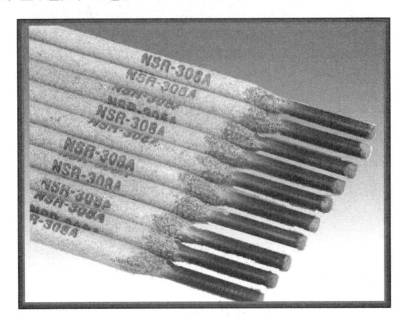

图 4-14 焊条

4. 连接用紧固标准件

（1）钢结构连接用高强度大六角头螺栓连接副（图4-15）、扭剪型高强度螺栓连接副、钢网架用高强度螺栓、普通螺栓、铆钉、自攻钉、拉铆钉、射钉、锚栓（机械型和化学试剂型）、地脚锚栓等紧固标准件及螺母、垫圈等标准配件，其品种、规格、性能等应符合现行国家产品标准和设计要求。

（2）高强度大六角头螺栓连接副和扭剪型高强度螺栓连接副出厂时应分别随箱带有扭矩系数和紧固轴力（预拉力）的检验报告。

图 4-15　高强度大六角头螺栓

（3）钢结构制作和安装单位应按现行国家标准《紧固件机械性能螺栓、螺钉和螺柱》（GB 3098）的规定分别进行高强度螺栓连接摩擦面的抗滑移系数试验和复验，现场处理的构件摩擦面应单独进行摩擦面抗滑移系数试验，其结果应符合设计要求。

（4）扭剪型高强度螺栓紧固预拉力和标准偏差符合表 4-19 规定。

表 4-19　扭剪型高强度螺栓紧固预拉力和标准偏差

螺栓直径/mm	16	20	22	24
紧固预拉力的平均值	99～120	154～186	191～231	222～270
标准偏差	10.1	15.7	19.5	22.7

（5）高强度螺栓连接副应按包装箱配套供货，包装箱上应标明批号、规格、数量及生产日期。螺栓、螺母、垫圈外观表面应涂油保护，不应出现生锈和沾染脏污，螺纹不应损伤。检查数量为按包装箱数抽查 5%，且不应少于 3 箱。

（6）建筑结构安全等级为一级，跨度 40 m 及以上的螺栓球节点钢网架结构，其连接高强度螺栓应进行表面硬度试验。8.8 级的高强度螺栓其硬度应为 21～29 HRC；10.9 级高强度螺栓其硬度应为 32～36 HRC，且不得有裂纹或损伤。按规格抽查 8 只。

5．焊接球

（1）焊接球（图 4-16）及制造焊接球所采用的原材料，其品种、规格、性能等应符合现行国家产品标准和设计要求。

（2）焊接球焊缝应进行无损检验，其质量应符合设计要求，当设计无要求时应符合本规范中规定的二级质量标准。每一规格按数量抽查 5%，且不应少于 3 个。

（3）焊接球直径、圆度、壁厚减薄量等尺寸及允许偏差应符合表 4-20 的规定，每一规格按数量抽查 5%，且不应少于 3 个。

图 4-16　焊接球

表 4-20　焊接球加工的允许偏差

项目	允许偏差
直径	±0.005 d　±2.5 mm
圆度	2.5 mm
壁厚减薄量	0.13 T，且不应大于 1.5 mm
两半球对口错边	1.0 mm

（4）焊接球表面应无明显波纹及局部凹凸不平不大于 1.5 m，每一规格按数量抽查 5%，且不应少于 3 个。

6．螺栓球

（1）螺栓球（图 4-17）及制造螺栓球节点所采用的原材料，其品种、规格、性能等应符合现行国家产品标准和设计要求。

（2）螺栓球不得不过烧、裂纹及褶皱。每种规格按数量抽查 5%，且不应少于 5 只。

（3）螺栓球螺纹尺寸应符合现行国家标准《普通螺纹基本尺寸》（GB 196）中粗牙螺纹的规定，螺纹公差必须符合现行国家标准《普通螺纹公差与配合》（GB 197）中 6H 级清度的规定。每种规格按数量抽查 5%，且不应少于 5 只。

（4）螺栓球直径、圆度、相邻两螺栓孔中心线来夹角等尺寸及允许偏差应符合规范的规定。每种规格按数量抽查 5%，且不应少于 3 只。

图 4-17　螺栓球

7. 封板、锥头和套筒

（1）封板、锥头和套筒及制造封板、锥头和套筒所采用的原材料，其品种、规格、性能等应符合现行国家产品标准和设计要求。

（2）封板、锥头、套筒外观不得有裂纹、过烧及氧化皮。每种规格按数量抽查 5%，且不应少于 10 只。

8. 金属压型板

（1）金属压型板（图 4-18）及制造金属压型板所采用的原材料，其品种、规格、性能等应符合现行国家产品标准和设计要求。

（2）压型金属泛水板、包角板和零配件的品种、规格以及防水密封材料的性能应符合现行国家产品标准和设计要求。

（3）压型金属板的规格尺寸及允许偏差、表面质量、涂层质量等应符合设计要求和本规范的规定。每种规格按数量抽查 5%，且不应少于 3 件。

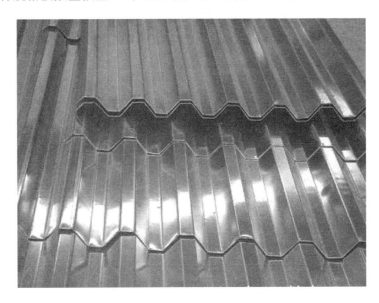

图 4-18　金属压型板

9. 涂装材料

（1）钢结构防腐涂料、稀释剂和固化剂等材料的品种、规格、性能等符合现行国家产品标准和设计要求。

（2）防腐涂料和防火涂料的型号、名称、颜色及有效期应与其质量证明文件相符。开启后，不应存在结皮、结块、凝胶等现象。每种规格按数量抽查 5%，且不应少于 3 桶。

10. 其他

（1）钢结构用橡胶垫的品种、规格、性能等应符合现行国家产品标准和设计要求。

（2）钢结构工程所涉及的其他特殊材料，其品种、规格、性能等应符合现行国家产品标准和设计要求。

4.2.2 构件吊装检验

1. 吊装前对钢构件的检查

钢构件吊装检验
及安装验收

钢构件制作的几何尺寸、焊接质量应符合设计要求及规范规定。铲除毛刺、焊渣，并将编号、安装中心线、安装轴线及安装方向用醒目色彩标注，线的两端尚应用样冲打出两个冲眼。

（1）钢柱预检：柱底面至牛腿面的距离，牛腿面到柱顶的距离，柱身的垂直、扭曲及矢高等应符合要求。柱脚螺栓的孔位、孔距、孔径与基础预埋的地脚螺栓位置、间距、直径应相符；牛腿面与吊车梁、柱与托架、柱与屋架、柱与柱间支撑等连接的孔位、孔径应相符。

（2）钢吊车梁预检：吊车梁端部支承板（或端部加劲肋）与腹板之间，腹板与上下翼缘之间应垂直，支承板与牛腿的接触面应平整吻合，螺孔的距离应正确。

（3）钢屋架预检：屋架端部的连接板应平正，支承面的螺孔距离应正确，屋架侧向挠曲、杆件变形不应超过规定值。具体要求如下：

① 置于柱顶上的屋架，支座板应平整，屋架中心线和螺孔的位置及孔径、孔距等应符合要求。

② 与柱侧面连接的屋架，端部连接板（或弦杆的角钢）与柱的连接板应吻合，孔径、孔距应一致。

③ 有天窗和檩条的屋架，天窗架和檩条与屋架的连接孔及孔位、孔距应吻合。

（4）托架预检：与柱连接的螺孔位置、孔径、孔距应正确，支承屋架的支承板应平整。

（5）连系构件预检：一般主要检查连系构件的编号、尺寸、连接处的螺孔、孔距等。

（6）钢构件经运输、就位后，应进行复检，如有变形损坏，应立即修复。

2. 定位轴线及水准点的复测

对基础施工单位或建设单位提供的定位轴线，应会同建设单位、监理单位、土建单位、基础施工单位及其他有关单位一起对定位轴线进行交接验线，做好记录，对定位轴线进行标记，并做好保护。

根据建设单位提供的水准点（二级以上），用水准仪进行闭合测量，并将水准点测设到附近建筑物不宜损坏的地方，也可测设到建筑物内部，但要保持视线畅通，同时应加以保护。

4.2.3 钢结构安装验收

钢结构主要构件安装质量的检查和验收应严格按照国家标准《钢结构工程施工质量验收规范》（GB 50205—2017）进行。

（1）凡在施工中用到的原材料都必须严格地按照规范进行全数检查，检查的方法是检查质量证明文件、中文标志及检验报告等。

（2）对钢构件的加工质量应检查项目为几何尺寸、连接板零件的位置和角度、螺栓孔的直径及位置、焊接质量外观、焊缝的坡口、摩擦面的质量、焊缝探伤报告，以及所有钢结构制作时的预检、自检文件等相关资料。

（3）在钢结构吊装完成后，应对钢柱的轴线位移、垂直度，钢梁、钢桁架、吊车梁的水平度、跨中垂直度，侧向弯曲、轨距等进行仔细的检查验收，并做好详细的检查验收记录。

（4）钢结构主体结构完成后，进行自检合格后，应由项目经理或技术总负责人提出，经监理单位、建设单位同意，邀请监理单位、建设单位、设计单位、质监单位及有关部门领导进行主体结构中间验收。

（5）钢结构工程质量验收标准。

① 单层钢结构中柱子允许偏差及检验方法见表4-21。

表 4-21　单层钢结构中柱子允许偏差及检验方法

项　目			允许偏差/mm	检查方法
柱脚底座中心线对定位轴线的偏移			5.0	用吊线和钢尺检查
柱基准点标高	有吊车梁		+3.0～-5.0	用水准仪检查
	无吊车梁		+5.0～-8.0	
柱子弯曲矢高			$H/1\ 200$，且$\leqslant 15.0$	用经纬仪或拉线和钢尺检查
柱轴线垂直度	单层柱	$H \leqslant 10\ m$	$H/1\ 000$	用经纬仪或吊线钢尺检查
		$H > 10\ m$	$H/1\ 000$，且$\leqslant 25.0$	
	多节柱	单节柱	$H/1\ 000$，且$\leqslant 10.0$	
		多节柱	35.0	

② 钢吊车梁安装允许偏差及检查方法见表4-22。

表 4-22　钢吊车梁安装允许偏差及检查方法

项　目		允许偏差/mm	检查方法
梁跨中垂直度		$h/500$	用吊线或钢尺检查
侧向弯曲矢高		$L/1\ 500$，且$\leqslant 10.0$	用拉线和钢尺检查
垂直上供矢高		10.0	
两端支座中心位移	安装在钢柱上时对牛腿中心的偏移	5.0	
	安装在混凝土柱子上时对定位轴线的偏移	5.0	
同跨间横截面吊车梁顶面高差	支座处	10.0	用经纬仪、水准仪和钢尺检查
	其他处	15.0	
同跨间同意横截面下挂式吊车梁底面高差		10.0	
同列相邻两柱间吊车梁高差		$L/1\ 500$，且$\leqslant 10.0$	用经纬仪、和钢尺检查
相邻两吊车梁接头部位	中心错位	3.0	用钢尺检查
	上承式顶面高	1.0	
	下承式底面高差	1.0	
同跨间任一截面的吊车梁中心跨距		±10.0	用经纬仪和光电测距仪检查，距离小时可用钢尺检查
轨道中心对吊车梁腹板轴线的偏移		$t/2$	用吊线和钢尺检查

（6）钢结构工程质量验收记录表格见表4-23～表4-25。

表 4-23　柱轴线垂直度

检测项目	检测部位	图纸及规范要求单位/mm	实测/mm	检测结果
柱轴线垂直度		$H/1\,000$ 且不大于 25.0		
		$H/1\,000$ 且不大于 25.0		
		$H/1\,000$ 且不大于 25.0		
检测工具				
检测规范	《钢结构现场检测技术标准》（T/CECS 1009—2022）			
抽样信息	抽样基数： 抽样数量：		检测类别	

表 4-24　梁跨中垂直度

检测项目	检测部位	图纸及规范要求单位/mm	实测/mm	检测结果
梁跨中垂直度		$h/250$ 且不应大于 15.0		
		$h/250$ 且不应大于 15.0		
		$h/250$ 且不应大于 15.0		
检测工具				
检测规范	《钢结构现场检测技术标准》（T/CECS 1009—2022）			
抽样信息	抽样基数： 抽样数量：		检测类别	

表 4-25　梁侧向弯曲矢高

检测项目	检测部位	图纸及规范要求单位/mm	实测/mm	检测结果
梁侧向弯曲矢高		$l/1\,000$ 且不大于 10.0		
		$l/1\,000$ 且不大于 10.0		
		$l/1\,000$ 且不大于 10.0		
检测工具				
检测规范	《钢结构现场检测技术标准》（T/CECS 1009—2022）			
抽样信息	抽样基数： 抽样数量：		检测类别	

4.3　钢结构实体检测

4.3.1　钢构件连接节点的检测

1. 焊缝检测

（1）主控项目。

①焊条、焊丝、焊剂、电渣焊熔嘴等焊接材料与母材的匹配应符合设计要求及国家现行行业标准《建筑钢结构焊接技术规程》（JGJ 81）的规定。焊条、焊剂、药芯焊丝、熔嘴等在

钢构件连接
节点的检测

使用前，应按其产品说明书及焊接工艺文件的规定进行烘焙和存放。

检查数量：全数检查。

检验方法：检查质量证明书和烘焙记录。

② 焊工必须经考试合格并取得合格证书。持证焊工必须在其考试合格项目及其认可范围内施焊。

检查数量：全数检查。

检验方法：检查焊工合格证及其认可范围、有效期。

③ 施工单位对其首次采用的钢材、焊接材料、焊接方法、焊后热处理等，应进行焊接工艺评定，并应根据评定报告确定焊接工艺。

检查数量：全数检查。

检验方法：检查焊接工艺评定报告。

④ 设计要求全焊透的一、二级焊缝应采用超声波探伤进行内部缺陷的检查见表4-26，超声波探伤不能对缺陷作出判断时，应采用射线探伤。

表 4-26　一、二级焊缝质量等级及缺陷分级

焊缝质量等级		一级	二级
内部缺陷超声波探伤	评定等级	Ⅱ	Ⅲ
	检验等级	B 级	B 级
	探伤比例	100%	20%
内部缺陷射线探伤	评定等级	Ⅱ	Ⅲ
	检验等级	AB 级	AB 级
	探伤比例	100%	20%

注：探伤比例的计算方法应按以下原则确定：① 对工厂制作焊缝，应按每条焊缝计算百分比，且探伤长度应不小于 200 mm，当焊缝长度不足 200 mm 时，应对整条焊缝进行探伤；② 对现场安装焊缝，应按同一类型、同一施焊条件的焊缝条数计算百分比，探伤长度应不小于 200 mm，并应不少于 1 条焊缝。

⑤ T 形接头、十字接头、角接接头等要求熔透的对接和角对接组合焊缝，其焊脚尺寸不应小于 $t/4$，见图 4-19（a）（b）（c）；设计有疲劳验算要求的吊车梁或类似构件的腹板与上翼缘连接焊缝的焊脚尺寸为 $t/2$，见图 4-19(d)，且不应大于 10 mm。焊脚尺寸的允偏差为 0 ~ 4 mm。

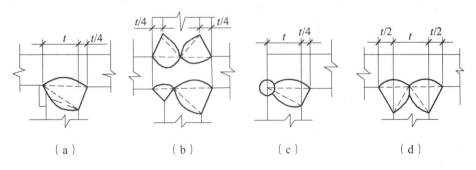

（a）　　　　　（b）　　　　　（c）　　　　　（d）

图 4-19　焊脚尺寸

检查数量：资料全数检查；同类焊缝抽查 10%，且不应少于 3 条。

检验方法：观察检查，用焊缝量规抽查测量。

⑥ 焊缝表面不得有裂纹、焊瘤等缺陷。一级、二级焊缝不得有表面气孔、夹渣、弧坑裂纹、电弧擦伤等缺陷，且一级焊缝不得有咬边、未焊满、根部收缩等缺陷。

检查数量：每批同类构件抽查 10%，且不应少于 3 件；被抽查构件中，每一类型焊缝按条数抽查 5%，且不应少于 1 条；每条检查 1 处，总抽查数不应少于 10 处。

检验方法：观察检查或使用放大镜、焊缝量规和钢尺检查，当存在疑义时，采用渗透或磁粉探伤检查。

（2）一般项目。

① 对于需要进行焊前预热或焊后热处理的焊缝，其预热温度或后热温度应符合国家现行有关标准的规定或通过工艺试验确定。预热区在焊道两侧，每侧宽度均应大于焊件厚度的 1.5 倍以上，且不应小于 100 mm；后热处理应在焊后立即进行，保温时间应根据板厚按每 25 mm 板厚 1 h 确定。

检查数量：全数检查。

检验方法：检查预、后热施工记录和工艺试验报告。

② 二级、三级焊缝外观质量标准应符合规定。三级对接焊缝应按二级焊缝标准进行外观质量检验。

检查数量：每批同类构件抽查 10%，且不应少于 3 件；被抽查构件中，每一类型焊缝按条数抽查 5%，且不应少于 1 条；每条检查 1 处，总抽查数不应少于 10 处。

检验方法：观察检查或使用放大镜、焊缝量规和钢尺检查。

③ 焊缝尺寸允许偏差应符合国家标准《钢结构工程施工质量验收规范》（GB 50205—2017）的附录 A 中表 A.0.2 的规定。

检查数量：每批同类构件抽查 10%，且不应少于 3 件；被抽查构件中，每种焊缝按条数各抽查 5%，但不应少于 1 条；每条检查 1 处，总抽查数不应少于 10 处。

检验方法：用焊缝量规检查。

④ 焊成凹形的角焊缝，焊缝金属与母材间应平缓过渡；加工成凹形的角焊缝，不得在其表面留下切痕。

检查数量：每批同类构件抽查 10%，且不应少于 3 件。

检验方法：观察检查。

⑤ 焊缝感观应达到：外形均匀、成型较好，焊道与焊道、焊道与基本金属间过渡较平滑，焊渣和飞溅物基本清除干净。

检查数量：每批同类构件抽查 10%，且不应少于 3 件；被抽查构件中，每种焊缝按数量各抽查 5%，总抽查处不应少于 5 处。

检验方法：观察检查。

2. 高强度螺栓连接节点检测

（1）主控项目。

① 一般规定。

a. 对钢结构高强度螺栓连接副终拧扭矩（以下简称"高强度螺栓终拧扭矩"）的检测，

应在终拧 1 h 之后、48 h 之内完成。检测人员在检测前，应了解工程使用的高强度螺栓的型号、规格、扭矩施加方式。

检查数量：按节点数抽查 10%，且不应少于 10 个；每个被抽查节点按螺栓数抽查 10%，且不应少于 2 个。

b. 扭剪型高强度螺栓连接副终拧后，除因构造原因无法使用专用扳手终拧掉梅花头者外，未在终拧中拧掉梅花头的螺栓数不应大于该节点螺栓数的 5%。对所有梅花头未拧掉的扭型高强度螺栓连接副应采用扭矩法或转角法进行终拧并做标记，进行终拧扭矩检查。

检查数量：按节点数抽查 10%，但不应少于 10 个节点，被抽查节点中梅花头未拧掉的扭剪型高强度螺栓连接副全数进行终拧扭矩检查。

② 检测设备。

扭矩扳手示值相对误差的绝对值不得大于测试扭矩值的 3%。扭矩扳手宜具有峰值保持功能。

应根据高强度螺栓的型号、规格，选择扭矩扳手的最大量程。工作值宜控制在被选用扳手的量限值 20% ~ 80%。

③ 检测技术。

在对高强度螺栓的终拧扭矩进行检测前，应清除螺栓及周边涂层。螺栓表面有锈蚀时，尚应进行除锈处理。在外观检查或敲击检查合格后进行。

检测时，施加的作用力应位于手柄尾端，用力要均匀、缓慢。扳手手柄上宜施加拉力。除有专用配套的加长柄或套管外，严禁在尾部加长柄或套管后，测定高强螺栓终拧扭矩。

高强螺栓终拧扭矩检测采用松扣-回扣法。先在扭矩扳手套筒和连接板上作一直线标记，然后反向将螺母拧松 60°，再用扭矩扳手将螺母拧回原来位置（即扭矩扳手套筒和连接板的标记又成一直线），读取此时的扭矩值。

扭矩扳手经使用后，应擦拭干净放入盒内。定力扳手使用后要注意将示值调节到最小值处，如扭矩扳手长时间未用，在使用前应先预加载 3 次，使内部工作机构被润滑油均匀润滑。

④ 检测结果的评价。

a. 高强度螺栓终拧扭矩检测结果宜在 $0.9T_c$ ~ $1.1T_c$（T_c 为高强度螺栓初终拧扭矩值）。

b. 敲击检查发现有松动的高强度螺栓，应直接将其判为不合格。

c. 对于高强度螺栓终拧扭矩过低者或不合格者，应进行补拧，使其达到相应的要求。

（2）一般项目。

① 高强度螺栓连接副终拧后，螺栓丝扣外露应为 2 ~ 3 扣，其中允许有 10%的螺栓丝扣外露 1 扣或 4 扣。

检查数量：按节点数抽查 5%，且不应少于 10 个。

检验方法：观察检查。

② 高强度螺栓连接摩擦面应保持干燥、整洁，不应有飞边、毛刺、焊接飞溅物、焊疤、氧化铁皮、污垢等，除设计要求外摩擦面不应涂漆。

检查数量：全数检查。

检验方法：观察检查。

③ 高强度螺栓应自由穿入螺栓孔。高强度螺栓孔不应采用气割扩孔，扩孔数量应征得设计同意，扩孔后的孔径不应超过 1.2 *d*（*d* 为螺栓直径）。

检查数量：被扩螺栓孔全数检查。

检验方法：观察检查及用卡尺检查。

3. 焊钉（栓钉）焊接检测

（1）主控项目。

① 施工单位对其采用的焊钉和钢材焊接应进行焊接工艺评定，其结果应符合设计要求和国家现行有关标准的规定。瓷环应按其产品说明书进行烘焙。

检查数量：全数检查。

检验方法：检查焊接工艺评定报告和烘焙记录。

② 焊钉焊接后应进行弯曲试验检查，其焊缝和热影响区不应有肉眼可见的裂纹。

检查数量：每批同类构件抽查 10%，且不应少于 10 件；被抽查构件中，每件检查焊钉数量的 1%，但不应少于 1 个。

检验方法：焊钉弯曲 30°后用角尺检查和观察检查。

（2）一般项目。

焊钉根部焊脚应均匀，焊脚立面的局部未熔合或不足 360°的焊脚应进行修补。

检查数量：按总焊钉数量抽查 1%，且不应少于 10 个。

检验方法：观察检查。

4. 普通紧固件连接检测

（1）主控项目。

① 普通螺栓作为永久性连接螺栓时，当设计有要求或对其质量有疑义时，应进行螺栓实物最小拉力载荷复验，试验方法见现行国家标准《紧固件机械性能螺栓、螺钉和螺柱》（GB 3098），其结果应符合现行国家标准《紧固件机械性能螺栓、螺钉和螺柱》GB 3098 的规定。

检查数量：每一规格螺栓抽查 8 个。

检验方法：检查螺栓实物复验报告。

② 连接薄钢板采用的自攻钉、拉铆钉、射钉等其规格尺寸应与被连接钢板相匹配，其间距、边距等应符合设计要求。

检查数量：按连接节点数抽查 1%，且不应少于 3 个。

检验方法：观察和尺量检查。

（2）一般项目。

① 永久性普通螺栓紧固应牢固、可靠，外露丝扣不应少于 2 扣。

检查数量：按连接节点数抽查 10%，且不应少于 3 个。

检验方法：观察和用小锤敲击检查。

② 自攻螺钉、钢拉铆钉、射钉等与连接钢板应紧固密贴，外观排列整齐。

检查数量：按连接节点数抽查 10%，且不应少于 3 个。

检验方法：观察或用小锤敲击检查。

4.3.2　涂层的检测

1. 防腐涂层厚度检测

（1）一般规定。

① 本小节适用于钢结构防腐涂层（油漆类）厚度的检测。对钢结构表面其他覆层（如珐琅、橡胶、塑料等）的厚度可参照本节的基本原则进行检测。

② 防腐涂层厚度的检测应在涂层干燥后进行。检测时构件表面不应有结露。

③ 每个构件检测 5 处，每处以 3 个相距不小于 50 mm 测点的平均值作为该处涂层厚度的代表值。以构件上所有测点的平均值作为该构件涂层厚度的代表值。测点部位的涂层应与钢材附着良好。

④ 使用涂层测厚仪检测时，宜避免电磁干扰（如焊接等）。

⑤ 防腐涂层厚度检测，应经外观检查无明显缺陷后进行。防火涂料不应有误涂、漏涂，涂层表面不应存在脱皮和返锈等缺陷，涂层应均匀、无明显皱皮、流坠、针眼和气泡等。

（2）检测设备。

涂层测厚仪的最大测量值不应小于 1 200 mm，最小分辨率不应大于 2 mm，示值相对误差不应大于 3%。

测试构件的曲率半径应符合仪器的使用要求。在弯曲试件的表面上测量，应考虑其对测试准确度的影响。

（3）检测步骤。

① 确定的检测位置应有代表性，在检测区域内分布宜均匀。检测前应清除测试点表面的防火涂层、灰尘、油污等。

② 检测前对仪器进行校准，根据具体情况可采用一点校准（校零值）、二点校准或基本校准，经校准后方可开始测试。

③ 应使用与试件基体金属具有相同性质的标准片对仪器进行校准；亦可用待涂覆试件进行校准。检测期间关机再开机后，应对设备重新校准。

④ 测试时，将探头与测点表面垂直接触，探头距试件边缘不宜小于 10 mm，并保持 1～2 s，读取仪器显示的测量值，对测试值进行打印或记录并依次进行测量。测点距试件边缘或内转角处的距离不宜小于 20 mm。

（4）检测结果的评价。

每处涂层厚度的代表值不应小于设计厚度的 85%，构件涂层厚度的代表值不应小于设计厚度。

当设计对涂层厚度无要求时，涂层干漆膜总厚度：室外应为 150 mm，室内应为 125 mm，其允许偏差为-25 mm。

2. 防火涂层厚度检测

（1）一般规定。

① 本小节适用于钢结构厚型防火涂层厚度检测。对于超薄型防火涂层厚度，可参照上一小节防腐涂层的方法进行检测。

② 防火涂层厚度的检测应在涂层干燥后方可进行。

③ 楼板和墙体的防火涂层厚度检测，可选两相邻纵、横轴线相交的面积为一个构件，在其对角线上，按每米长度选 1 个测点，每个构件不应少于 5 个测点。

④ 梁、柱及桁架杆件的防火涂层厚度检测，在构件长度内每隔 3 m 取一个截面，且每个构件不应少于两个截面进行检测。对梁、柱及桁架杆件的测试截面按图 4-20 布置测点。

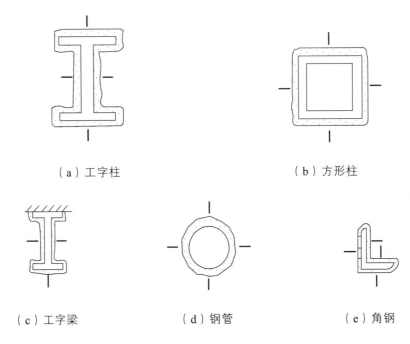

（a）工字柱　　　　　　　　　　　　（b）方形柱

（c）工字梁　　　　　（d）钢管　　　　　（e）角钢

图 4-20　测点示意

⑤ 以同一截面测点的平均值作为该截面涂层厚度的代表值，以构件所有测点厚度的平均值作为该构件防火涂层厚度的代表值。

⑥ 防火涂层厚度检测，应经外观检查无明显缺陷后进行。防火涂料不应有误涂、漏涂，涂层应闭合无脱层、空鼓、明显凹陷、粉化松散和浮浆等外观缺陷。当有乳突存在时，尚应剔除乳突后方可进行检测。

（2）检测量具。

对防火涂层的厚度可采用探针和卡尺检测，用于检测的卡尺尾部应有可外伸的窄片。测量设备的量程应大于被测防火涂层厚度。

检测设备的分辨率不应低于 0.5 mm。

（3）检测步骤。

① 检测前应清除测试点表面的灰尘、附着物等，并避开构件的连接部位。

② 在测点处，将仪器的探针或窄片垂直插入防火涂层直至钢材防腐涂层表面，记录标尺读数，测试值应精确到 0.5 mm。

③ 如探针不易插入防火涂层内部，可将防火涂层局部剥除的方法测量。剥除面积不宜大于 15 mm × 15 mm。

（4）检测结果的评价。

每个截面涂层厚度的代表值不应小于设计厚度的85%，构件涂层厚度的代表值不应小于设计厚度。

3. 检测数据记录

涂膜厚度检测记录表见表4-27。

表4-27　涂膜厚度检测

检测项目	检测部位	设计厚度/mm	允许偏差/mm	平均涂膜实测厚度/mm	检测结果
钢柱涂膜厚度			−25		
			−25		
			−25		
外观	无误涂、漏涂、脱皮、皱皮、流坠、返锈现象				
检测工具	TT 220涂膜厚度仪				
检测规范	《钢结构现场检测技术标准》（T/CECS 1009—2022）				
抽样信息	抽样基数： 抽样数量：		检测类别		
检测说明	本次检测，共取　　个测点，不合格测点为　　个				

4.3.3　钢结构变形检测

1. 一般规定

变形检测可分为结构整体垂直度、整体平面弯曲以及构件垂直度、弯曲变形、跨中挠度等内容。

在对钢结构或构件变形检测前，宜先清除饰面层（如涂层、浮锈）。如构件各测试点饰面层厚度基本一致，且不明显影响评定结果，可不清除饰面层。

2. 检测仪器

用于钢结构构件变形的测量仪器有水准仪、经纬仪、激光垂准仪和全站仪等。

用于钢结构构件变形的测量仪器和精度可参照现行行业标准《建筑变形测量规范》（JGJ 8）的要求，变形测量精度可按三级考虑。

3. 检测技术

变形检测的基本原则是利用设置基准直线，量测结构或构件的变形。

测量尺寸不大于6 m的构件变形，可用拉线、吊线锤等方法检测，具体操作如下：

① 测量构件弯曲变形时，从构件两端拉紧一根细钢丝或细线，然后测量跨中构件与拉线之间的距离，该数值即是构件的变形。

② 测量构件的垂直度时，从构件上端吊一线锤直至构件下端，当线锤处于静止状态后，测量吊锤中心与构件下端的距离，该数值即是构件的水平位移。

跨度大于 6 m 的钢构件挠度，宜采用全站仪或水准仪检测，具体操作如下：

① 钢构件挠度观测点应沿构件的轴线或边线布设，每一构件不得少于 3 点；

② 将全站仪或水准仪测得的两端和跨中的读数相比较，即可求得构件的跨中挠度；

③ 钢网架结构总拼完成及屋面工程完成后的挠度值检测，跨度 24 m 及以下钢网架结构测量下弦中央一点；跨度 24 m 以上钢网架结构测量下弦中央一点及各向下弦跨度的四等分点。

尺寸大于 6 m 的钢构件垂直度、侧向弯曲矢高以及钢结构整体垂直度与整体平面弯曲宜采用全站仪或经纬仪检测。可用计算测点间的相对位置差来计算垂直度或弯曲度，也可通过仪器引出基准线，放置量尺直接读取数值的方法。

当测量结构或构件垂直度时，仪器应架设在与倾斜方向成正交的方向线上距被测目标 1~2 倍目标高度的位置。

钢构件、钢结构安装主体垂直度检测，应测定钢构件、钢结构安装主体顶部相对于底部的水平位移与高差，分别计算垂直度及倾斜方向。

当用全站仪检测，现场光线不佳、扬尘、有震动时，应用其他仪器对全站仪的测量结果进行对比判断。

对既有建筑的整体垂直度检测，当发现测点超过规范要求时，宜进一步核实其是否由外饰面不平或结构施工时超标引起的。避免因外饰面不一致，而引起对结果的误判。

4．检测结果的评价

钢结构或构件变形应符合现行国家标准《钢结构设计规范》（GB 50017）、《钢结构现场检测技术标准》（T/CECS 1009）、《钢结构工程施工质量验收规范》（GB 50205）等的要求。

4.3.4 钢结构外形尺寸检测

钢结构外形尺寸检测结果按表 4-28、表 4-29 记录。

钢结构外形
尺寸检测

表 4-28　钢板厚度检测记录

检测项目	轴线	检测部位	设计厚度/mm	允许偏差/mm	实测平均厚度/mm	检测结果
钢柱/钢梁		翼缘		（+0.2，−0.5）		
		腹板		（+0.2，−0.5）		
		翼缘		（+0.2，−0.5）		
		腹板		（+0.2，−0.5）		
		翼缘		（+0.2，−0.5）		
		腹板		（+0.2，−0.5）		
检测工具	金属检测仪					
检测规范	《钢结构现场检测技术标准》（T/CECS 1009—2022）					
抽样信息	抽样基数： 抽样数量：			检测类别		
检测说明	本次检测，翼缘板共取　　个测点，不合格测点为　　个 本次检测，腹板共取　　个测点，不合格测点为　　个					

表 4-29　截面尺寸检测

检测项目	轴线	设计尺寸/mm	允许偏差/mm	实测/mm	抽检数	合格数	合格率
柱、梁截面尺寸			宽±3，高±2				
			宽±3，高±2				
			宽±3，高±2				
检测工具	钢卷尺						
检测规范	《钢结构现场检测技术标准》（T/CECS 1009—2022）						
抽样信息	抽样基数： 抽样数量：			检测类别			

4.3.5　钢结构动力检测

1. 一般规定

钢结构动力特性的检测即测试钢结构动力输入处和响应处的应变、位移、速度或加速度等时程信号，获取结构的自振频率、模态振型、阻尼等结构动力性能参数。

出现下列情况之一时，宜对钢结构动力特性进行检测：

（1）需要进行抗震、抗风、工作环境或其他激励下的动力响应计算的结构。

（2）需要通过动力参数进行结构损伤识别和故障诊断的结构。

（3）通过结构模型动力试验，对拟建结构的动态特性的预估和优化设计。

（4）在某种动外力作用下，某些部分动力响应过大的结构。

（5）其他需要获取结构动力性能参数的结构。

2. 仪器设备

根据被测参数选择合适的位移计、速度计、加速度计和应变计，使被测频率落在传感器的频率响应范围内。

测量前应预估测量参数的最大幅值，选择合适的传感器和动态信号测试仪的量程范围，提高输出信号的信噪比。

动态信号测试仪应具备低通滤波，低通滤波截止频率应小于采样频率的 0.4 倍，防止信号发生频率混淆。

动态信号测试系统的精度、分辨率、线型度、时漂等参数应符合相关规程的要求。

3. 检测技术

试验前应根据试验目的制订试验方案，必要的时候应进行计算。根据方案准备适合的信号测试系统。

结构动力性能检测可采用环境随机振动激励法。对于仅需获得结构基本模态的，可采用初始位移法、重物撞击法等方法，如结构模态密集或结构特别重要且条件许可，则可采用稳态正弦激振方法。对于大型复杂结构宜采用多点激励方法。对于单点激励法测试结果，必要时可采用多点激励法进行校核。

根据测试需求确定动态信号测试仪采样间隔和采样时长，同时采样频率应满足采样定理的基本要求。

确定传感器的安装方式，安装谐振频率要远高于测试频率。传感器安装位置应尽量避开振型节点和反节点处。

结构动力测试作业应保证不产生对结构性能有明显影响的损伤。试验时应避免环境及测试系统干扰。

进行动力检测时，还应制订安全保护措施，并满足相应设备操作安全规程和相关国家安全规程。

4.4 案例——某钢结构厂房检测方案

4.4.1 工程概况

某建筑物为单层双跨（17 m×2）门式刚架轻型钢结构房屋。建筑平面呈矩形，长度为72 m，宽度为34 m，层高为6.150 m，屋盖结构采用 C 型钢檩条、压型钢板（单板加岩棉保温）双坡顶屋面，基础为独立基础。由于该建筑物在施工过程中无现场监督及验收资料，为了确保该建筑物安全使用，某单位委托我单位对其可靠性鉴定。

4.4.2 检测标准

（1）《建筑工程质量验收统一标准》（GB 50300）；

（2）《建筑结构检测技术标准》（GB50344）

（3）《钢结构工程施工质量验收规范》（GB 50205）；

（4）《钢结构现场检测技术标准》（T/CECS 1009）；

（5）《钢焊缝手工超声波探伤方法和探伤结果分级》（GB/T 11345）；

（6）《钢结构防火涂料应用技术规程》（CECS 24）；

（7）《混凝土结构工程施工质量验收规范》（GB 50204）；

（8）《回弹法检测混凝土抗压强度技术规程》（JGJ/T 23）；

（9）《建筑变形量测规程》（JGJ 8）；

（10）《民用建筑可靠性鉴定标准》（GB 50292）；

（11）《建筑抗震鉴定标准》（GB 50023）；

（12）《建筑抗震设计规范》（GB 50011）；

（13）《钢结构设计规范》（GB 50017）；

（14）《混凝土结构设计规范》（GB 50010）；

（15）《建筑地基基础设计规范》（GB 50007）；

（16）《建筑结构荷载规范》（GB 50009）；

（17）委托单位提供的结构施工图纸一套。

4.4.3 检测仪器

（1）混凝土强度检测：采用山东乐陵仪器厂生产的 ZC3-A 混凝土回弹仪。

（2）钢筋配置检测：采用 PS200 钢筋探测仪。

（3）尺寸测量：采用测量仪器为 5 m 钢卷尺及游标卡尺。

（4）焊缝尺寸检测：焊缝检测尺。

（5）内部缺陷检测：CTS-9003 型超声波检测仪。

（6）钢材厚度检测：超声测厚仪。

（7）防腐涂层厚度检测：Danatronics EHC-09 超声波测厚仪。

（8）高强度螺栓终拧扭矩检测：扭矩扳手。

4.4.4　检测内容及方法

收集该建筑的相关施工资料，主要包括岩土勘察报告、设计图纸、施工日志及各种材料的检验合格证。

1. 钢结构原材料检验

（1）钢材力学性能检测。

根据《建筑结构检测技术标准》（GB/T 50344）的要求，对钢材的力学性能进行检测。

① 钢材的力学性能检验项目：屈服点、抗拉强度、伸长率、冷弯、冲击功等。

② 取样原则如下：

a. 工程有与结构同批的钢材时，将其加工成试件，进行钢材力学性能检验；

b. 工程没有与结构同批的钢材时，可在构件上截取试样，但应确保结构构件的安全。

③ 力学性能检验试件的取样数量、取样方法、试验方法和评定标准见表 4-31。

表 4-30　力学性能检验试件的取样数量、取样方法、试验方法和评定标准

检验项目	取样数量/（个/批）	取样方法	试验方法	评定标准
屈服点、抗拉强度、伸长率	1	《钢及钢产品 力学性能试验取样位置及试样制备》（GB 2975）	《金属材料 拉伸试验 第 1 部分：室温试验方法》（GB/T 228.1）	《碳素结构钢》（GB 700）；《低合金高强度结构钢》（GB/T 1591）；其他钢材产品标准
冷弯	1		《金属材料 弯曲试验方法》（GB/T 232）	
冲击功	3		《金属材料 夏比摆锤冲击试验方法》（GB/T 229）	

④ 钢材化学成分分析。

a. 分类：全成分分析、主要成分分析。

b. 取样：钢材化学成分的分析每批钢材可取一个试样；取样按《钢和铁化学成分测定用试样的取样和制样方法》（GB/T 20066）进行。

c. 试验：按《钢铁及合金化学分析方法》（GB 223）进行；

d. 评定：按相应产品标准进行评定。

⑤ 既有钢结构钢材的抗拉强度范围估算可采用表面硬度法检测：

a. 将构件测试部位用钢锉打磨构件表面，除去表面锈斑、油漆，然后应分别用粗、细砂纸打磨构件表面，直至露出金属光泽。

b. 按所用仪器的操作要求测定钢材表面的硬度。

c. 在测试时，构件及测试面不得有明显的颤动。

d. 按所建立的专用测强曲线换算钢材的强度，也可参考《黑色金属硬度及相关强度换算值》（GB/T 1172）等标准的规定确定钢材的换算抗拉强度，但测试仪器和检测操作应符合相应标准的规定，并应对标准提供的换算关系进行验证。

e. 应用表面硬度法检测钢结构钢材抗拉强度时，应有取样检验钢材抗拉强度的验证。

（2）钢材的物理分析

根据《建筑结构检测技术标准》（GB/T 50344）的要求，对钢材的物理性质进行检测分析。

2. 地基基础

（1）混凝土构件强度检测。

根据《建筑结构检测技术标准》（GB/T 50344）的要求，并考虑到检测现场的实际情况，在该工程基础梁部分抽取 1 道基础梁，采用回弹法对混凝土强度进行检测，并在有代表性区域内进行混凝土碳化深度检测。

（2）钢筋配置检测。

根据《建筑结构检测技术标准》（GB/T 50344）的要求，并考虑到检测现场的实际情况，在该工程基础梁部分抽取 1 道基础梁，采用钢筋扫描仪对混凝土内部钢筋数量、间距、保护层厚度进行检测。

（3）构件截面尺寸检测。

对该工程基础梁的实际截面尺寸进行测量。

3. 上部结构

（1）构件尺寸检测。

根据《钢结构工程施工质量验收规范》（GB 50205）的要求，并考虑到检测现场的实际情况，每一品种、规格的钢材抽检 5 处，采用游标卡尺检测钢构件截面尺寸。

钢构件尺寸的检测应符合下列规定：

① 抽样检测构件的数量，可根据具体情况确定，但不应少于建筑结构抽样检测的最小样本容量规定的相应检测类别的最小样本容量。

② 尺寸检测的范围，应检测所抽样构件的全部尺寸，每个尺寸在构件的 3 个部位量测，取 3 处测试值的平均值作为该尺寸的代表值。

③ 尺寸量测的方法，可按相关产品标准的规定量测，其中钢材的厚度可用超声测厚仪测定。

④ 构件尺寸偏差的评定指标，应按相应的产品标准确定。

⑤ 对检测批构件的重要尺寸，应按主控项目正常一次性抽样或主控项目正常二次性抽样进行检测批的合格判定；对检测批构件一般尺寸的判定，应按《钢结构工程施工质量验收规范》（GB 50205）中一般项目正常一次性抽样或一般项目正常二次性抽样进行检测批的合格判定。

⑥ 特殊部位或特殊情况下，应选择对构件安全性影响较大的部位或损伤有代表性的部位进行检测。

钢构件的尺寸偏差，应以设计图纸规定的尺寸为基准计算尺寸偏差；偏差的允许值，应按《钢结构工程施工质量验收规范》（GB 50205）确定。

钢构件安装偏差的检测项目和检测方法，应按《钢结构工程施工质量验收规范》（GB 50205）确定。

（2）构件变形检测。

根据《钢结构工程施工质量验收规范》（GB 50205）的要求，并考虑到检测现场的实际情况，对梁、柱等构件，先采用目测对构件变形检查，对于有异常情况或疑点的构件，对梁可在构件支点间拉紧一根铁丝或细线，然后测量给点的垂直度与平面外侧向变形，对柱的倾斜采用全站仪或铅垂进行测量，对柱的挠度可在构件支点间拉紧一根铁丝或细线进行测量。

（3）构件外观质量检测。

根据《钢结构工程施工质量验收规范》（GB 50205）的要求，并考虑到检测现场的实际情况，对所有钢结构构件采用目测并结合放大镜、焊缝检测尺对钢结构现场外观质量进行检测。钢材外观质量的检测可分为均匀性，是否有夹层、裂纹、非金属夹杂和明显的偏析等项目。当对钢材的质量有怀疑时，应对钢材原材料进行力学性能检验或化学成分分析。

① 对钢结构损伤的检测可分为裂纹、局部变形、锈蚀等。

② 钢材裂纹，可采用观察的方法和渗透法检测。采用渗透法检测时，应用砂轮和砂纸将检测部位的表面及其周围 20 mm 范围内打磨光滑，不得有氧化皮、焊渣、飞溅、污垢等；用清洗剂将打磨表面清洗干净，干燥后喷涂渗透剂，渗透时间不应少于 10 min；然后再用清洗剂将表面多余的渗透剂清除；最后喷涂显示剂，停留 10～30 min 后，观察是否有裂纹显示。

③ 杆件的弯曲变形和板件凹凸等变形情况，可用观察和尺量的方法检测，量测出变形的程度；变形评定，应按现行《钢结构工程施工质量验收规范》（GB 50205）的规定执行。

④ 螺栓和铆钉的松动或断裂，可采用观察或锤击的方法检测。

⑤ 结构构件的锈蚀，可按《涂装前钢材表面锈蚀等级和除锈等级》（GB 8923）确定锈蚀等级，对 D 级锈蚀，还应量测钢板厚度的削弱程度。

⑥ 钢结构构件的挠度、倾斜等变形与位移和基础沉降等，可分别参照标准的有关方法和相应标准规定的方法进行检测。

（4）内部缺陷的超声波检测。

根据《钢结构工程施工质量验收规范》（GB 50205）的要求，并考虑到检测现场的实际情况，在钢结构构件中对所有要求全焊透的一、二级焊缝采用手工法检测钢框架焊缝焊接质量，并检查焊缝表面有无气孔、夹渣、弧坑裂纹等缺陷。

对管材壁厚为 4～8 mm、曲率半径为 60～160 mm 的钢管对接焊缝与相贯节点焊缝进行检测时，应按照《钢结构超声波探伤及质量分级法》（JG/T 203）执行；

对管材厚度不小于 8 mm、曲率半径不小于 160 mm 的普通碳素钢和低合金钢对接全熔透焊缝进行 A 型脉冲反射式手工超声波的检测。

① 超声检测。

a. 检测前应对探测面进行打磨，清除焊渣、油垢及其他杂质，表面粗糙度不应超过 6.3 μm；

b. 根据构件的不同厚度，选择仪器时间基线水平、深度或声程的调节；

c. 当受检构件的表面耦合损失及材质衰减与试块不同时，宜考虑表面补偿或材质补偿；

d. 耦合剂应具有良好透声性和适宜流动性，不应对材料和人体有损伤作用，同时应便于检测后清理；

e. 探伤灵敏度不应低于评定线灵敏度。扫查速度不应大于 150 mm/s，相邻两次探头移动间隔应有探头宽度 10% 的重叠；

f. 对所有反射波幅超过定量线的缺陷，均应确定其位置、最大反射波幅所在区域和缺陷指示长度；

g. 在确定缺陷类型时，可将探头对准缺陷做平动和转动扫查，观察波形的相应变化，并结合操作者的工程经验，作出判断。

② 射线照相检测法。

可用于钢结构金属熔化焊对接接头的表面和内部缺陷的检测，应按照《金属熔化焊焊接接头射线照相》（GB/T 3323）的要求执行。射线照相检测应按照布设警戒线、表面质量检查、设标记带、布片、透照、暗室处理、缺陷的评定的步骤进行。在确定缺陷类型时，宜从多个方面分析射线照相的影像，并结合操作者的工程经验，作出判断。

③ 磁粉检测法。

可用于铁磁材料的表面和近表面缺陷的检测，不用于奥氏体不锈钢铝镁合金制品中的缺陷探伤检测。磁粉检测应按以下程序进行：

a. 进行磁粉检测前，应对受检部位表面进行干燥和清洁处理，用干净的棉纱擦净油污、锈斑；

b. 进行检测时，必须边磁化边向被检部位表面喷洒磁悬液，每次磁化时间为 0.5 ~ 1 s，磁悬液浇到工件表面后再通电 2 ~ 3 次；

c. 喷洒磁悬液时，应不断搅拌或摇动磁悬液，必须缓慢，用力轻且均匀，停止浇液后再通电 1 ~ 2 次；

d. 观察磁粉痕迹时现场光线应明亮，可用亮度较高的灯进行观察。当产生疑问时，应重新探测。

（5）高强度螺栓检测。

① 高强度螺栓连接摩擦面的抗滑移试验。

根据《钢结构工程施工质量验收规范》（GB 50205）的要求，并考虑到检测现场的实际情况，抽取 15 个构件对连接摩擦面的抗滑移进行检测。

② 高强度螺栓终拧扭矩检测。

根据《钢结构工程施工质量验收规范》（GB 50205）的要求，并考虑到检测现场的实际情况，采用扭矩扳手对钢结构高强度螺栓连接副终拧扭矩进行检测。

（6）化学植筋及化学锚栓拉拔力检测。

根据《混凝土结构后锚固技术规程》（JGJ 145）的要求，并考虑到检测现场的实际情况，分别随机抽取 15 根锚固钢筋及锚栓采用拉拔仪对拉拔力进行检测。

（7）钢材厚度检测。

根据《钢结构工程施工质量验收规范》（GB 50205）的要求，并考虑到检测现场的实际情况，采用超声测厚仪对钢材的厚度进行检测。

（8）防腐涂层厚度检测。

根据《钢结构工程施工质量验收规范》（GB 50205）的要求，并考虑到检测现场的实际情况，采用涂层测厚仪对防腐涂层厚度进行检测，并检查涂层厚度是否均匀，是否存在离析、坠流等现象。

（9）防火涂层厚度检测。

根据《钢结构工程施工质量验收规范》（GB 50205）的要求，并考虑到检测现场的实际情况，采用钢结构防火涂料涂层厚度测定方法检测钢构件表面涂层厚度是否满足设计要求，并检查涂层厚度是否均匀，是否存在离析、坠流等现象。

（10）检查围护结构是否完整，是否满足设计要求。

4. 设计复核

根据现场检测结果和国家有关规范以及原设计图纸对该建筑物进行承载力计算复核，若存在承载力不足等问题，提出处理意见。

5. 结构性能实荷检验与动测

（1）对于大型复杂钢结构体系可进行原位非破坏性实荷检验，直接检验结构性能。

（2）对结构或构件的承载力有疑义时，可进行原型或足尺模型荷载试验。试验应委托具有足够设备能力的专门机构进行。试验前应制定详细的试验方案，包括试验目的、试件的选取或制作、加载装置、测点布置和测试仪器、加载步骤以及试验结果的评定方法等。

（3）对于大型重要和新型钢结构体系，宜进行实际结构动力测试，确定结构自振周期等动力参数。

（4）钢结构杆件的应力，可根据实际条件选用电阻应变仪或其他有效的方法进行检测。

6. 工期安排

现场检测约3~5个工作日，数据整理、出具报告约3~5个工作日，共计约6~10个工作日。

7. 结论及建议

（1）该工程基础混凝土强度符合设计要求。
（2）钢梁的承载力满足要求。
（3）钢柱的承载能力满足要求。
（4）柱的长细比均满足要求。
（5）钢柱的稳定性均满足要求性。
（6）梁柱节点连接满足设计要求。
（7）结构的整体倾斜满足规范要求。

8. 检测数据分析与评定

数据处理前，应对记录的信号进行零点漂移、波形和信号起始相位的检验。

根据需要，可对记录的信号进行截断、去直流、积分、微分和数字滤波等信号预处理。

可根据激励方式和结构特点选择时域、频域方法或小波分析等信号处理方法。

采用频域方法进行数据处理时，根据信号类型宜选择不同的窗函数处理。

试验数据处理后，应根据需要提供试验结构的自振频率、阻尼比和振型以及动力反应最大幅值、时程曲线、频谱曲线等分析结果。

4.5 课程思政载体——创新实践之装配式钢结构应用

4.5.1 项目概况

柳州市莲花城保障性住房项目（图4-21）由广西建工集团第五建筑工程有限责任公司承建，为EPC设计+施工总承包模式。项目位于柳石路莲花城公交站旁，是广西首个装配式钢结构住宅工程，广西重点装配式示范项目。

创新实践之装配式钢结构应用

该项目建成后，可以提供1 412套住房，其中公租房708套，经济适用房 704 套,2018 年底即可完成交付,预计可以解决近 5 000 名中低收入家庭人员的住房问题。

图 4-21　柳州市莲花城保障性住房项目鸟瞰图

整个项目为 10 栋 6~23 层单体工程,1~5 栋为经济适用房,6~10 栋为公租房,地下室 1~2 层。总建筑面积约 13.7 万平方米,其中地下室 3.8 万平方米、地上 9.9 万平方米;主体结构采用扁钢管混凝土柱框架—支撑结构体系;楼盖采用钢-混凝土组合楼盖;内、外墙为硅镁轻质隔墙板;飘窗、卫生间沉箱为 PC 预制构件,钢结构总用钢量约 1 万吨。项目采用多项自主研发的新技术、新工艺。

图 4-22　项目施工建设中

4.5.2　工程亮点

莲花城保障性住宅是广西首个高层钢结构装配式住宅的试点项目,获得了诸多的研究成果。

1. 扁钢管混凝土柱框架—支撑结构体系

将钢柱、钢梁全隐藏于墙体内,从外表上看钢结构建筑与普通建筑无二。

2. 钢管柱施工工艺、梁柱节点——新型栓焊混合连接节点

在钢柱对接节点上,工程采用了新式固定塞焊安装法,这一施工方法的优点是施工现场

不再需要硬性支撑及缆风绳，同时在梁柱节点上采用新型栓焊混合连接节点。梁柱节点采用新型栓焊混合连接节点，特点是节点不需设置柱内横隔板，制作简单，柱内混凝土浇灌更方便，施工速度快。

　　钢结构建筑面临的一大关键考验就是防锈，为此工程严格把控除锈环节和梁柱防锈涂装质量，采用覆层测厚仪对梁柱防锈涂层进行严格控制，有效解决了钢结构建筑面临的这一关键难题。

图 4-23　新工艺新技术展示

3. 装配式钢筋桁架楼承板安装工艺

　　在安装前，设计人员首先通过 tekla 三维建模软件进行预铺装，利用预铺装对材料用量、预制要求、边模节点处理等提前掌握。之后根据楼承板铺设位置完成边模铺设、焊接角钢、绘制定位线、灌浆浇筑等步骤。值得一提的是，项目所用钢筋桁架楼承板是在公司装配式钢结构加工基地完成组装后运至施工现场吊运安装的，为此金属结构分公司引进首条钢筋桁架生产线，以高效率、自动化的钢筋桁架生产线替代了以往施工现场低效率、耗人力的钢筋绑扎作业。

图 4-24　样板间展示区

4. 内外墙体施工工艺

内外墙采用硅镁加气混凝土条形板。优点是高强，轻质，保温隔热，隔声，安装便捷，砌筑功效高、墙面平整美观，防火性能好，属环保材料。

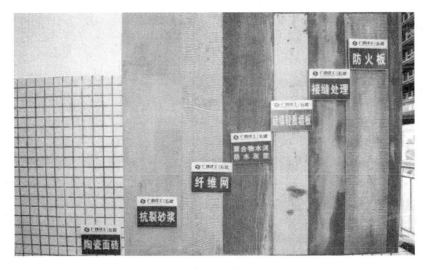

图 4-25 施工现场展示区

本案例采用了行业最前沿的装配式建筑技术，再加上合理的施工组织，实现了效率最大化。这种建造方式主要特点可以总结为"工厂制造、现场安装"，将建筑的部分或全部构件在工厂预制完成，然后运输到施工现场，将预制构件通过可靠的连接方式组装而建成。它具有设计标准化、生产工厂化、施工装配化、装修一体化、管理信息化等特征。根据建筑材料的不同，这种建筑结构又分为预制混凝土结构、钢结构和木结构以及混合结构等多种类型。本例中的建筑采用的是装配式钢结构。

4.5.3 思政元素融合点

装配式钢结构建筑体系因其质量轻、施工快、抗震性能好，已逐步取代传统建筑模式，成为新型建筑产业的重要组成部分。案例向我们展示了装配式钢结构在我国取得的成就。相较于传统建筑，装配式钢结构具有可回收、可循环利用的特点，在环保、节能等方面更具优势，符合绿色建筑和可持续发展的理念。钢结构建筑在地震、台风等自然灾害中具有较好的抗震性能，对于保障人民生命安全和财产安全具有重要作用，为建筑行业带来了新的发展机遇。钢结构建筑技术的不断创新，可以激发我们的创新意识和探索精神，培养我们的爱国情怀和社会责任感。

近年来中国建设取得了世界领先的成就，体现了中国人民的爱国主义精神。这一系列的成就都来自于科技的力量，体现了科技创新的精神。建设实施过程中需要各个部门、各个地区、各个行业之间的紧密协作和配合，体现了中国人民团结协作的精神。建设需要付出巨大的劳动和努力，中国的建设成就体现了中国人民艰苦奋斗的精神。在建设过程中，中国注重生态保护、节能减排，体现了绿色发展和共享发展理念。

4.6 实训项目——钢结构及焊缝无损检测（超声波检测）

4.6.1 适用范围

本作业指导书适用于钢结构焊缝内部缺陷的现场检测。

本作业指导书适用于母材厚度不小于 8 mm 的铁素体类全熔透焊缝脉冲反射法超声波检测。

4.6.2 执行标准

《焊缝无损检测超声检测技术、检测等级和评定》（GB/T 11345）

《钢结构现场检测技术标准》（T/CECS 1009）

《钢结构工程施工及验收规范》（GB 50205）

《焊缝无损检测超声检测验收等级》（GB/T 29712）

4.6.3 检测目的

检测钢结构焊缝是否满足《焊缝无损检测超声检测技术、检测等级和评定》（GB/T 11345）规范要求。

4.6.4 仪器设备

PUXT-330 全数字金属超声探伤仪、标准试块、探头、耦合剂。

4.6.5 试验检测过程

1. 抽查频率

设计要求全焊透的焊缝，其内部缺陷的检验应符合下列要求：

（1）一级焊缝应进行 100%的检验，其合格等级应为国家标准《焊缝无损检测超声检测技术、检测等级和评定》（GB/T 11345）B 级检验的Ⅰ级或Ⅰ级以上；

（2）二级焊缝应进行抽检，抽检比例应不少于 20%，其合格等级应为国家标准《焊缝无损检测超声检测技术、检测等级和评定》（GB/T 11345）B 级检验的Ⅱ级或Ⅱ级以上；

（3）全焊透的三级焊缝可不进行无损检测。

出现下列情况之一应进行表面检测：

（1）外观检查发现裂纹时，应对该批中同类焊缝进行 100%的表面检测；

（2）外观检查怀疑有裂纹时，应对怀疑的部位进行表面探伤；

（3）设计图纸规定进行表面探伤时；

（4）检查员认为有必要时。

2. 仪器操作

（1）试块。

试块应采用与被检工件相同或近似声学性能的材料制成。标准试块尺寸符合《焊缝无损检测超声检测技术、检测等级和评定》（GB/T 11345）的要求。标准试块：ⅡW 试块，CSK-ⅠA 试块，CSK-ⅡA 试块，CSK-ⅡA 试块等。

（2）距离-波幅曲线的绘制。

检测前，应对超声仪的主要技术指标（如斜探头入射点、斜率 K 值或角度）进行检查确认；应根据所测工件的尺寸调整仪器时基线，并绘制距离-波幅曲线（如图4-10）。

3．检测的方法要求

（1）检测面和检测范围的确定原则上应保证超声波扫查检测到工件被检部分的整个体积。如图4-26所示，采用直射波和一次反射波在焊缝双面（位置1和位置2）单侧进行扫查。

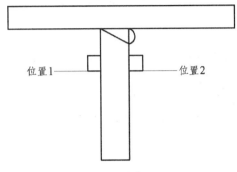

图4-26 探头位置

检测面应经检验人员外观检查合格，所有影响超声检测的锈蚀、飞溅和污物都应予以清除，其表面粗糙度（Ra）应小于或等于6.3 μm才符合检测要求。

（2）耦合剂：采用机油、浆糊、甘油和水等透声性好，且不损伤检测表面的耦合剂。

（3）扫查灵敏度：不低于测长线（比基准灵敏度高6 dB）。必要时可用基准灵敏度。

（4）探头的移动速度：不应超过150 mm/s。

（5）检测覆盖率：检测时，探头的每次扫查覆盖率应大于探头直径的15%。

（6）校准：校准应在标准试块上进行，校准中应使超声主声束垂直对准反射体的轴线，以获得稳定的和最大的反射信号。

（7）仪器和探头系统的复核。

① 复核时机：每次检测前均应对扫描线，灵敏度进行校核，遇有下述情况应随时对其进行重新核查：

a. 校准后的探头、耦合剂和仪器调节旋钮发生改变时；

b. 开路电压波动或者检测者怀疑灵敏度有改变时；

c. 连续工作4 h以上时；

d. 每日工作结束时。

② 扫描量程的复核。

如果距离-波幅曲线上任意一点在扫描线上的偏移超过扫描读数的10%，则扫描量程应予以修正，并在检测记录中加以说明。

③ 距离-波幅曲线的复核。

复核时，校准应不少于3点。如曲线上任何一点幅度下降2 dB，则应对上一次校准以来所有的检测结果进行复核；如幅度上升2 dB，则应对所有的记录信号进行重新评定。

（8）对接焊缝的检测。

① 为检测纵向缺陷，斜探头应垂直于焊缝中心线放置在检测面上，作锯齿形扫查，见图4-27。探头前后移动的范围应保证扫查到全部焊缝截面。在保持探头垂直焊缝作前后移动的同时，还应作10°～15°的左右转动。

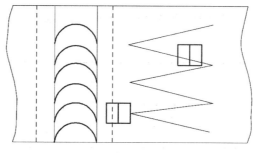

图 4-27 锯齿型检查

② 为确定缺陷的位置、方向和形状，观察缺陷动态波形和区分缺陷的真或伪信号，可采用前后、左右、转角环绕等 4 种探头基本扫查方式，见图 4-28。

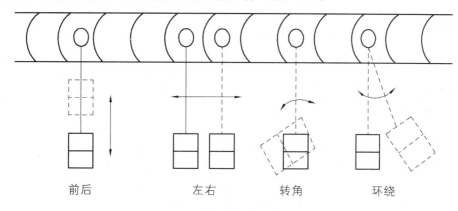

前后   左右   转角   环绕

图 4-28 4 种探头基本扫查方法

4. 数据处理

超过评定线的信号应注意其是否具有裂纹等危害性缺陷特征，如有怀疑时，应采取改变探头 K 值、增加探测面、观察动态波型并结合工件材质结构工艺特征等综合作判定，如对波型不能判断时，应辅以其他无损检测方法作综合判定。

（1）最大反射波幅度位于（图 4-10 中）Ⅱ区，缺陷指示长度小于 10 mm 时按 5 mm 计。相邻两缺陷在一直线上，其间距小于 8 mm 的缺陷长度时，应作为一条缺陷处理，以两缺陷长度之和作为其指示长度，但不包含间距。

（2）最大反射波幅不超过评定线（未达到Ⅰ区）的缺陷应评为Ⅰ级。

（3）最大反射波幅超过评定线，但低于定量线的非裂纹类缺陷应评为Ⅰ级。

（4）最大反射波幅超过评定线的缺陷，检测人员判定为裂纹等危害性缺陷时，无论其波幅和尺寸如何均评定为Ⅳ级。

（5）除了非危险性的点状缺陷外，最大反射波幅位于Ⅲ区的缺陷，无论其指示长度如何，均应评为Ⅳ级。

5. 检测原始记录

超声波法钢材及焊缝无损探伤检测原始记录表如表 4-31 所示。

表 4-31　钢材及焊缝无损检测试验记录表（超声法）

检测单位名称：　　　　　　　　　　　　　记录编号：

工程名称							
工程部位/用途							
样品信息							
试验检测日期			试验条件				
检测依据			判定依据				
主要仪器设备名称及编号							
检测类型			表面状况				
检测材质			检测比例				
合格级别			检验时机				
探测波形			探头型号				
探头 K 值			补偿				
探头扫查方式			耦合剂				

检测部位（焊缝编号）	检测长度/mm	规格/mm	检测结果				备注
			缺陷编号	深度/mm	指示长度/mm	评定级别	
附加声明：							

检测：　　　　　记录：　　　　　复核：　　　　　日期：　　　年　　　月　　　日

章 节 测 验

一、选择题

1. 每个尺寸在构件的（　　　）个部位量测，取平均值为该尺寸的代表值。

A. 2

B. 3

C. 4

D. 5

2. 超声探伤中试块的用途是：（　　　）。

A. 确定合适的探伤方法

B. 确定探伤灵敏度和评价缺陷大小

C. 检验仪器性能

D. 测试探头的性能

3. 我们常用超声探伤仪是（　　　）显示探伤仪。

A. A 型

B. B 型

C. C 型

D. D 型

4. 对有加强高的焊缝作斜平行扫查探测焊缝横向缺陷时，应（　　　）。

A. 保持灵敏度不变

B. 适当提高灵敏度

C. 增加 K 值探头探测

D. 以上 B 和 C

5. 普通螺栓作为永久性连接螺栓时，当设计有要求或对其质量有疑义时，应进行（　　　）。

A. 扭矩系数实验

B. 化学成分分析

C. 硬度实验

D. 螺栓实物最小拉力载荷实验

6. 未在终拧中拧掉梅花头的螺栓数不应大于节点螺栓数的（　　　）。

A. 1%

B. 2%

C. 5%

D. 10%

7. 高强度大六角头螺栓连接副终拧扭矩检测应在（　　　）的时间内进行。

A. 24 h 后

B. 1 h 后，48 h 内

C. 24 h 内

D. 2 h 后，48 h 内

8. 钢结构工程现场安装焊缝的探伤比例应按（　　　）计算百分比。

A. 同一类型、同一施焊条件的焊缝条数

B. 每条焊缝

C. 所有焊缝总条数

D. 以上都可以

9. 单层钢结构主体的整体垂直度允许偏差为（　　　）。

A. H/1 000，且不应大于 25 mm

B. H/2 000，且不应大于 25 mm

C. H/1 000，且不应大于 20 mm

D. H/2 000，且不应大于 20 mm

10. 钢网架焊接球节点承载力试验中，试验破坏载荷值应（　　　）。

A. 大于或等于 1.0 倍设计承载力

B. 大于或等于 1.2 倍设计承载力

C. 大于或等于 1.6 倍设计承载力

D. 大于或等于 2.0 倍设计承载力

11. GB 11345-89 规范中根据焊缝质量要求，检验等级分为 A、B、C 三级，其中等级最高，难度系数最大的是（　　　）级。

A. A

B. B

C. C

D. 都一样

二、判断题

1. 构件表面缺陷的检测常用超声检测法。（　　　）

2. 焊缝尺寸检测，应测定焊缝的实际有效长度及焊脚尺寸是否满足设计要求。（　　　）

3. 磁粉探伤的一般程序步骤为：预处理-施加磁粉-磁化-观察记录。（　　　）

4. 磁粉检测分为干法、中性、湿法三种。（　　　）

5. 紧固件检测以一个连接副为单位进行，一个连接副包括上下两个螺栓，两个螺母及垫圈。（　　　）

6. 超声波检验可对异型构件、角焊缝、T 型焊缝等复杂构件的检测，也可检测出缺陷在材料（工件）中的埋藏深度。（　　　）

7. 薄涂型防火涂料的涂层厚度 80% 及以上面积应符合有关耐火极限的设计要求。（　　　）

8. 钢结构焊缝超声波探伤 DAC 曲线是以 $\square 1 \times 6$ mm 标准反射体绘制的距离-波幅曲线。（　　　）

9. 焊接球无损检验中，每一规格应按数量抽查 10%。（　　　）

10. 高强度大六角头螺栓连接副扭矩系数试验中，每套连接副只应做一次试验，不得重复使用。（　　　）

三、简答题

1. 简述钢结构的检测内容。

2. 简述焊缝探伤中如何选择。

3. 吊装前对钢构件应做哪些检查？

木结构质量检测

情景导入

中国是最早应用木结构的国家之一。根据实践经验多采用梁、柱式的木构架，以扬木材受压和受弯之长，避其受拉和受剪之短，并获得良好的抗震性能，和结构自重轻、能建造高耸结构的优点。在木结构的细部制作方面，采用干燥的木材制作，并使结构的关键部位外露于空气之中，可防潮避免腐朽；在木柱下面设置础石，既避免木柱与地面接触受潮，又防止白蚁顺木柱上爬危害结构；在木材表面用较厚的油灰打底，然后刷油漆，除美化外，也兼有防腐、防虫和防火的功能。

木结构工程（图 5-1）虽没有钢筋混凝土结构和钢结构的使用范围广，但在我国建筑装配式产业化发展的热潮中，现代木结构建筑正以"设计标准化、生产工厂化、施工机械化、管理信息化"的科学转变与提升，成为了我国休闲地产、园林建筑的新宠。许多建筑、园林设计公司，已经将木结构建筑作为体现自然风格，增加商品附加值的首选。随着国外部分木结构生产、经营企业的进入，带来了新的工艺和设计理念，也极大地促进了国内木结构建筑行业的发展。一些国内起步较早的木结构制造商、防腐木生产企业也日渐壮大。随着我国休闲城市园林绿化建设的快速推进，加上人们对回归自然、提高生活品质的要求越来越高，国内木结构需求量将进一步增加。

随着木结构的不断发展，木结构工程的检测技术也随之发展，木结构工程检测施工单位、木加工厂应具备相应的资质和施工技术标准（或制造工艺标准）、健全的质量管理体系、质量检验制度和综合质量水平的考评制度。木结构子分部工程由方木和原木结构、胶合木结构及轻型木结构与木结构的防护组成，只有当分项工程都验收合格后，子分部方可通过验收。分项工程应在检验批验收合格后验收。检验批应根据结构类型、构件受力特征、连接件种类、截面形状和尺寸、所采用的树种和加工量划分。木结构工程应按下列规定控制施工质量：

（1）木结构工程采用的木材（含规格材、木基结构板材）、钢构件和连接件、胶合剂及层板胶合木构件、器具及设备应进行现场验收。凡涉及安全、功能的材料或产品应按本规范或相应的专业工程质量验收规范的规定复验，并应经监理工程师（建设单位技术负责人）检查认可。

（2）各工序应按施工技术标准控制质量，每道工序完成后，应进行检查。

（3）相关各专业工种之间，应进行交接检验，并形成记录。未经监理工程师（建设单位技术负责人）检查认可，不得进行下道工序施工。

图 5-1　木结构工程

学习目标

◇**知识目标**

（1）掌握各种木结构构件制作的验收要点；

（2）掌握木结构构件经常验收的内容、检查方法与质量验收标准；

（3）掌握木结构连接检测方法与质量验收标准。

◇**技能目标**

（1）能独立完成木结构构件的出厂质量验收和进场质量检测；

（2）能独立完成木结构连接质量检测。

◇**思政目标**

（1）通过对中国木结构建筑历史的自学，培养文化自信；

（2）培养规范操作意识；

（3）培养实事求是的态度；

（4）培养精益求精的工匠精神；

（5）培养科技报国的决心。

木结构构件
制作质量检测

5.1　木结构构件制作质量检测

　　木结构是以木材简单或主要受力，通过各种金属连接件或榫卯方式连接固定的结构，木屋盖的结构包括木屋框架、支撑系统、天花板、挂瓦条和屋面板等。根据木结构的连接方式和截面形状，分为带齿连接的原木或方木结构、带开口环的板式结构、齿板或钉连接的板材结构和胶合木结构。按结构形式一般分为轻型木结构和重型木结构，轻型木结构是由规范材料和木质结构板或石膏板制成的木框架墙、地板和屋顶系统组成的单层或多层建筑结构；重型木结构房屋是指以工程木制品和木材或原木为承重构件的大跨度梁柱结构。

5.1.1　方木和原木结构

　　方木和原木结构（图 5-2）包括齿连接的方木、板材或原木屋架，屋面木骨架及上弦横向支撑组成的木屋盖，支承在砖墙、砖柱或木柱上。

图 5-2　方木和原木构件

1. 木材缺陷检测

（1）方木和原木结构检测主控项目应根据木构件的受力情况，按表 5-1～表 5-3 的规定的等级检查方木、板材及原木构件的木材缺陷限值。

表 5-1　承重木结构方木材质标准

项次	缺陷名称	木材等级		
		Ⅰa	Ⅱa	Ⅲa
		受拉构件或拉弯构件	受弯构件或压弯构件	受压构件
1	腐朽	不允许	不允许	不允许
2	木节：在构件任一面任何 150 mm 长度上所有木节尺寸的总和，不得大于所在面宽的。	1/3（连接部位为 1/4）	2/5	1/2
3	斜纹：斜率不大于	5%	8%	12%
4	裂缝： ①在连接的受剪面上； ②在连接部位的受剪面附近，其裂缝深度（有对面裂缝时用两者之和）不得大于材宽的	不允许 1/4	不允许 1/3	不允许 不　限
5	髓心	应避开受剪面	不　限	不　限

注：①Ⅰa 等材不允许有死节，Ⅱa、Ⅲa 等材允许有死节（不包括发展中的腐节），对于Ⅱa 等材直径不应大于 20 mm，且每延米中不得多于 1 个，对于Ⅲa 等材直径不应大于 50 mm，每延米中不得多于 2 个。

②Ⅰa 等材不允许有虫眼，Ⅱa、Ⅲa 等材允许有表层的虫眼。

③木节尺寸按垂直于构件长度方向测量。木节表现为条状时，在条状的一面不量，直径小于 10 mm 的木节不计。

表 5-2   承重木结构板材材质标准

项次	缺 陷 名 称	木 材 等 级		
		Ⅰa	Ⅱa	Ⅲa
		受拉构件或拉弯构件	受弯构件或压弯构件	受压构件
1	腐朽	不允许	不允许	不允许
2	木节：在构件任一面任何 150 mm 长度上所有木节尺寸的总和，不得大于所在面宽的	1/4（连接部位为1/5）	1/3	2/5
3	斜纹：斜率不大于	5%	8%	12%
4	裂缝：连接部位的受剪面及其附近	不允许	不允许	不允许
5	髓心	不允许	不 限	不 限

注：同表 5-1 注。

表 5-3   承重木结构原木材质标准

项次	缺 陷 名 称	木 材 等 级		
		Ⅰa	Ⅱa	Ⅲa
		受拉构件或拉弯构件	受弯构件或压弯构件	受压构件
1	腐朽	不允许	不允许	不允许
2	木节： ①在构件任一面任何 150 mm 长度上沿圆周所有木节尺寸的总和，不得大于所测部位原来周长的 ②每个木节的最大尺寸，不得大于所测部位原木周长的	1/4 1/10（连接部位为1/12）	1/3 1/6	不 限 1/6
3	斜纹：斜率不大于	8%	12%	15%
4	裂缝： ①在连接的受剪面上 ②在连接部位的受剪面附近，其裂缝深度（有对面裂缝时用两者之和）不得大于原木直径的	不允许 1/4	不允许 1/3	不允许 不 限
5	髓心	应避开受剪面	不 限	不 限

注：①Ⅰa、Ⅱa 等材不允许有死节，Ⅲa 等材允许有死节（不包括发展中的腐朽节），直径不应原木直径的 1/5，且每 2 m 长度内不得多于 1 个。

②同表 5-1 注②。

③木节尺寸按垂直于构件长度方向测量。直径小于 10 mm 的木节不量。

（2）检查数量和方法。

检查数量：每检验批分别按不同受力的构件全数检查。

检查方法：用钢尺或量角器量测。

2. 木构件的含水率检查

方木和原木结构构件除了要检查方木、板材及原木构件的木材缺陷限值以外。还应检查木构件的含水率，检查要求如下：

检查数量：每检验批检查全部构件。

检查方法：按国家标准《木材物理力学试验方法》的规定测定木构件全截面的平均含水率。

合格标准：原木或方木结构应不大于 25%；板材结构及受拉构件的连接板应不大于 18%；通风条件较差的木构件应不大于 20%。其中木条中规定的含水率为木构件全截面的平均值。

3. 制作偏差

木构件制作完成后，必须检测其制作尺寸偏差，木桁架、木梁（含檩条）及木柱制作的允许偏差应符合表 5-4 的规定。

表 5-4　木桁架、梁、柱制作的允许偏差

项次	项　　目		允许偏差/mm	检　验　方　法
1	构件截面尺寸	方木构件高度、宽度	− 3	钢尺量
		板材厚度、宽度	− 2	
		原木构件梢径	− 5	
2	结构长度	长度不大于 15 m	±10	钢尺量桁架支座节点中心间距，梁、柱全长（高）
		长度大于 15 m	±15	
3	桁架高度	跨度不大于 15 m	±10	钢尺量脊节点中心与下弦中心距离
		跨度大于 15 m	±15	
4	受压或压弯构件纵向弯曲	方木构件	$L/500$	拉线钢尺量
		原木构件	$L/200$	
5	弦杆节点间距		±5	钢尺量
6	齿连接刻槽深度		±2	
7	支座节点受剪面	长　度	− 10	钢尺量
		宽度 方木	− 3	
		宽度 原木	− 4	
8	螺栓中心间距	进孔处	±0.2d	
		出孔处 垂直木纹方向	±0.5d 且不大于 4B/100	
		出孔处 顺木纹方向	±1d	
9	钉进孔处的中心间距		±1d	
10	桁架起拱		+ 20 − 10	以两支座节点下弦中心线为准，拉一水平线，用钢尺量跨中下弦中心线与拉线之间距离

注：d—螺栓或钉的直径；L—构件长度；B—板束总厚度。

5.1.2　胶合木结构

胶合木结构是指用胶粘方法将木料或木料与胶合板拼接成尺寸与形状符合要求而又具有整体木材效能的构件和结构。用于制作胶合木的组坯层板由经过干燥、分等分级和纵向指接接长的规格材组成。对于直线形胶合木，组坯层板的厚度通常为 35 ~ 50 mm；对于曲线形胶合木，组坯层板的厚度通常为 20 ~ 30 mm。图 5-3 是胶合木构件加工生产过程的示意图。

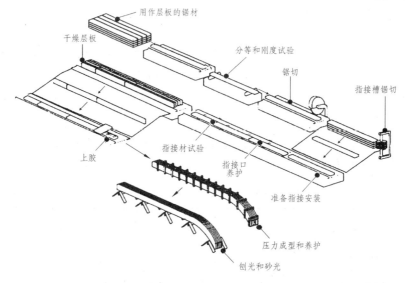

图 5-3　胶合木构件加工生产过程

1. 木材缺陷检测

胶合木构件（图 5-4）的制作检测应根据胶合木构件对层板目测等级的要求，按表 5-5 的规定检查木材缺陷的限值。检查数量应在层板接长前根据每一树种，截面尺寸按等级随机取样 100 片木板，用钢尺或量角器量测。

图 5-4　胶合木构件

表 5-5　层板材质标准

项次	缺陷名称	木材等级		
		Ⅰa	Ⅱa	Ⅲa
		受拉构件或拉弯构件	受弯构件或压弯构件	受压构件
1	腐朽，压损，严重的压应木，大量含树脂的木板，宽面上的漏刨	不允许	不允许	不允许
2	木节： ①突出于板面的木节； ②在层板较差的宽面任何 200 mm 长度上所有木节尺寸的总和不得大于构件面宽的	不允许 1/3	不允许 2/5	不允许 1/2
3	斜纹：斜率不大于	5%	8%	15%
4	裂缝： ①含树脂的振裂； ②窄面的裂缝（有对面裂缝时，用两者之和）深度不得大于构件面宽的； ③宽面上的裂缝（含劈裂、振裂）深 b/8，长 2 b，若贯穿板厚而平行于板连长 1/2	不允许 1/4 允许	不允许 1/3 允许	不允许 不限 允许
5	髓心	不允许	不限	不限
6	翘曲、顺弯或扭曲≤4/1 000，横弯≤2/1 000，树脂条纹宽≤b/12，长≤l/b，干树脂囊 3 mm，长<b，木板侧边漏刨长 3 mm，刀具撕伤木纹，变色但不变质，偶尔的小虫眼或分散的针孔状虫眼，最后加工能修整的微小损棱	允许	允许	允许

注：①木节是指活节、健康节、紧节、松节及节孔；
　　②b—木板（或拼合木板）的宽度；l—木板的长度；
　　③Ibt 级层板位于梁受拉区外层时在较差的宽面任何 200 mm 长度上所有木节尺寸的总和不得大于构件面宽的 1/4，在表面加工后距板边 13 mm 的范围内，不允许存在尺寸大于 10 mm 的木节及撕伤木纹；
　　④构件截面宽度方向由两块木板拼合时，应按拼合后的宽度定级。

表 5-6　边翘材横向翘曲的限值　　　　　　　　单位：mm

木板厚度	木板宽度		
	≤100	150	200
20	1.0	2.0	3.0
30	0.5	1.5	2.5
40	0	1.0	2.0
45	0	0	1.0

2. 胶缝检验

胶合木构件的胶缝应检验完整性，并应按照表 5-7 规定胶缝脱胶试验方法进行。对于每个树种、胶种、工艺过程至少应检验 5 个全截面试件。脱胶面积与试验方法及循环次数有关，每个试件的脱胶面积所占的百分率应小于表 5-8 所列限值。

表 5-7　胶缝脱胶试验方法

使用条件类别^①	1		2		3
胶的型号^②	Ⅰ	Ⅱ	Ⅰ	Ⅱ	Ⅰ
试验方法	A	C	A	C	A

注：①层板胶合木的使用条件根据气候环境分为 3 类：

Ⅰ类——空气温度达到 20℃，相对湿度每年有 2~3 周超过 65%，大部分软质树种木材的平均平衡含水率不超过 12%；

2 类——空气温度达到 20℃，相对湿度每年有 2~3 周超过 85%，大部分软质树种木材的平均平衡含水率不超过 20%；

3 类——导致木材的平均平衡含水率超过 20%的气候环境，或木材处于室外无遮盖的环境中。

②胶的型号有Ⅰ型和Ⅱ型两种：

Ⅰ型——可用于各类使用条件下的结构构件，当选用间苯二酚树脂胶或酚醛间苯二酚树脂胶时，结构构件温度应低于 85℃。

Ⅱ型——只能用于Ⅰ类或 2 类使用条件，结构构件温度应经常低于 50℃（可选用三聚氰胺脲醛树脂胶）。

表 5-8　胶缝脱胶率

试验方法	胶的型号	胶缝脱胶率		
		循环 1 次	循环 2 次	循环 3 次
A	Ⅰ		5%	10%
C	Ⅱ	10%		

对于每个工作班应从每个流程或每 10 m³ 的产品中随机抽取 1 个全截面试件，对胶缝完整性进行常规检验，并应按照表 5-9 规定胶缝完整性试验方法进行。结构胶的型号与使用条件应满足表 5-10 的要求。脱胶面积与试验方法及循环次数有关，每个试件的脱胶面积所占的百分率应小于表 5-8 和表 5-10 所列限值。

表 5-9　常规检验的胶缝完整性试验方法

使用条件类别^①	1	2	3
胶的型号^②	Ⅰ和Ⅱ	Ⅰ和Ⅱ	Ⅰ
试验方法	脱胶试验方法 C 或胶缝抗剪试验	脱胶试验方法 C 或脱缝抗剪试验	脱胶试验方法 A 或 B

注：同表 5-7 注。

表 5-10　胶缝脱胶率

试验方法	胶的类型	胶缝脱胶率	
		循环 1 次	循环 2 次
B	Ⅰ	4	8

注：每个全截面试件胶缝抗剪试验所求得的抗剪强度和木材破坏百分率应符合下列要求：

　①每条胶缝的抗剪强度平均值应不小于 6.0 MPa，对于针叶材和杨木当木材破坏达到 100% 时，其抗剪强度达到 4.0 MPa 也被认可。

　②与全截面试件平均抗剪强度相应的最小木材破坏百分率及与某些抗剪强度相应的木材破坏百分率列于表 5-11。

表 5-11　与抗剪强度相应的最小木材破坏百分率

	平均值			个别数值		
抗剪强度 f_v/（N/mm²）	6	8	11	4～6	6	10
最小木材破坏百分率	90%	70%	45%	100%	75%	20%

注：中间值可用插入法求得。

　　一般要求胶缝的抗剪和抗拉强度应不低于被胶合木材的强度，并具有良好的抗菌性和耐久性。对于胶的耐水性的要求，则按各种工程所处的不同条件，予以区别对待。如在经常受潮的结构中，应使用耐水性强的苯酚甲醛树脂胶或间苯二酚甲醛树脂胶；在室内有防潮的结构中，可采用价格低廉的脲醛树脂胶。

　　3. 指接范围内的木材缺陷和加工缺陷检查

　　指接范围内的木材缺陷和加工缺陷应按下列规定检查：

　　（1）不允许存在裂缝、涡纹及树脂条纹；

　　（2）木节距指端的净距不应小于木节直径的 3 倍；

　　（3）Ⅰc 和 Ⅰct 级木板不允许有缺指或坏指，Ⅱc 和 Ⅲc 级木板的缺指或坏指的宽度不得超过允许木节尺寸的 1/3。

　　（4）在指长范围内及离指根 75 mm 的距离内，允许存在钝棱或边缘缺损，但不得超过两个角，且任一角的钝棱面积不得大于木板截面面积的 1%。

　　检查时应在每个工作班的开始、结尾和生产过程中每间隔 4 h 各选取 1 块木板，用钢尺量和辨认。

　　4. 层板接长的指接弯曲强度检测

　　层板接长的指接弯曲强度检测应符合规定：

　　（1）见证试验：当新的指接生产线试运转或生产线发生显著的变化（包括指形接头更换剖面）时，应进行弯曲强度试验。试件应取生产中指接的最大截面。根据所用树种、指接几何尺寸、胶种、防腐剂或阻燃剂处理等不同的情况，分别取至少 30 个试件。

因木材缺陷引进破坏的试验结果应剔除，并进行补充试验，以取得至少 30 个有效试验数据，据此进行统计分析求得指接弯曲强度标准值 f_{mk}。

（2）常规试验：从一个生产工作班至少取 3 个试件，尽可能在工作班内按时间和截面尺寸均匀分布。从每一生产批料中至少选一个试件，试件的含水率应与生产的构件一致，并应在试件制成后 24 h 内进行试验。其他要求与见证试验相同。

常规试验合格的条件是 15 个有效指接试年的弯曲强度标准值大于等于 f_{mk}。

5.1.3　轻型木结构

轻型木结构（图 5-5）是由锚固在条形基础上，用规格材作墙骨，木基结构板材做面板的框架墙承重，支承规格材组合梁或层板胶合梁作主梁或屋脊梁，规格材作搁栅、椽条与木基结构板材构成的楼盖和屋盖，并加必要的剪力墙和支撑系统。

楼盖主梁或屋脊梁可采用结构复合木材梁，搁栅可采用预制工字形木搁栅，屋盖框架可采用齿板连接的轻型木屋架。这 3 种木制品必须是按照各自的工艺标准在专门的工厂制造，并经有资质的木结构检测机构检验合格。

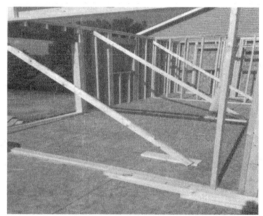

图 5-5　轻型木结构

1. 检测主控项目

（1）规格材的应力等级检验应满足下列要求：

① 对于每个树种、应力等级、规格尺寸至少应随机抽取 15 个足尺试件进行侧立受弯试验，测定抗弯强度。

② 根据全部试验数据统计分析后求得的抗弯强度设计值应符合规定。

（2）应根据设计要求的树种、等级按表 5-12 的规定检查规格材的材质和木材含水率（≤ 18%）。检查时每检验批随机取样 100 块，用钢尺或量角器测，按表 5-12 ~ 表 5-16 的规定测定规格材全截面的平均含水率，并对照规格材的标识。

表 5-12　轻型木结构用规格材材质标准

项次	缺陷名称	材质等级									
		Ⅰc				Ⅱc		Ⅲc			
1	振裂和干裂	允许个别长度不超过 600 mm，不贯通，如贯通，参见劈裂要求						贯通：600 mm 长 不贯通：900 mm 长或不超过 1/4 构件长			
2	漏刨	构件的 10%轻度漏刨[③]						轻度漏刨不超过构件的 5%，包含长达 600 mm 的散布漏刨[⑤]，或重度漏刨[④]			
3	劈裂	$b/6$						$1.5b$			
4	斜纹：斜率不大于	8%				10%		12%			
5	钝棱[⑥]	$h/4$ 和 $b/4$，全长或等效						$h/3$ 和 $b/3$，全长或等效，如果每边钝棱不超过 $2h/3$ 或 $b/2$、$L/4$			
6	针孔虫眼	每 25 mm 的节孔允许 48 个针孔虫眼，以最差材面为准									
7	大虫眼	每 25 mm 的节孔允许 12 个 6 mm 的大虫眼，以最差材面为准									
8	腐朽－材心[⑰]a	不允许						当 $h>40$ mm 时不允许，否则 $h/3$ 或 $b/3$			
9	腐朽－白腐[⑰]b	不允许						1/3 体积			
10	腐朽－蜂窝腐[⑰]c	不允许						1/6 材宽[⑬]－坚实[⑬]			
11	腐朽－局部片状腐[⑰]d	不允许						1/6 材宽[⑬⑭]			
12	腐朽－不健全材	不允许						最大尺寸 $b/12$ 和 50 mm 长，或等效的多个小尺寸[⑬]			
13	扭曲、横弯和顺弯[⑦]	1/2 中度						轻度			

项次	木节和节孔[⑯] 高度/mm	健全节、卷入节和均布节[⑧]		非健全节，松节和节孔[⑨]	健全节、卷入节和均布节		非健全节，松节和节孔[⑩]	任何木节		节孔[⑪]
		材边	材心		材边	材心		材边	材心	
14	40	10	10	10	13	13	13	16	16	16
	65	13	13	13	19	19	19	22	22	22
	90	19	22	19	25	38	25	32	51	32
	115	25	38	22	32	48	29	41	60	35
	140	29	48	25	38	57	32	48	73	38
	185	38	57	32	64	93	38	64	89	51
	235	48	67	32	64	93	38	83	108	64
	285	57	76	32	76	95	38	95	121	76

表 5-13　轻型木结构用规格材材质标准

项次	缺陷名称	材质等级			
		Ⅳc		Ⅴc	
1	振裂和干裂	贯通——$L/3$ 不贯通——全长 3 面振裂——$L/6$ 干裂无限制，贯通干裂参见劈裂要求		不费通——全长 贯通和三面振裂 $L/3$	
2	漏刨	散布漏刨伴有不超过构件 10% 的重度漏刨⑭		任何面的散布漏刨中，宽面含不超过 10% 的重度漏刨④	
3	劈裂	$b/6$		$2b$	
4	斜纹：斜率不大于	25%		25%	
5	钝棱⑥	$h/2$ 和 $b/2$，全长或等效不超过 $7h/8$ 或 $3b/4$，$L/4$		$h/3$ 和 $b/3$，全长或每个面等效，如果钝棱不超过 $h/2$ 或 $3b/4$，$\leq L/4$	
6	针孔虫眼	每 25 mm 的节孔允许 48 个针孔虫眼，以最差材面为准			
7	大虫眼	每 25 mm 的节孔允许 12 个 6 mm 的大虫眼，以最差材面为准			
8	腐朽－材心⑰ᵃ	1/3 截面⑬		1/3 截面⑮	
9	腐朽－白腐⑰ᵇ	无限制		无限制	
10	腐朽－蜂窝腐⑰ᶜ	100% 坚实		100% 坚实	
11	腐朽－局部片状腐⑰ᵈ	1/3 截面		1/3 截面	
12	腐朽－不健全材	1/3 截面，深入部分 1/6 长度⑮		1/3 截面，深入部分 1/6 长度⑮	
13	扭曲、横弯和顺弯⑦	中度		1/2 中度	
14	木节和节孔⑯ 高度（mm）	任何木节		节孔⑫	任何木节		节孔⑫

	材边	材心	节孔⑫	材边	材心	节孔⑫
40	19	19	19	19	19	19
65	32	32	32	32	32	32
90	44	64	44	44	64	38
115	57	76	48	57	76	44
140	70	95	51	70	95	51
185	89	114	64	89	114	64
235	114	140	76	114	140	76
285	140	165	89	140	165	89

表 5-14　轻型木结构用规格材材质标准

长度 /m	扭曲程度	高度/mm					
		40	65 和 90	115 和 140	185	235	285
1.2	极轻 轻度 中度 重度	1.6 3 5 6	3.2 6 10 13	5 10 13 19	6 13 19 25	8 16 22 32	10 19 29 38

长度/m	扭曲程度	高度/mm					
		40	65 和 90	115 和 140	185	235	285
1.8	极轻	2.4	5	8	10	11	14
	轻度	5	10	13	19	22	29
	中度	7	13	19	29	35	41
	重度	10	19	29	38	48	57
2.4	极轻	3.2	6	10	13	16	19
	轻度	6	5	19	25	32	38
	中度	10	19	29	38	48	57
	重度	13	25	38	51	64	76
3	极轻	4	8	11	16	19	24
	轻度	8	16	22	32	38	48
	中度	13	22	35	48	60	70
	重度	16	32	48	64	79	95
3.7	极轻	5	10	14	19	24	29
	轻度	10	19	29	38	48	57
	中度	14	29	41	57	70	86
	重度	19	38	57	76	95	114
4.3	极轻	6	11	16	22	27	33
	轻度	11	22	32	44	54	67
	中度	16	32	48	67	83	98
	重度	22	44	67	89	111	133
4.9	极轻	6	13	19	25	32	38
	轻度	13	25	38	51	64	76
	中度	19	38	57	76	95	114
	重度	25	51	76	102	127	152
5.5	极轻	8	14	21	29	37	43
	轻度	14	29	41	57	70	86
	中度	22	41	64	86	108	127
	重度	29	57	86	108	143	171
6.1	极轻	8	16	24	32	40	48
	轻度	16	32	48	64	79	95
	中度	25	48	70	95	117	143
	重度	32	64	95	127	159	191

注：①目测分等应考虑构件所有材面以及二端。表中 b——构件宽度，h——构件厚度，L——构件长度。

②除本注解中已说明，缺陷定义详见国家标准《锯材缺陷》（GB/T 4823—1995）。

③一系列深度不超过 1.6 mm 的漏刨，介于刨光的表面之间。

④全长深度为 3.2 mm 的漏刨（仅在宽面）。

⑤全面散布漏刨或局部有刨光面或全为糙面。

⑥离材端全面或部分占据材面的钝棱，当表面要求满足允许漏刨规定，窄面上损坏要求满

足允许节孔的规定（长度不超过同一等级允许最大节孔直径的二倍），钝棱的长度可为305 mm，每根构件允许出现一次。含有该缺陷的构件不得超过总数的5%。

⑦见表5-11和5-12，顺弯允许值是横弯的2倍。

⑧卷入节是指被树脂或树皮包围不与周围木材连生的木节，均布节是指在构件任何150 mm长度上所有木节尺寸的总和必须小于容许最大木节尺寸的2倍。

⑨每1.2 m有一个或数个小节孔，小节孔直径之和与单个节孔直径相等。非健全节是指腐朽节，但不包括发展中的腐朽节。

⑩每0.9 m有一个或数个小节孔，小节孔直径之和与单个节孔直径相等。

⑪每0.6 m有一个或数个小节孔，小节孔直径之和与单个节孔直径相等。

⑫每0.3 m有一个或数个小节孔，小节孔直径之和与单个节孔直径相等。

⑬仅允许厚度为40 mm。

⑭假如构件窄面均有局部片状腐，长度限制为节孔尺寸的二倍。

⑮不得破坏钉入边。

⑯节孔可以全部或部分贯通构件。除非特别说明，节孔的测量方法同节子。

⑰腐朽（不健全材）：

a. 材心腐朽是指某些树种沿髓心发展的局部腐朽，目测鉴定。心材腐朽存在于活树中，在被砍伐的木材中不会发展。

b. 白腐是指木材中白色或棕色的小壁孔或斑点，由白腐菌引起。白腐存在于活树中，在使用时不会发展。

c. 蜂窝腐与白腐相似，但囊孔更大。含有蜂窝腐的构件较未含蜂窝腐的构件不易腐朽。

d. 局部片状腐是柏树中槽状或壁孔状的区域。所有引起局部状腐的木腐菌在树砍伐后不再生长。

表5-15　规格材的允许扭曲值

长度/m	扭曲程度	高度/mm					
		40	65和90	115和140	185	235	285
1.2	极轻	1.6	3.2	5	6	8	10
	轻度	3	6	10	13	16	19
	中度	5	10	13	19	22	29
	重度	6	13	19	25	32	38
1.8	极轻	2.4	5	8	10	11	14
	轻度	5	10	13	19	22	29
	中度	7	13	19	29	35	41
	重度	10	19	29	38	48	57
2.4	极轻	3.2	6	10	13	16	19
	轻度	6	5	19	25	32	38
	中度	10	19	29	38	48	57
	重度	13	25	38	51	64	76
3	极轻	4	8	11	16	19	24
	轻度	8	16	22	32	38	48
	中度	13	22	35	48	60	70
	重度	16	32	48	64	79	95

长度/m	扭曲程度	高度/mm					
		40	65 和 90	115 和 140	185	235	285
3.7	极轻	5	10	14	19	24	29
	轻度	10	19	29	38	48	57
	中度	14	29	41	57	70	86
	重度	19	38	57	76	95	114
4.3	极轻	6	11	16	22	27	33
	轻度	11	22	32	44	54	67
	中度	16	32	48	67	83	98
	重度	22	44	67	89	111	133
4.9	极轻	6	13	19	25	32	38
	轻度	13	25	38	51	64	76
	中度	19	38	57	76	95	114
	重度	25	51	76	102	127	152
5.5	极轻	8	14	21	29	37	43
	轻度	14	29	41	57	70	86
	中度	22	41	64	86	108	127
	重度	29	57	86	108	143	171
6.1	极轻	8	16	24	32	40	48
	轻度	16	32	48	64	79	95
	中度	25	48	70	95	117	143
	重度	32	64	95	127	159	191

表 5-16 规格材的允许横弯值

长度/m	扭曲程度	高度/mm						
		40	65	90	115 和 140	185	235	285
1.2	极轻	3.2	3.2	3.2	3.2	1.6	1.6	1.6
	轻度	6	6	6	5	3.2	1.6	1.6
	中度	10	10	10	6	5	3.2	3.2
	重度	13	13	13	10	6	5	5
1.8	极轻	6	6	5	3.2	3.2	1.6	1.6
	轻度	10	10	10	8	6	5	3.2
	中度	13	13	13	10	10	6	5
	重度	19	19	19	16	13	10	6
2.4	极轻	10	8	6	5	5	3.2	3.2
	轻度	19	16	13	11	10	6	5
	中度	35	25	19	16	13	11	10
	重度	44	32	29	25	22	19	16

长度/m	扭曲程度	高度/mm						
		40	65	90	115 和 140	185	235	285
3	极轻	13	10	10	8	6	5	5
	轻度	25	19	17	16	13	11	10
	中度	38	29	25	25	21	19	14
	重度	51	38	35	32	29	25	21
3.7	极轻	16	13	11	10	8	6	5
	轻度	32	25	22	19	16	13	10
	中度	51	38	32	29	25	22	19
	重度	70	51	44	38	32	29	25
4.3	极轻	19	16	13	11	10	8	6
	轻度	41	32	25	22	19	16	13
	中度	64	48	38	35	29	25	22
	重度	83	64	51	44	38	32	29
4.9	极轻	25	19	16	13	11	10	8
	轻度	51	35	29	25	22	19	16
	中度	76	52	41	38	32	29	25
	重度	102	70	57	51	44	38	32
5.5	极轻	29	22	19	16	13	11	10
	轻度	57	38	35	32	25	22	19
	中度	86	57	52	48	38	32	29
	重度	114	76	70	64	51	44	38
6.1	极轻	29	22	19	16	13	11	10
	轻度	57	38	35	32	25	22	19
	中度	86	57	52	48	38	32	29
	重度	114	76	70	64	51	44	38
6.7	极轻	32	25	22	19	16	13	11
	轻度	64	44	41	38	32	25	22
	中度	95	67	62	57	48	38	32
	重度	127	89	83	76	64	51	44
7.3	极轻	38	29	25	22	19	16	13
	轻度	76	51	30	44	38	32	25
	中度	114	76	48	67	57	48	41
	重度	152	102	95	89	76	64	57

（3）用作楼面板或屋面板的木基结构板材应进行集中静载与冲击荷载试验和均布荷载试验，其结果应分别符合表 5-17 和表 5-18 的规定。此外，结构用胶合板每层单板所含的木材缺陷不应超过表 5-19 中的规定，并对照木基结构板材的标识。

表 5-17　木基结构板材在集中静载和冲击荷载作用下应控制的力学指标[①]

| 用途 | 标准跨度（最大允许跨度）/mm | 试验条件 | 冲击荷载/（N·m） | 最小极限荷载[②]/kN | | 0.89kN 集中静载作用下的最大挠度[③]/mm |
				集中静载	冲击后集中静载	
楼面板	400（410）	干态及湿态重新干燥	102	1.78	1.78	4.8
	500（500）	干态及湿态重新干燥	102	1.78	1.78	5.6
	600（610）	干态及湿态重新干燥	102	1.78	1.78	6.4
	800（820）	干态及湿态重新干燥	122	2.45	1.78	5.3
	1200（1220）	干态及湿态重新干燥	203	2.45	1.78	8.0
屋面板	400（410）	干态及湿态	102	1.78	1.33	11.1
	500（500）	干态及湿态	102	1.78	1.33	11.9
	600（610）	干态及湿态	102	1.78	1.33	12.7
	800（820）	干态及湿态	122	1.78	1.33	12.7
	1200（1220）	干态及湿态	203	1.78	1.33	12.7

注：①单个试验的指标。

②100%的试件应能承受表中规定的最小极限荷载值。

③至少 90%的试件的挠度不大于表中的规定值。在干态及湿态重新干燥试验条件下，楼面板在静载和冲击荷载后静载的挠度，对于屋面板只考虑静载的挠度，对于湿态试验条件下的屋面板，不考虑挠度指标。

表 5-18　木基结构板材在均布荷载作用下应控制的力学指标

| 用途 | 标准跨度（最大允许跨度）/mm | 试验条件 | 性能指标[①] | |
			最小极限荷载[②]/kPa	最大挠度[③]/mm
楼面板	400（410）	干态及湿态重新干燥	15.8	1.1
	500（500）	干态及湿态重新干燥	15.8	1.3
	600（610）	干态及湿态重新干燥	15.8	1.7
	800（820）	干态及湿态重新干燥	15.8	2.3
	1200（1220）	干态及湿态重新干燥	10.8	3.4
屋面板	400（410）	干态	7.2	1.7
	500（500）	干态	7.2	2.0
	600（610）	干态	7.2	2.5
	800（820）	干态	7.2	3.4
	1000（1020）	干态	7.2	4.4
	1200（1220）	干态	7.2	5.1

注：①单个试验的指标。

②100%的试件应能承受表中规定的最小极限荷载值。

③每批试件的平均挠度应不大于表中的规定值。4.79 kPa 均布荷载作用下的楼面最大挠度，或 1.68 kPa 均布荷载。作用下的屋面最大挠度。

表 5-19　结构胶合板每层单板的缺陷限值

缺陷特征	缺陷尺寸/mm
实心缺陷：木节	垂直木纹方向不得超过 76
空心缺陷：节孔或其他孔眼	垂直木纹方向不得超过 76
劈裂、离缝、缺损或钝棱	$l<400$，垂直木纹方向不得超过 40 $400≤l≤800$，垂直木纹方向不得超过 30 $l>800$，垂直木纹方向不得超过 25
上、下面板过窄或过短	沿板的某一侧边或某一端头不超过 4，其长度不超过板材的长度或宽度的一半
与上、下面板相邻的总板过窄或过短	$≤4×200$

注：l——缺陷长度。

2. 一般项目

本框架各种构件的钉连接、墙面板和屋面板与框架构件的钉连接及屋脊无支座时椽条与搁栅的钉连接均应符合设计要求。按检验批全数检验，用钢尺或游标卡尺量。

5.2　木结构构件进场质量检查与安装验收

装配式木结构构件进场检测项目应包括尺寸偏差、变形、裂缝、防腐防虫蛀、白蚁活体等内容，木构件典型截面缺陷分布示意如图 5-6 所示。

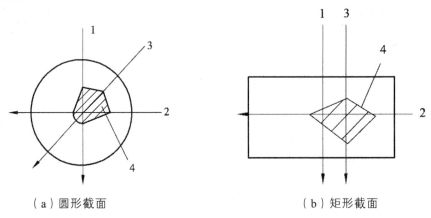

（a）圆形截面　　　　　　（b）矩形截面

1—检测方向 1；2—检测方向 2；3—检测方向 3；4—测定的腐朽虫蛀区。

图 5-6　木构件典型截面缺陷分布示意

5.2.1　木结构构件尺寸偏差检测

1. 检测内容和方法

木结构的尺寸与偏差可分为构件制作尺寸与偏差和构件的安装偏差。

木结构构件尺寸偏差的检测数量，当为木结构工程质量检测时，应按《木结构工程施工质量验收规范》的规定执行；当为既有木结构性能检测时，应根据实际情况确定，抽样检测时，抽样数量可按规定确定。

木结构构件尺寸与偏差，包括桁架、梁（含檩条）及柱的制作尺寸，应符合表 5-4 的规定。桁架、梁、柱等的安装的偏差、屋面木基层的尺寸等，应符合表 5-20 和 5-21 的规定。

5-20 木桁架、梁、柱安装的允许偏差

项目	项目	允许偏差/mm	检验方法
1	结构中心线的间距	+20	钢尺量
2	垂直度	$H/200$ 且不大于 15	吊线钢尺量
3	受压或压弯构件纵向弯曲	15	吊（拉）线钢尺量
4	支座轴线对支承面中心位移	$L/300$	钢尺量
5	支座标高	10 +5	用水准仪

注：H 为桁架、柱的高度；L 为构件长度。木桁架、梁、柱的安装偏差应在安装屋面木骨架之前进行，以便及时纠正。

5-21 屋面木骨架的安装允许偏差

项次	项目		允许偏差/mm	检验方法
1	檩条、椽条	方木截面	−2	钢尺量
		原木梢径	−5	钢尺量，椭圆时取大小径的平均值
		间距	−10	钢尺量
		方木上表面平直	4	沿坡拉线钢尺量
		原木上表面平直	7	
2	油毡搭接宽度		−10	钢尺量
3	挂瓦条间距		±5	
4	封山、封檐板平直	下边缘	5	拉 10 m 线，不足 10 m 拉通线钢尺量
		表面	8	

检查时首先应检查支撑设置是否完整和檩条与上弦的连接。当采用上斜杆时应重点检查斜杆与上弦杆的螺栓连接；当采用圆钢斜杆时，应重点检查斜杆是否已用套筒张紧。对于抗震设防地区，檩条与弦必须用螺栓连接。

2. 检测要求

（1）单个木构件截面尺寸其偏差检测应符合下列规定：

① 对于等截面构件和截面尺寸均匀变化的变截面构件，应分别在构件的中部和两端量取截面尺寸；对于其他变截面构件，应选取构件端部、截面突变的位置量取截面尺寸。

② 应将每个测点的尺寸实测值与设计图纸规定的尺寸进行比较,计算每个测点尺寸偏差值。

③ 应将构件尺寸的实测值作为该构件截面尺寸的代表值。

（2）批量构件截面尺寸及其偏差的检测应符合下列规定:

① 将同一楼层、结构缝或施工段中设计截面尺寸相同的同类型构件划分为同一检验批。

② 在检验批中随机选取构件,抽样数量应符合现行国家标准《建筑结构检测技术标准》（GB/T 50344）的规定。

③ 按照单个构件的检测要求对每个受检构件进行检测。

（3）对于跨度较大的木构件检测其尺寸及其偏差时,可采用水准仪或全站仪等仪器测量。

5.2.2　木结构构件变形检测

木结构构件的变形主要表现为:当屋面檩条变形较大时,屋面会产生波浪式变形;木梁变形较大时,顶棚下垂,抹灰顶棚会多处出现裂缝;木屋架变形较大时,杆件弯曲、节点松动等,较大的变形往往是木结构病害的综合反映。木构件的变形速度随着时间推移在正常情况下是越来越慢。如变形突然增大或增加速度越来越大,则属异常现象,往往是由于结构中产生了局部破坏的隐患,是结构进一步破坏的预兆。

造成木构件变形的主要原因有:设计时忽视了刚度验算,强度满足了设计要求,但挠度超过了容许值;施工时材料代用不当;正放方标条改为斜放而没有相应加大截面;制作、安装偏差过大;使用过程中随意增加荷载等。木结构变形检测可分结构整体垂直度、构件垂直度、弯曲变形、跨中挠度等项目。在对木结构或构件变形检测前,宜先清除饰面层;当构件各测试点饰面层厚度接近,且不影响评定结果,可不清除饰面层。

5.2.3　木结构构件裂缝检测

1. 裂缝宽度检测

木构件裂缝宽度可采用塞尺和微钻阻力仪检测,并符合下列规定:

（1）当木构件裂缝处在外表面部位,裂缝宽度可直接采用塞尺或直尺进行测量;

（2）当木构件裂缝处在隐蔽或不利操作检查部位,裂缝宽度宜采用微钻阻力仪进行检测,精确至 0.01 mm。

2. 裂缝深度检测

木构件裂缝深度可采用直尺和超声波法检测,并符合下列规定:

（1）当木构件裂缝处在外表面部位可用钢尺量测;

（2）当木构件裂缝处在隐蔽或不利操作检查部位,裂缝深度宜采用超声波法测试;

（3）采用超声波法测裂缝深度时,被测裂缝不得有积水和泥浆等。

3. 裂缝长度检测

构件裂缝长度可用钢尺或卷尺量测。

5.2.4　木结构构件腐朽、虫蛀检测

腐朽和虫蛀的检查和检测应重点检查埋入墙内或长期接触潮湿和遭受雨水淋泡的柱根、木柁、木屋架的端头、檩头、椽头等部位。对某些重要、隐蔽的木结构构件,必要时应根据

其腐朽的可能性，较大范围地拆开隐蔽构造，作彻底的暴露检查。腐朽和虫蛀检查和检测的主要方法如下：

（1）经验判断法：对于隐蔽构件，可根据结构类型、使用年限、周边环境等情况，综合判定木构件腐朽或虫蛀程度。虫蛀的检查和检测，还可根据构件附近是否有木屑等进行初步判定。

（2）表面剔除检查法：观察木结构构件表面状况，若出现腐朽，先用测量尺量测腐朽的范围，再用剔凿工具除去腐朽层，测量腐朽深度。

（3）敲击刺探法：用铁锤轻敲被检查的构件，通过发出的声音初步判断木材内部是否存在腐朽或蛀蚀，然后再结合其他的检查和检测方法确定。对柱根、柁、檩、椽头等部位的腐朽程度可采用钢钎刺探的方法进行检测，根据刺入深度判断木材的腐朽程度。

（4）钻孔检查法：用木（电）钻钻入木材的可疑部位，用内窥镜或探针进行测定。此法容易造成构件断面减弱，影响构件承载能力，应慎用。

（5）仪器检测法：用应力波和阻抗仪技术检测木材的内部状况，判断木材内部腐朽、虫蛀、白蚁危害程度。

采用木材阻抗仪对木构件疑似缺陷区进行检测时，其步骤应符合下列规定：

（1）检测前应先去除木构件表面的装饰层，使木材待测表面外露，同时探针路径应避开金属连接件等其他材质区域；

（2）检测过程中应保持仪器的稳定性，当探针到达预定钻深后应停止操作，并按住反向按钮后，方可再启动仪器将探针完全拔出；

（3）木材检测宜在垂直于木构件的长度方向进行，检测过程中应保证探针始终处于木材待检平面内，同时保持探针进入木材的角度不变；

（4）对木构件中贴近楼面、地面等不易进行垂直于构件长度方向检测的部位，可在木材阻抗仪端部安装45°钻孔适配器进行斜向检测；

（5）对矩形和圆形截面木材，应选择相互垂直且通过截面中心的两个方向进行检测；

（6）当木构件截面或缺陷形状显著不规则时，应适当增加探针路径以更准确地判断木材内部质量状况，但探针路径总数不宜超过4条；

（7）木材阻抗仪检测完成后，应在测孔处及时灌入木结构用胶封堵密实。

采用木材阻抗仪对木构件疑似缺陷区检测完成后，应根据同一截面获取的多条阻抗曲线进行木材质量综合分析，并应绘制该截面的木材缺陷分布图，分布图样式应符合图5-6的规定。当被测木构件有多个检测截面时，应分别绘制各截面的木材缺陷分布图，并应综合评定木材内部缺陷。

5.2.5 木结构构件白蚁活体检测

木结构白蚁活体检测可采用温度检测、湿度检测和雷达检测等方法，检测发现下列情况之一时，判断有白蚁：

（1）温度检测时，温差变化幅度在2°~3°；

（2）湿度检测时，湿度变化在10%~30%；

（3）雷达检测时，振动图谱波动幅度大于2 gain。

5.3 木结构连接检测

木结构施工过程质量检测主要是连接检测（图5-7），连接检测应包括螺栓连接、齿连接、榫卯连接、植筋连接和金属连接件连接等内容。

木结构连接检测

图 5-7　木结构连接

5.3.1　螺栓连接检测

1. 普通螺栓连接

普通螺栓连接应符合下列规定：

（1）螺栓孔径不应大于螺栓杆直径1 mm，也不应小于或等于螺栓杆直径。

（2）螺帽下应设钢垫板，其规格除应符合设计文件的规定外，厚度不应小于螺杆直径的3%。方形垫板的边长不应小于螺杆直径的3.5倍，圆形垫板的直径不应小于螺杆直径的4倍，螺帽拧紧后螺栓外露长度不应小于螺杆直径的80%。螺纹段残留在木构件内的长度不应大于螺杆直径的1.0倍。

（3）连接件与被连接件间的接触面应平整，拧紧螺帽后局部缝隙宽度不应超过1 mm。

（4）检测数量应按照检验批全数检测。

2. 高强度螺栓连接检测

高强度螺栓副终拧后，螺栓丝扣外露应为2~3扣，其中允许有10%的螺栓丝扣外露1扣或4扣。观察检查时，数量应按照节点数抽查10%，且不应小于10个。

螺栓连接的检测结果应符合现行国家标准《木结构工程施工质量验收规范》（GB 50206—2012）、《木结构设计标准》（GB 50005—2017）以及《胶合木结构技术规范》（GB/T 50708—2012）的规定。

5.3.2　齿连接检测

（1）齿连接应符合下列规定：

① 除应符合设计文件的规定外，承压面应与压杆的轴线垂直。单齿连接压杆轴线应通过承压面中心；双齿连接，第一齿顶点应位于上、下弦杆上边缘的交点处，第二齿顶点应位于上弦杆轴线与下弦杆上边缘的交点处，第二齿承压面应比第一齿承压面至少深20 mm。

② 承压面应平整，局部隙缝不应超过 1 mm，非承压面应留外口约 5 mm 的楔形缝隙。

③ 桁架支座处齿连接的保险螺栓应垂直于上弦杆轴线，木腹杆与上、下弦杆间应有扒钉扣紧。

④ 桁架端支座垫木的中心线，方木桁架应通过上、下弦杆净截面中心线的交点；原木桁架则应通过上、下弦杆毛截面中心线的交点。

（2）齿连接检测可采用目测、丈量检测等方法，检测数量应按照检验批全数检测。

5.3.3　榫卯连接完整性检查

（1）榫卯连接应进行完整性检查并记录，检查应包括下列内容：

① 腐朽、虫蛀；

② 榫头可见部位存在裂缝、折断、残缺；

③ 卯口周边劈裂；

④ 节点松动。

（2）榫卯连接拔榫量测量应符合下列规定：

① 构件各表皮拔榫量不一致时，应取大值；

② 柱与梁、枋（檩）之间脱榫率临界值应符合表 5-22 的规定。

表 5-22　榫卯脱榫率临界值

结构形式	抬梁式	穿斗式	设防烈度为 8 度/9 度时
脱榫率	0.4	0.5	0.25

（3）榫卯间隙测量应符合下列规定：

① 应采用楔形塞尺测量榫头与卯口之间各边的空隙尺寸。斗拱构件的榫卯间隙允许偏差为 1 mm，其他榫卯节点的允许间隙应符合表 5-23 的规定；

② 对于榫卯无空隙处，应检查并记录是否存在局压破坏（局部凹陷、木纤维发生褶皱、局部纤维剪断等情形）；

③ 应检测榫卯倾斜转角与主构件倾斜转角是否一致，如不一致应补充检查榫头是否有折断点。

（4）应测量榫头或卯口处的压缩变形，横纹压缩变形量不应超过 4 mm。

表 5-23　榫卯结构节点的间隙允许偏差

柱径/mm	<200	200～300	300～500	>500
允许偏差/mm	3	4	6	8

5.3.4　木结构植筋连接检测

木结构植筋连接应进行现场抗拔承载力检测，并应符合下列规定：

（1）植筋抗拔承载力现场非破坏性检验可采用随机抽样办法取样；

（2）同规格、同型号、基本部位相同的锚栓组成一个检验批。抽取数量按每批植筋总数的 1‰计算，且不少于 3 根。

5.3.5 金属连接件连接的检测

金属连接件连接的检测应符合下列规定：

（1）应对各种金属连接件的类别、规格尺寸、数量等进行全面检测，并应符合设计文件的规定；

（2）应对金属连接件的安装位置和方法、安装偏差、变形、松动以及金属齿板的板齿拔出等进行全面检测，可采用观察法或用卡尺进行测量，并应符合设计文件和现行国家标准《木结构工程施工质量验收规范》（GB 50206—2012）的规定；

（3）应对连接处木构件之间的缝隙，以及连接处木构件受压抵支承面之间的局部间隙进行抽样检测，可用卡尺或塞尺进行测量，并应符合现行国家标准《木结构工程施工质量验收规范》（GB 50206—2012）的规定；

（4）对金属齿板连接，还应对连接处木材的表面缺陷面积和板齿倒伏面积，以及齿板连接处木材的劈裂情况等进行抽样检测，可采用观察法或用卡尺测量，并应符合现行国家标准《木结构工程施工质量验收规范》（GB 50206—2012）的规定。

5.4 案例——宁波外滩木结构民居质量检测

5.4.1 工程概况

1. 结构基本情况

（1）房屋概况。

受检房屋原为普通居民住宅，因年代久远，无原始图纸资料。受检建筑（图 5-8）是由坐西朝东二层正房和厢房以及东侧一层房屋围合中间一个天井的建筑群组成。房屋平面呈矩形，南北长 31.425 m，东西宽 29.358 m，正房底层层高 3.140 m，檐口高 5.669 m，屋脊高 7.700 m；厢房底层层高 3.305 m，檐口高 5.535 m，屋脊高 7.075 m；南侧房屋檐口高 2.820 m，屋脊高 4.550 m，总建筑面积约 1 142 m² （见图 5-8）。

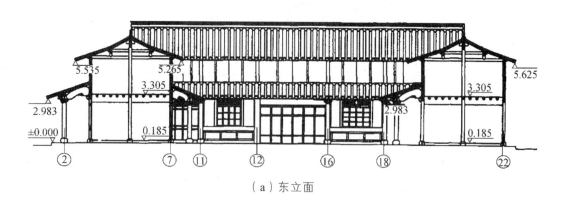

（a）东立面

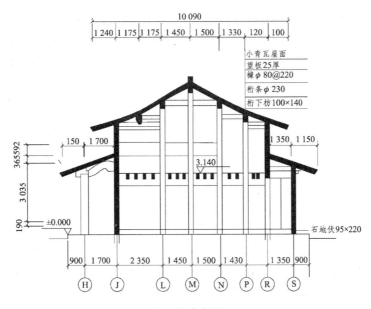

（b）正房剖面

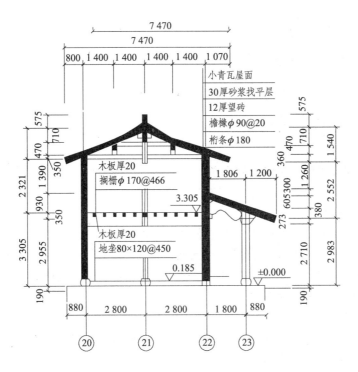

（c）北厢房剖面科

图 5-8　受检房屋建筑

2. 结构形式

正房为二层重檐前后廊式九檩木结构房屋，圆木柱径 220 mm，楼层木梁 150 mm ×

580 mm，楼面为木搁栅上铺木地板，水搁栅截面尺寸为 100 mm×230 mm，间距 445 mm，外墙以及木立帖间分隔墙采用木板墙，屋面为小青瓦下铺 25 mm 厚望板，圆木椽直径+80 mm，间距 220 mm，圆木檩直径 230 mm，檩下枋 100 mm×140 mm。南侧厢房为带前后廊二层重檐建筑，北侧厢房为前廊二层重檐建筑，厢房楼面木搁栅截面尺寸为直径 170 mm、间距 466 mm，木地板厚 20 mm，外墙和分隔墙采用木板墙，屋面为小青瓦下铺 30 mm 厚砂浆找平层，12 mm 厚砖望板，圆木椽直径 90 mm，间距 200 mm，圆木檩直径+180 mm。东面房屋为带前廊单层木结构房屋，圆木柱径 220 mm，南侧外墙底部 1/4 墙高为砖墙，其余外墙和木立帖间分隔墙采用木板墙，屋面为小青瓦下铺 30 mm 厚砂浆找平层，12 mm 厚砖望板，圆木椽直径 110 mm，间距 190 mm，圆木檩直径 200 mm。木柱采用杉木，其余木构件采用洋松。

3. 结构使用条件

受检房屋原为普通居民住宅，为宁波市老式民居群落，地基土为巨厚的第四纪沉积物，主要由黏性土、粉土和砂土组成，Ⅳ类场地土，抗震设防烈度为 6 度。地下水丰富，无侵蚀水、有害气体及放射性污染等环境污染源。南侧房屋已作较大改动，增设很多隔墙。此次改造后拟作商务会所使用，荷载有所增加。

5.4.2 结构完损状况

1. 非结构构件的完损状况

房屋门、窗部分损坏，原室内地坪、装修均已破坏。

2. 结构构件的完损状况

（1）地基基础。

现场检查受检房屋结构无明显倾斜及差异沉降，上部结构无地基沉降引起的裂缝，表明地基基础尚处于安全稳定状态。

（2）木构件完损状况。

现场检查发现受检房屋木构架无明显歪闪、开裂，但部分天井处檐柱变形朽烂，经现场测量，⑩轴檐件向南倾斜 22‰，⑧轴槽柱向西倾斜 22‰，⑩轴檐柱向北倾斜 13‰，⑨轴檐柱已用砖砌体加固，⑦轴柱、梁已作加固。楼面木梁、木搁栅有轻微木材腐朽及破损情况。检查中未发现木构件蚁害侵蚀现象。

（3）屋面完损状况。

现场检查发现屋面瓦件严重损坏，屋脊塌陷，砖板损坏碎裂，屋面多处漏水。天井处封檐板大部分脱落，已用铁件拉结。

3. 抗震鉴定

根据现行国家标准《建筑抗震鉴定标准》（GB 5003），按 6 度抗震设防要求对受检房屋结构体系及构造进行鉴定。受检房屋存在以下缺陷：

（1）部分檐柱存在明显变形；

（2）房屋无抗震墙。

4. 房屋结构验算

根据现场检测结果以及房屋新的使用功能要求，对木结构楼面及木柱进行承载力验算。结构自重按现行国家标准《建筑结构荷载规范》（GB 5009）取值，楼面活荷载按 2.0 kN/m² 取用，荷载组合按 1.2G+1.4Q 计算。各房间木楼面不尽相同，选择跨度较大的中间正房进行楼面承载力计算，并对中间正房木柱承载力进行计算。

根据现行国家标准《木结构设计规范》（GB 50005），选取木材设计强度，并按现行行业标准《民用建筑修缮工程查勘与设计标准》（JG/T 117）进行强度折减。木材设计强度如表 5-24 所示。

表 5-24　木材设计强度　　　　　　　　　　　　单位：N/mm²

抗弯 f_m	顺纹抗压 f_c	顺纹抗拉 f_t	顺纹抗剪 f_v	弹性模量 E
13	10	8.0	1.4	9000

（1）楼面木格栅抗弯承载力计算。

楼面木格栅为受弯构件，计算公式为

$$\sigma_m = M/W_n \leqslant \psi f_m \tag{5-1}$$

式中：f_m——木材抗弯强度设计值（N/mm²）；

　　　σ_m——受弯应力设计值（N/mm²）；

　　　M——弯矩设计值（N·m）；

　　　W_n——净截面抵抗矩（mm³）。

对二层木结构楼面进行承载力计算，计算结果见表 5-25。

表 5-25　木结构楼面承载力计算结果

计算部分/m	计算强度/（N/mm²）	容许强度/（N/mm²）	是否满足
中间正房	5.51	9.10	满足

（2）木柱承载力计算。

按强度：

$$\sigma_c = N/A_m \leqslant \varPsi f_c \tag{5-2}$$

按稳定：

$$N/\psi A_o \leqslant \varPsi f_c \tag{5-3}$$

式中：f_c——木材顺纹抗压强度设计值（N/mm²）；

　　　σ_c——轴心受压应力设计值（N/mm²）；

　　　N——轴心压力设计值（N）；

　　　A_m——受压构件的净截面面积（mm²）；

　　　A_o——受压构件的计算截面面积（mm²）；

　　　ψ——轴心受压构件稳定系数；

　　　ψ——旧木材折减系数。

对底层柱进行承载力计算，计算结果见表 5-26。

表 5-26　木柱承载力计算结果

计算部位	计算强度 /（N / mm²）	容许强度 /（N / mm²）	是否满足
强度	1.59	7.0	满足
稳定	2.75	7.0	满足

5.4.3　结论及建议

1. 检测结论

（1）受检房屋整体不均匀沉降和倾斜均未超过现行国家标准《地基基础设计规范》（GB 50007）的要求，建筑物无明显沉降引起的裂缝、变形和位移，地基基础安全可靠。

（2）木结构楼面承载力强度和稳定承载力满足要求。

（3）部分木结构构件存在变形朽烂现象，屋面瓦件损坏严重，屋脊塌陷漏水。

（4）被检房屋主体结构存在抗震构造不满足鉴定要求，门窗、木构件及屋面损坏等质量问题和安全隐患，不能满足安全性及正常使用性要求，必须采取加固措施。

2. 修缮加固

（1）屋面重新翻修，瓦件、望板等构件损坏严重的予以更换。

（2）倾斜木柱采用加木矫正和托梁换柱的方法修缮。

（3）增设砖砌体抗震墙。

5.5　课程思政载体——中华智慧之中国木结构建筑发展史

在经济快速发展的今天，社会进步的速度也超乎我们的想象，我们现在都居住在钢筋混凝土的高楼大厦中，土制、木制建筑仿佛已经离我们很远很远了，但在中国数千年来的历史长河中，陪伴我们最久的其实是木质结构、木质材料。木结构（图 5-9）与中华文明的发展脉络几乎是一脉相承的，是见证了中国五千年历史发展的建筑。接下来，让我们一起探索中国木结构建筑的发展史，了解木结构建筑的过去与现在。

图 5-9　木结构建筑

5.5.1　木结构的雏形

河姆渡遗址（公元前 5000 年—公元前 3000 年）是中国晚期新石器时代遗址，在那里我国研究人员发现了使用榫卯技术构筑的木结构房屋，这可以说是中国木结构建筑的最早雏形，如图 5-10 所示。

图 5-10　木结构的雏形

5.5.2　木结构快速发展期

祝恩淳教授研究发现，从秦汉到隋唐时期，中国古代木结构在原始雏形的基础上不断演化改进，得到了巨大突破。随着斧、锯、锤、凿等工具的出现，木结构建筑的施工质量和结构技术大为提高，逐渐形成了梁柱式构架和穿斗式构架两类主要体系，如图 5-11 所示。以大兴城和洛阳城为代表，木结构建筑得到了普遍应用。有记载的中国古代著名木结构建筑为数众多，虽大都湮灭于历史的长河中。

图 5-11　隋唐时期木结构

5.5.3 传统木结构的巅峰

明清时期的木结构建筑发展达到了巅峰。木结构构架技术进一步完善，建筑类型进一步分化，并留下大量可参考的木结构建筑实体，展现了中国传统木结构建筑的精华和内涵。如我国现存最古老、最高的木结构建筑——山西应县佛宫寺释迦塔（图5-12），现存规模最大、殿柱最巨之木结构——明长陵棱恩殿，构思最巧妙、最大胆之木结构——山西大同恒山悬空寺等。这一时期的木结构建筑发展可以说是其历史上最为辉煌、最为精彩的阶段。

图 5-12　山西应县佛宫寺释迦塔

5.5.4 中西融合时期

在近代，我国各类建筑中被大量融入了西方文化。因此，木结构建筑中也出现了中西合璧的形象，如西洋门面、西洋栏杆、西番花样（图5-13）等。这成为了这个时期我国建筑演进过程中的一个重要阶段。

图 5-13　西番花样

5.5.5 传统现代融合时期

改革开放以后我国经济快速发展，木结构建筑也随之焕然新生，呈现出吸取传统精华，融合现代发展需要的形势，成为现代建筑中最具传统特色的一类建筑（图 5-14）。但值得注意的是，在这个时期，我国森林面积不断下降，木结构工作者不断转行，导致高校木结构课程逐渐停止，我国的木结构建筑发展也被迫呈现出一种停滞状态。直到最近十余年，我国木结构建筑才逐渐恢复发展，并取得一定的成就。

图 5-14　融合时期木结构建筑

5.5.6 新时代的木结构

随着生活品质和消费水平的提升，木结构建筑（图 5-15）逐渐向着低碳环保、品质生活的方向发展，成为大家追捧的对象。其形式相比于以前更多样、功能也更全面，逐渐成为建筑行业未来发展的热门方向。但我们一定要根据自己国家的实际情况来进行木结构建筑的发展，保留传统木结构建筑文化，不能盲目追风欧美和日本等国家的形式，要形成有自己文化的特色木结构建筑。

图 5-15　新时代的木结构

5.6　实训项目——木结构质量检验

5.6.1　木结构检测基本程序

木结构工程的验收程序和钢筋混凝土结构、钢结构等相同，在检验批、分项、分部工程施工完毕后，施工单位先按质量检验标准的要求进行自检，到达质量要求后，再报请监理部验收。

检验批工程应由监理工程师（业主工程技术负责人）组织施工单位工程专业质量（技术）负责人等进行验收。检验批合格质量应符合以下规定：

（1）主控工程和一般工程的质量经抽样检验合格。

（2）具有完整的施工操作依据、质量检查记录。

分项工程应由监理工程师（业主工程技术负责人）组织施工单位工程专业质量（技术）负责人等进行验收。分项工程质量验收合格应符合以下规定：

（1）分项工程所含的检验批均应符合合格质量的规定。

（2）分项工程所含的检验批的质量验收记录应完整。

分部工程应由总监理工程师（业主工程负责人）组织施工单位工程负责人和技术质量负责人（地基与根底、主体结构分部工程验收时，勘察、设计单位工程负责人应参加）等进行验收。分部工程质量验收合格应符合以下规定：

（1）分部工程所含分项工程的质量均应验收合格。

（2）质量控制资料应完整。

（3）地基与根底、主体结构和设备安装等分部工程有关平安及功能的检验和抽样检测结果应符合有关规定。

（4）观感质量验收应符合要求。

5.6.2　木结构质量验收记录

按照木结构工程的验收程序，参照《木结构工程施工质量验收规范》（GB 50206—2012）的要求，选择合适的木结构工程，按照表 5-27 的质量验收记录，对木结构进行质量验收，并得出结论。[本节未注明规范均为《木结构工程施工质量验收规范》（GB 50206—2012）]

（1）木结构子分部工程质量验收记录见表 5-27，资料检验表见表 5-28。

表 5-27 木结构子分部工程质量验收记录

工程名称			分部工程名称		主体结构	层数	
施工单位				施工单位技术部门负责人			
序号	分项工程名称		检验批数	施工单位检查评定	监理（建设）单位验收意见		
1	方木和原木结构				（验收意见、合格或不合格的结论、是否同意验收）		
2	胶合木结构						
3	轻型木结构						
4	木结构的防护						
质量控制资料检查结论	（按附表1～12项检查）共　　项，经查符合要求　　项，经核定符合规范要求　　项			安全和功能检验(检测）报告检查结论	（按附表13～15项检查）共核查　　项，符合要求　　项，经返工处理符合要求　　项		
观感质量验收结论	1.共抽查　　项，符合要求　　项，不符合要求　　项。 2.观感质量评价（好、一般、差）：						
施工单位	分包单位项目经理： 　　　　　　　年　月　日 施工单位项目经理： 　　　　　　　年　月　日			监理（建设）单位	总监理工程师： （建设单位项目专业负责人） 　　　　　　　年　月　日		

表 5-28　木结构子分部工程资料检查

序号	检查内容	份数	监理（建设）单位检查意见
1	设计图纸/变更文件	/	
2	材料进场验收记录		
3	木材（含层板胶合木、木基结构板材）合格证/材质检验记录/含水率检验报告	/ /	
4	复合结构木构件出厂合格证/检验报告	/	
5	钢连接件合格证/检验报告	/	
6	胶缝完整性试验报告		
7	木材物理力学性能检验报告		
8	工序交接检验记录		
9	隐蔽工程检查验收记录——广西建质（附）		
10	施工记录		
11	重大质量问题处理方案/验收记录	/	
12	分项工程质量验收记录——广西建质（分项 A 类）		
13	层板接长指接弯曲强度试验报告		
14	防护、防虫剂最低载药量/透入度检验报告	/	
15	人造木材有害物质含量检测报告		
检查人：　　　　　　　　　　　　　　　　　　　　　　　　　　年　月　日			

（2）木结构检验批质量验收记录见表 5-29～表 5-33。

表 5-29　方木和原木结构检验批质量验收记录

工程名称			子分部工程名称		木结构	验收部位	
施工单位			项目经理			专业工长	
施工执行标准名称及编号						施工班组长	
质量验收规范的规定						施工单位检查评定记录	监理(建设)单位验收记录
检查项目		质量要求		检查方法、数量			
主控项目	1	结构形式、结构布置和构件尺寸	符合设计文件的规定	实物与施工设计图对照、丈量	检验批全数		
	2	木材质量	符合设计文件的规定,具有产品质量合格证书	实物与设计文件对照,检查质量合格证书、标识			
	3	进场木材的弦向静曲强度	作强度见证检验,其强度最低值符合附表1要求	在每株(根)试材的髓心外切取3个无疵弦向静曲强度试件	每一检验批每一树种的木材随机抽取3株(根)		
	4	方木、原木及板材的目测材质等级	符合规范表4.2.4要求;不得采用普通商品材的等级标准替代	GB 50206—2012规范附录B	检验批全数		
	5	木材平均含水率	原木或方木	≤25%	GB 50206—2012规范附录C(烘干法、电测法)	每一检验批每一树种每一规格随机抽取5根		
			板材及规格材	≤20%				
			受拉构件连接板	≤18%				
			通风不畅的木构件	≤20%				
	6	承重钢构件和连接所用钢材质量	有产品质量合格证书和化学成分的合格证书;钢材的材质标准不低于现行国家标准;钢木屋架下弦所凧圆钢应作抗拉屈服强度、极限强度、延伸率、冷弯桅验,并满足设计文件的规定。具体详见注一	取样方法、试样制备及拉伸试验方法应分别符合《钢材力学及工艺性能试验取样规定》(GB 2975)、《金属拉伸试验试样》(GB 6397)、《金属材料室温拉伸试验方法》(GB/T 228)的有关规定	每检验批每一钢种随机抽取两件		

主控项目	7	焊条的质量	符合现行国家标准、型号与所用钢材匹配，并有产品质量合格证书	实物与产品质量合格证书对照检查	检验批全数		
	8	螺栓、螺帽质量	有产品质量合格证书，其性能符合现行国家标准的规定				
	9	圆钉质量	有产品质量合格证书，性能符合现行行业标准规定；设计文件规定钉子的抗弯屈服强度时，作钉子抗弯强度见证检验	检查产品质量合格证书、检测报告。强度见证检验方法为钉弯曲试验方法	每检验批每一规格圆钉随机抽取10枚		
	10	圆钢拉杆的质量	圆钢拉杆应平直，接头应采用双面绑条焊	量、检查交接检验报告	检验批全数		
			螺帽下垫板符合设计文件规定，厚度不小于螺杆直径的30%，方形垫板的边长不小于螺杆直径的3.5倍，圆形垫板的直径不小于螺杆直径的4倍				
			钢木屋架下弦圆钢拉杆、桁架主要受拉腹杆、蹬式节点拉杆及螺栓直径大于20 mm时，均采用双螺帽自锁；受拉螺杆伸出螺帽的长度，不小于螺杆直径的80%				
	11	承重钢构件节点焊缝焊脚高度	不得小于设计文件的规定，除设计文件另有规定外，焊缝质量不得低于三级，−30℃以下工作的受拉构件焊缝质量不得低于二级	按现行行业标准《建筑钢结构焊接技术规范》（JGJ 81）的有关规定检查，并检查交接检验报告	检验批全部受力焊缝		
	12	钉、螺栓连接节点的连接件规格及数量	符合设计文件的规定	目测、丈量	检验批全数		

主控项目	13	木桁架支座节点的齿连接质量	端部木材不应有腐朽、开裂和斜纹等缺陷，剪切面不应位于木材髓心侧；螺栓连接的受拉接头，连接区段木材及连接板均采用 Ia 等材，并符合规范附录 B 的有关规定；其他螺栓连接接头也应避开木材腐朽、裂缝、斜纹和松节等缺陷部位		目测		
	14	抗震构造措施	符合设计文件规定；抗震设防烈度 8 级以上时，应符合质量验收规范的要求		目测、丈量	检验批全数	
一般项目	1	方木原木结构和胶合木结构桁架梁	构件截面尺寸	构件截面的高度、宽度	−3 mm	钢尺量	全数检查
				板材厚度、宽度	−2 mm		
				原木构件梢径	−5mm		
			结构长度	长度≤15m	±10mm	钢尺量桁架支座节点中心间距，梁、柱全长	
				长度>15m	±15mm		
			桁架高度	长度≤15m	±10mm	钢尺量脊节点中心与下弦中心距离	
				长度>15m	±15mm		
			受压或压弯构件纵向弯曲	方木、胶合木构件	L/500	拉线钢尺量	
				原木构件	L/200		
			弦杆节点间距		±5 mm	钢尺量	
			齿连接刻槽深度		±2 mm		
	2	柱制作允许偏差	支座节点受剪面	长度	−10 mm	钢尺量	
				宽度 方木、胶合木	−3 mm		
				宽度 原木	−4 mm		

一般项目	2	柱制作允许偏差	螺栓中心间距	进孔处		±0.2 d				
				出孔处	垂直木纹方向	±0.5 d 且不大于 4B/100				
					顺木纹方向	±1 d				
			钉进孔处的中心间距			±1 d	—			
			桁架起拱		±20 mm		以两支座节点下弦中心线为准，拉一下水平线，用钢尺量			
					-10 mm		两跨中下弦中心线与拉线之间距离			

施工单位检查评定结果	项目专业质量检查员： 年　月　日
监理（建设）单位验收结论	监理工程师： （建设单位项目专业技术负责人） 年　月　日

表 5-30　胶合木结构检验批质量验收记录

工程名称				子分部工程名称	木结构	验收部位	
施工单位				项目经理		专业工长	
施工执行标准名称及编号						施工班组长	
质量验收规范的规定						施工单位检查评定记录	监理（建设）单位验收记录
		检查项目	质量要求	检查方法、数量			
主控项目	1	胶合木结构的结构形式、结构布置和构件截面尺寸	符合设计文件的规定	实物与设计文件对照、丈量，检验批全数			
	2	结构用层板胶合木材质	类别、强度等级和组坯方式，符合设计文件的规定，并有产品质量合格证书和产品标识，同时有满足产品标准规定的胶缝完整性检验和层板指接强度检验合格证书	实物与证明文件对照，检验批全数			
	3	胶合木受弯构件的抗弯性能检验	在检验荷载作用下胶缝不开裂，原有漏胶胶缝不发展，跨中挠度的平均值不大于理论计算值的 1.13 倍，最大挠度不大于附表 1 的规定	通过试验观察，取实测挠度的平均值与理论计算挠度比较，每一检验批同一胶合工艺、同一层板类别、树种组合、构件截面组坯的同类型构件随机抽取 3 根			
	4	弧形构件的曲率半径及其偏差	符合设计文件的规定，层板厚度不应大于 $R/125$（R 为曲率半径）	钢尺丈量，检验批全数			
	5	木构件的含水率	层板胶合木构件平均含水率不大于15%，同一构件各层板间含水率差别不大于 5%	检验方法：烘干法、电测法，每一检验批每一规格随机抽取 5 根			
	6	钢材、焊条、螺栓、螺帽的质量	符合质量验收规范的相关规定	实物与产品质量合格证书对照检查，检验批全数			
	7	连接节点的连接件材质	各连接节点的连接件类别、规格、数量符合设计文件的规定；桁架端节点齿连接胶合木端部的受剪面及螺栓连接中的螺栓位置，不与漏胶胶缝重合	目测、丈量，检验批全数			

质量验收规范的规定					施工单位检查评定记录	监理（建设）单位验收记录
检查项目		质量要求		检查方法、数量		
一般项目	1	层板胶合木构造及外观	木纹平行于构件长度方向		厚薄规（塞尺）、量器、目测，检验批全数		
			胶缝均匀，厚度为 0.1～0.3 mm				
			外观质量符合规范要求				
	2 胶合木构件的制作偏差	构件截面尺寸	胶合木构件的高度、宽度	−3 mm	钢尺量		
			板材厚度、宽度	−2 mm			
			原木构件梢径	−5 mm			
		构件长度	长度不大于 15 m	±10 mm	钢尺量桁架支座节点中心间距，梁、柱全长		
			长度大于 15 m	±15 mm			
		桁架高度	长度不大 15 m	±10 mm	钢尺量脊节点中心与下弦中心距离		
			长度大于 15 m	±15 mm			
		受压或受弯构件纵向弯曲	方木、胶合木构件	$L/500$	拉线钢尺量		
			原木构件	$L/200$			
		弦杆节点间距		±5 mm	钢尺量		
		齿连接刻槽深度		±2 mm			
	2 胶合木构件的制作偏差	支座节点受剪面	长度	−10 mm	钢尺量		
			宽度 方木、胶合木	−3 mm			
			宽度 原木	−4 mm			
		螺栓中心间距	进孔处	±0.2 d			
			出孔处 垂直木纹方向	±0.5d 且不大于 $4B/100$			
			出孔处 顺木纹方向	±1 d			
		钉进孔处的中心间距		±1 d	—		
		桁架起拱		±20	以两支座节点下弦中心线为准，拉一水平线，用钢尺量		
				−10	两跨中下弦中心线与拉线之间距离		
	3	齿连接、螺栓连接、圆钢拉杆及焊缝质量	符合质量验收规范相关规定的要求		目测、丈量，检查交接检验报告，检验批全数		

		质量验收规范的规定		施工单位检查评定记录	监理(建设)单位验收记录
一般项目	4	金属节点构造、用料规格及焊缝质量	符合设计文件的规定;除设计文件另有规定外,与其相连的各构件轴线相交于金属节点的合力作用点,与各构件相连的连接类型符合设计文件的规定	检验批全数,目测、丈量	
	5 胶合木构件的制作偏差	结构中心线的间距	±20 mm	钢尺量	过程控制检验批全数,分项验收抽取总数 10%复检
		垂直度	$H/200$ 且不大于 15 mm	吊线钢尺量	
		受压或压弯构件纵向弯曲	$L/300$	吊(拉)线钢尺量	

	质量验收规范的规定			施工单位检查评定记录	监理(建设)单位验收记录
检查项目		质量要求	检查方法、数量		
施工单位检查评定结果	项目专业质量检查员: 年　月　日		监理(建设)单位验收结论	监理工程师: (建设单位项目专业技术负责人) 年　月　日	

表 5-32　轻型木结构检验批质量验收记录

名称		子分部工程名称		木结构	验收部位	
施工单位		项目经理			专业工长	
施工执行标准 名称及编号					施工班组长	
质量验收规范的规定					施工单位检 查评定记录	监理（建设） 单位验收记录
检查项目		质量要求	检查方法、数量			
主控项目	1	轻型木结构的承重墙（包括剪力墙）、柱、楼盖、屋盖布置、抗倾覆措施及屋盖抗掀起措施等	符合设计文件的规定	实物与设计文件对照，检验批全数	工程	
	2	进场规格材要求	有产品质量合格证书和产品标识	实物与证书对照，检验批全数		
	3	进场规格材的抗弯强度及等级	每批次进场目测分等规格材由有资质的专业分等人员做目测等级见证检验或做抗弯强度见证检验；每批次进场机械分等规格材作抗弯强度见证检验	目测、丈量检查，检验批中随机取样		
	4	规格材的树种、材质等级和规格，以及覆面板的种类和规格	符合设计文件的规定	实物与设计文件对，检查交接报告，全数检查		
	5	规格材的平均含水率	不大于20%	烘干法、电测法检验，每一检验批每一树种每一规格等级规格材随机抽取5根		
	6	木基结构板材	有产品质量合格证书和产品标识，用作楼面板、屋面板的木基结构板材有该批次干、湿态集中荷载、均布荷载及冲击荷载检验的报告，其力学性能要符合要求。进场木基结构板材作静曲强度和静曲弹性模量见证检验，所测得的平均值不低于产品说明书的规定	按现行国家标准《木结构覆板用胶合板》（GB/T 22349）的有关规定进行试验,检查产品质量合格证书,该批次木基结构板干、湿态集中力、均布荷载及冲击荷载下的检验合格证书。检查静曲强度和弹性模量检验报告；每一检验批每一树种每一规格等级随机抽取3张板材		

主控项目	7	进场结构复合木材和工字形木搁栅	有产品质量合格证书,并有符合设计文件规定的平弯或侧立抗弯性能检验报告。进场工字形木搁栅和结构复合木材受弯构件,作荷载效应标准组合作用下的结构性能检验,在检验荷载作用下,构件不发生开裂等损伤现象,最大挠度不大于附表1的规定,跨中挠度的平均值不应大于理论计算值的1.13倍	通过试验观察,取实测挠度的平均值与理论计算挠度比较,检查产品质量合格证书、结构复合木材材料强度和弹性模量检验报告及构件性能检验报告;每一检验批每一规格随机抽取3根		
	8	齿板桁架	由专业加工厂加工制作,并有产品质量合格证书	实物与产品质量合格证书对照检查;检验批全数		
	9	钢材、焊条、螺栓和圆钉	符合规范相关规定的要求	实物与产品质量合格证书对照检查,检查检测报告;检验批全数		
	10	金属连接件的质量	具有产品质量合格证书和材质合格保证;镀锌防锈层厚度不小于275 g/m²	实物与产品质量合格证书对照检查;检验批全数		
	11	金属连接件及钉连接	金属连接件的规格、钉连接的用钉规格与数量,符合设计文件的规定	目测、丈量,检验批全数		
	12	钉连接的质量	当采用构造设计时,各类构件间的钉连接不低于规范的要求	目测、丈量;检验批全数		
一般项目	1	承重墙的构造要求	符合设计文件的规定且不低于现行国家标准《木结构设计规范》(GB 50005)有关构造的规定。	对照实物目测检查;检验批全数		
	2	楼盖构造要求	符合设计文件的规定,且不低于现行国家标准《木结构设计规范》(GB 50005)有关构造的规定	目测、丈量;检验批全数		
	3	齿板桁架进场验收	符合规范的相关规定	目测、量器测量;检验批全数的20%		

一般项目	4	屋盖各构件的安装质量		符合设计文件的规定,且不低于现行国家标准《木结构设计规范》（GB 50005）有关构造的规定	钢尺或卡尺量、目测；检验批全数	
	5	楼盖主梁、柱子及连接件	楼盖主梁	截面宽度/高度	±6 mm	钢板尺量	检验批全数
				水平度	±1/200 mm	水平尺量	
				垂直度	±3 mm	直角尺和钢板尺量	
				间距	±6 mm	钢尺量	
				拼合梁的钉间距	+30 mm	钢尺量	
				拼合梁的各构件的截面高度	±3 mm	钢尺量	
				支承长度	-6 mm	钢尺量	
			柱子	截面尺寸	±3 mm	钢尺量	
				拼合柱的钉间距	+30 mm	钢尺量	
				柱子长度	±3 mm	钢尺量	
				垂直度	±1/200 mm	钢尺量	
			连接件	连接件的间距	±6 mm	钢尺量	
				同一排列连接件之间的错位	±6 mm	钢尺量	
				构件上安装连接件开槽尺寸	连接件尺寸±3 mm	卡尺量	
				端距/边距	±6 mm	钢尺量	
				连接钢板的构件开槽尺寸	±6 mm	卡尺量	
		楼（屋）盖施工	楼、屋盖	搁栅间距	±40 mm	钢尺量	
				楼盖整体水平度	±1/250 mm	水平尺量	
				楼盖局部水平度	±1/150 mm	水平尺量	
				搁栅截面高度	±3 mm	钢尺量	
				搁栅支承长度	-6 mm	钢尺量	
			楼、屋盖	规定的钉间距	+30 mm	钢尺量	
				顶头嵌入楼、屋面板表面的最大深度	+3 mm	卡尺量	

一般项目	5	楼屋盖齿板连接桁架	桁架间距	±40 mm	钢尺量	
			桁架垂直度	±1/200 mm	直角尺和钢尺量	
			齿板安装位置	±6 mm	钢尺量	
			弦杆、腹杆、支撑	19 mm	钢尺量	
			桁架高度	13 mm	钢尺量	
		墙体施工	墙骨间距	±40 mm	钢尺量	
		墙骨柱	墙体垂直度	±1/200 mm	直角尺和钢尺量	
			墙体水平度	±1/150 mm	水平尺量	
			墙体角度偏差	±1/270 mm	直角尺和钢尺量	
			墙骨长度	±3 mm	钢尺量	
			单根墙骨柱的出平面偏差	±3 mm	钢尺量	
		顶梁板、底梁板	顶梁板、底梁板的平直度	+1/150 mm	水平尺量	
			顶梁板作为弦杆传递荷载时的搭接长度	±12 mm	钢尺量	
		墙面板	规定的钉间距	+30 mm	钢尺量	
			钉头嵌入墙面板表面最大深度	+3 mm	卡尺量	
			木框架上墙面板之间的最大缝隙	+3 mm	卡尺量	
	6	轻型木结构的保温措施和隔气层的设置		符合设计文件的规定	对照设计文件检查；检验批全数	

施工单位检查评定结果	项目专业质量检查员： 　　年　　月　　日	监理（建设）单位验收结论	监理工程师： （建设单位项目专业技术负责人） 　　年　　月　　日

表 5-33　木结构防护检验批质量验收记录

工程名称				子分部工程名称	木结构	验收部位	
施工单位				分包单位			
项目经理		分包项目经理		专业工长		施工班组长	
施工执行标准名称及编号							

		质量验收规范的规定			施工单位检查评定记录	监理（建设）单位验收记录
		检查项目	质量要求	检查方法、数量		
主控项目	1	木结构所用防腐、防虫及防火和阻燃剂	符合设计文件表明的木构件（包括胶合木构件等）使用环境类别和耐火等级，且有质量合格证书的证明文件；经化学药剂防腐处理后的每批次木构件（包括成品防腐木材），有符合规范规定的药物有效性成分的载药量和透入度检验合格报告	实物对照、检查检验报告；检验批全数		
	2	木材透入度见证检验	经化学药剂防腐处理后进场的每批次木构件应进行透入度见证检验，透入度符合规范的规定	现行国家标准《木结构试验方法标准》（GB/T 50239）；每检验批随机抽取 5 根～10 根构件，均匀地钻取 20 个（油性药剂）或 48 个（水性药剂）芯样		
	3	木结构构件的防腐构造措施	符合设计文件的规定及规范要求	对照实物、逐项检查；检验批全数		
	4	木构件的防火阻燃处理	防火阻燃处理由专业工厂完成，所用阻燃药剂应具有有效性检验报告和合格证书，阻燃剂应采用加压浸渍法施工；经浸渍阻燃处理的木构件，有符合设计文件规定的药物吸收干量的检验报告；采用喷涂法施工的防火涂层厚度均匀，见证检验的平均厚度不小于该药物说明书的规定值	卡尺测量、检查合格证书；每检验批随机抽取 20 处测量涂层厚度		

主控项目	5	防火石膏板的包覆材料要求	包覆材料的防火性能有合格证书，厚度符合设计文件的规定	卡尺测量、检查产品合格证书；检验批全数	
	6	炊事、采暖等所用的烟道、烟囱	烟道、烟囱应用不燃材料制作且密封，砖砌烟囱壁厚不小于 240 mm，并有砂浆抹面，金属烟囱应外包厚度不小于 70 mm 的矿棉保护层和耐火极限不低于 1.00 h 的防火板，其外边缘距本构件的距离不小于 120 mm，并有良好通风；烟囱出屋面处的空隙用不燃材料封堵	对照实物；检验批全数	
	7	保温、隔热、吸声材料	符合设计文件的规定，且防火性能不低于难燃性 B1 级	实物与设计文件对照、检查产品合格证书；检验批全数	
	8	电源线敷设	符合下列要求：敷设在墙体或楼盖中的电源线用穿金属管线或检验合格的阻燃型塑料管电源线明敷时，可用金属线槽或穿金属管线矿物绝缘电缆可采用支架或沿墙明敷	对照实物、查验交接检验报告；检验批全数	
	9	管道敷设	符合下列要求：管道外壁温度达到 120 ℃ 及以上时包覆材料及胶黏剂采用检验合格的不燃材料；管道外壁温度在 120 ℃ 以下时，包覆材料采用检验合格的难燃性不低于 B1 的材料	对照实物，查验交接检验报告；检验批全数	
	10	外露钢构件及未作镀锌处理的金属连接件	按设计文件规定采取防锈蚀措施	实物与设计文件对照，检验批全数	

一般项目	1	木结构的防护层	有损伤或因局部加工而造成防护层破损时，应进行修补	根据设计文件与实物对照检查，检查交接报告；检验批全数	
	2	紧固件贯入构件深度	符合规范规定，见附表1		
	3	木结构外墙防护构造措施	符合设计文件的规定		
	4	防火隔断的设置及材料要求	楼盖、楼梯、顶棚及墙体内最小边长超过25 mm的空腔，其贯通的竖向高度超过3 m，水平长度超过20 m时，均应设置防火隔断；天花板、屋顶空间，以及未占用的阁楼空间所形成的隐蔽空间面积超过300 m²，或边长超过20 m时，均应设置防火隔断，并分隔成隐蔽空间；防火隔断采用下列材料：厚度不小于40 mm的规格材；厚度不小于20 mm且由钉交错钉合的双层木板；厚度不小于12 mm的石膏板、结构胶合板或定向木片板；厚度不小于0.4 mm的薄钢板；厚度不小于6 mm的钢筋混凝土板		

施工单位检查评定结果	项目专业质量检查员：　　　　　　　　　年　　月　　日	监理（建设）单位验收结论	监理工程师：（建设单位项目专业技术负责人）　年　　月　　日

章节测验

一、选择题

1. 承重木结构方木在受拉或拉弯构件髓心有何限制？（   ）

A. 应避开受剪面

B. 不受限制

2. 木桁架、梁、柱安装受压或压弯构件纵向弯曲允许偏差（   ）。

A. $L/300$

B. $L/250$

C. $L/350$

3. 层板材质要求腐朽、压损、严重地压应力大量含树脂的木宽面上的漏刨。（   ）

A. 允许

B. 不允许

4. 木结构防腐的构造措施因符合设计要求，其检查数量（   ）。

A. 以一栋木结构房屋或一个木屋盖为检验批抽取 20%检查

B. 以一栋木结构房或一个木屋盖为检验批全面检查

5. 木材混合防腐油和氯酚适用于下列哪些构件防腐和防虫。（   ）

A. 与地面（土壤）接触的房屋构件

B. 居住建筑的内部构件

C. 储存食品的房屋

6. 屋面檩条、橡条安装允许误差（   ）。

A. +2

B. −2

C. −5

7. 通风条件较差的木构件含水率不应大于（   ）。

A. 15%

B. 20%

C. 25%

8. 木桁架、梁、柱制作结构长度大于 15M 的允许偏差值（   ）。

A. ±10

B. ±15

C. ±20

9. 木桁架、梁、柱制作齿连接刻槽深度允许偏差值（   ）。

A. ±5

B. ±3

C. ±2

10. 锯材在 JHII使用环境中油类防护剂的最低保持量（   ）。

A. 150 kg/m²

B. 160 kg/m²

C. 180 kg/m^2

二、判断题

1. 承重木结构方木材质 I a 等材受拉或拉弯构件在构件一面任何 150 mm 长度上有木节尺寸的总和，不得大于所在面宽的 1/3，连接部位为 1/4。（   ）

2. 承重木结构板材材质要求：在连接部位的受剪面及其附近允许有少量裂缝。（   ）

3. 承重木结构原木材质要求：II a 等材受拉构件或拉弯构件扭纹斜率不大于 10%。（   ）

4. 板材结构及受拉构件的连接板的含水率应不大于 18%。（   ）

三、简答题

1. 木结构构件进场检测项目有哪些？

2. 木结构构件裂缝如何检测？

3. 采用木材阻抗仪对木构件疑似缺陷区进行检测时，应按照何种步骤进行？

4. 木结构连接检测的内容有哪些？

5. 木结构齿连接检测的数量和方法有何要求？

情景导入

随着我国大力发展装配式建筑，对于装配式内外围护结构及设备管线系统的检测也显得格外重要。

装配式内外围护结构及设备管线系统由外围护系统、设备及管线系统、内装系统三部分组成。装配式建筑外围护系统是由建筑外墙、屋面、外门窗及其他部品部件等组合而成，是用于分隔建筑室内外环境的部品部件的整体；装配式建筑设备与管线系统是指给排水、供暖、通风、空调、电气和智能化、燃气等设备与管线组合而成的，满足建筑使用功能的整体；装配式建筑内装系统是由楼地面、墙面、轻质隔墙、吊顶、内门窗、厨房和卫生间等组合而成的，满足建筑空间使用的整体要求。那么你知道要如何去进行每个阶段每个系统的检测吗？你知道什么样的内外围护结构及设备管线系统是符合建筑标准的吗？本章将从外围护系统、设备及管线系统、内装系统检测三个方面来阐述装配式内外围护结构及设备管线系统检测，并配备相应检测案例和实训项目。

学习目标

◇知识目标

（1）掌握外围护系统检测方法；

（2）掌握设备与管线系统检测方法；

（3）掌握内装系统检测方法。

◇技能目标

（1）能独立完成内外围护结构中构件检测；

（2）能独立完成内外围护结构及设备管线系统检测。

◇思政目标

（1）培养学生持之以恒；

（2）培养规范操作意识；

（3）培养实事求是的态度；

（4）培养学生的社会责任感。

6.1 外围护系统检测

外围护系统检测应包括预制外墙、外门窗、建筑幕墙、屋面等相关性能的检测。承接装配式住宅建筑外围护结构检测工作的检测机构，应符合当地建筑主管部门规定的相关能力要求，按《居住建筑节能检测标准》（JGJ/T 132）进行检测的人员，应经过专业技术培训并取得相应技术证书。

外围护系统检测

6.1.1 预制外墙检测

预制外墙应进行抗压性能、层间变形、撞击性能、耐火极限等检测，并应符合现行相关国家、行业标准的规定。装配式混凝土建筑外墙板接缝密封胶的外观质量检测应包括气泡、结块、析出物、开裂、脱落、表面平整度、注胶宽度、注胶厚度等内容，可用观察或尺量的方法进行检测。

（1）预制外墙应进行锚栓抗拉拔强度检测，锚栓抗拉拔强度的仪器应符合下列规定：

① 拉拔仪需经有关部门计量认可；

② 拉拔仪的读数分辨率宜为 0.01 kN，最大荷载宜为 5~10 kN；

③ 拉拔仪拉拔锚栓应配有合适的夹具，满足现场拉拔行程及受力接触的要求。

（2）锚栓拉拔强度检测前应进行下列准备工作：

① 钻洞用冲击钻钻头应配置适当；

② 钻洞深度应大于锚栓长度减去保温层厚度之差加 10 mm；

③ 应选择不同的典型基层墙体钻洞进行锚栓拉拔试验。

（3）预埋件与预制外墙连接应符合下列规定：

① 连接件、绝缘片、紧固件的规格、数量应符合设计要求；

② 连接件应安装牢固，螺栓应有防松脱措施；

③ 连接件的可调节构造应用螺栓牢固连接，并有防滑动措施；

④ 连接件与预埋件之间的位置偏差使用钢板或型钢焊接调整时，构造形式与焊缝应符合设计要求；

⑤ 预埋件、连接件表面防腐层应完整、不破损。

⑥ 检验预埋件与幕墙连接，应在预埋件与幕墙连接节点处观察，手动检查，并应采用分度值为 1 mm 的钢直尺和焊缝量规测量。

装配式住宅建筑外围护系统外饰面黏结质量的检测应包括饰面砖、石材外饰面的外观缺陷和空鼓率检测等内容。外观缺陷可采用目测或尺量的方法检测；空鼓率可采用敲击法或红外热像法检测，红外热像法检测按现行行业标准《红外热像法检测建筑外墙饰面粘结质量技术规程》（JGJ/T 277）执行。

预制外墙板接缝的防水性能采用现场淋水试验进行检测，检测方法应符合现行行业标准《建筑防水工程现场检测技术规范》（JGJ/T 299）的规定。

装配式住宅建筑外围护系统涂装材料外观质量的检测，应符合现行国家标准《建筑装饰装修工程质量验收规范》（GB 50210）的规定。

预制外墙的安装完后应进行安装偏差检测，其允许偏差及检测方法应符合表 6-1 的规定。

表 6-1　预制外墙安装允许偏差

项目		允许偏差/mm	检测方法
垂直度	≤6 m	5	经纬仪或吊线、尺量
	>6 m	10	
相邻构件的平整度	外墙	5	2 m 靠尺和塞尺量
	内墙	8	
接缝宽度		±5	尺量

6.1.2　外门窗检测

外门窗应进行气密性、水密性、抗风性能的检测。检测方法应符合现行国家标准《建筑外门窗气密、水密、抗风压性能分级及检测方法》（GB/T 7106）的规定。

外门窗进行检测前，应对受检外门窗的观感质量进行目检，并应连续开启和关闭受检外门窗 5 次。当存在明显缺陷时，应停止检测。每樘受检外门窗的检测结果应取连续三次检测值的平均值。外窗气密性能的检测应在受检外窗几何中心高度处的室外瞬时风速不大于 3.3 m/s 的条件下进行。

外门窗的检测要求应符合下列规定：

（1）外门窗洞口墙与外门窗本体的结合部应严密；

（2）外窗口单位空气渗透量不应大于外窗本体的相应指标。

6.1.3　建筑幕墙检测

建筑幕墙的检测项目及方法应符合现行行业标准《建筑幕墙工程检测方法标准》（JGJ/T 324）的规定。

建筑幕墙进行现场检测时，应根据检测方案现场抽取具备检测条件的幕墙试件。检测组批及抽样数量应符合现行行业标准《建筑幕墙工程检测方法标准》（JGJ/T 324）的规定，并应满足性能评定的最少数量要求。

6.1.4　屋面检测

屋面应进行平整度、防水性能、排水性能等检测。检测方法应符合现行行业标准《建筑防水工程现场检测技术规范》（JGJ/T 299）的规定。

屋面施工完毕后，应进行蓄水试验。蓄水试验时应封堵试验区域内的排水口，且应符合下列规定：

（1）最浅处蓄水深度不应小于 25 mm，且不应大于立管套管和防水层收头的高度；

（2）蓄水试验时间不应小于 24 h，并应由专人负责观察和记录水面高度和背水面渗漏情况；

（3）出现渗漏时，应立即停止试验。

蓄水试验发现渗漏水现象时，应记录渗漏水具体部位并判定该测区不合格。

屋面施工完毕后应进行排水性能检测。排水系统应迅速、及时地将雨水排至雨水灌渠或地面，且不应积水。

6.2 设备与管线系统检测

6.2.1 一般规定

装配式住宅建筑设备与管线系统的检测应包括给水排水、采暖通风与空调、燃气、电气及智能化等内容。

管道检测评估应按下列基本程序进行：

（1）接受委托；

（2）现场踏勘；

（3）检测前的准备；

（4）现场检测；

（5）内业资料整理、缺陷判读、管道评估；

（6）编写检测报告。

6.2.2 给水排水系统检测

（1）检测和评估的单位应具备相应的资质，检测人员应具备相应的资格。

（2）给水排水系统的检测应包括室内给水系统、室内排水系统、室内热水供应系统、卫生器具、室外给水管网、室外排水管网等内容。

（3）给水排水系统检测所用的仪器和设备应有产品合格证、检定机构的有效检定（校准）证书。新购置的、经过大修或长期停用后重新启用的设备，投入检测前应进行检定和校准。

（4）架空地板施工前，架空层内排水管道应进行灌水试验。

（5）排水管道应做通球试验，球径不小于排水管道管径的2/3，通球率必须达到100%。

6.2.3 供暖、通风、空调及燃气

空调系统性能的检测内容应包括风机单位风量耗功率检测、新风量检测、定风量系统平衡度检测等。检测方法和要求应符合现行行业标准《居住建筑节能检测标准》（JGJ/T 132）的规定。

（1）通风系统检测应包括下列内容：

① 可对通风效率、换气次数等综合指标进行检测；

② 可对风管漏风量进行检测；

③ 其他现行国家标准和地方标准规定的内容。

检测用仪器、仪表均应定期进行标定和校正，并应在标定证书有效期内使用。

（2）除另有规定外，检测用仪器、仪表应符合下列规定：

① 室内环境参数检测使用的主要仪器及其性能参数应符合表6-2的规定：

设备与管线系统检测

表 6-2　室内环境参数检测仪器及性能参数

序号	测量参数	检测仪器	参考精度
1	空气温度	各类温度计（仪）	不低于 0.5 级，对于换热设备进出口温度要求不低于 0.2 级
2	辐射温度	多功能敷设热计	不低于 5 级
3	相对湿度	各类相对湿度仪	不低于 5 级
4	CO	各种 CO 检测仪	不低于 5 级
5	CO_2	各种 CO_2 检测仪	不低于 5 级
6	噪声	声级计	不低于 2 级
7	风速	热线风速仪和热球式电风速仪	不低于 5 级

（2）风系统参数检测使用的主要仪器及其性能参数应符合表 6-3 的规定。

表 6-3　风系统参数检测仪器及性能参数

序号	测量参数	检测仪器	参考精度
1	风速（m/s）	风罩/风速仪	不低于 5 级
2	静压、动压（Pa）	毕托管和微压显示计	不低于 1 级
3	漏风量[m^3/（$h·m^2$）]	风管漏风量检测仪	不低于 5 级

（3）空调系统的室内温湿度、风速以及换气次数设计无特殊要求的，宜符合表 6-4 的规定。

表 6-4　空调系统室内参数要求

序号	室内温湿度参数及其他参数要求	换气次数/（次/h）	风速/（m/s）
空调	冬季 18～24℃，30%～60% 夏季 22～28℃，40%～65%	不宜小于 5 次	冬季不应大于 0.2 夏季不应大于 0.3

（4）风管允许漏风量应符合现行国家标准《通风与空调工程施工质量验收规范》（GB 50243）的规定。

（5）室内空气中 CO 卫生标准值应小于或等于 10 mg/m^3。室内空气中 CO_2 卫生标准值应小于或等于 0.10%。

（6）空调机组噪声的合格判据应符合表 6-5 的规定，其他设备的噪声应符合相应产品的标准、规范的要求。

（7）通风与空调系统的综合性能的应测项目，按照抽检数量其检测结果应合格。

表 6-5　空调机组噪声限值表

额定风量/（m^3/h）	2 000～5 000	6 000～10 000	15 000～25 000	30 000～60 000	80 000～160 000
噪声限/dB（A）	65	70	80	85	90

装配式住宅建筑采暖通风与空调系统的检测除应符合《通风与空调工程施工质量验收规

范》（GB 50243）的规定外，尚应符合现行行业标准《采暖通风与空气调节工程检测技术规程》（JGJ/T 260）的规定。

燃气管道焊缝外观质量应采用目测方式进行检测。对接焊缝内部质量可采用射线探伤检测，检测方法应符合现行国家标准《无损检测金属管道熔化焊环向对接接头射线照相检测方法》（GB/T 12605）的规定，且焊缝质量不应小于Ⅲ级焊缝质量标准。

燃气系统的检测应包括室内燃气管道、燃气计量表、燃具和用气设备，检测方法应符合现行行业标准《城镇燃气室内工程施工与质量验收规范》（CJJ 94）的规定。

6.2.4　电气和智能化

设备与管线各项指标的检测结果符合设计要求可判定为合格。

（1）安装质量检测应包括下列内容：

① 缆线在入口处、电信间、设备间的环境检测；

② 电信间、设备间设备机柜和机架的安装质量；

③ 电缆桥架和线槽布放质量的检测；

④ 缆线暗敷安装质量的检测；

⑤ 配线部件和8位模块式通用插座安装质量的检测；

⑥ 缆线终接质量的检测。

（2）安装质量的检测应采用下列方法：

① 检查随工检验记录和隐蔽工程验收记录；

② 现场检查系统施工质量。

装配式住宅建筑的电气系统的检测方法应符合现行国家标准《建筑电气工程施工质量验收规范》（GB 50303）的规定。装配式住宅建筑的防雷与接地应全数检查。符合设计要求为合格，合格率应为100%。

（3）防雷与接地系统检测应包括下列项目：

① 防雷与接地的引接；

② 等电位连接和共用接地；

③ 增加的人工接地体装置；

④ 屏蔽接地和布线；

⑤ 接地线缆敷设。

（4）防雷与接地的检测应符合下列要求：

① 检查防雷与接地系统的验收文件记录。

② 等电位连接和共用接地的检测应符合下列要求：

a. 检查共用接地装置与室内总等电位接地端子板连接，接地装置应在不同处采用2根连接导体与总等电位接地端子板连接；其连接导体的截面积，铜质接地线不应小于35 mm²，钢质接地线不应小于80 mm²。

b. 检查接地干线引至楼层等电位接地端子板，局部等电位接地端子板与预留的楼层主钢筋接地端子的连接情况。接地干线采用多股铜芯导线或铜带时，其截面积不应小于16 mm²，并检查接地干线的敷设情况。

c. 检查楼层配线柜的接地线，应采用绝缘铜导线，其截面积不应小于 16 mm²。

d. 采用便携式数字接地电阻计实测或检查接地电阻测试记录，检查接地电阻值应符合设计要求，防雷接地与交流工作接地、直流工作接地、安全保护接地共用 1 组接地装置时，接地装置的接地电阻值必须按接入设备中要求的最小值确定。

e. 检查暗敷的等电位连接线及其他连接处的隐蔽工程记录应符合竣工图上注明的实际部位走向。

f. 检查等电位接地端子板的表面应无毛刺、无明显伤痕、无残余焊渣，安装应平整端正、连接牢固；接地绝缘导线的绝缘层应无老化龟裂现象；接地线的安装应符合设计要求。

③ 智能化人工接地装置的检测应符合下列要求：

a. 采用检查验收记录，检查接地模块的埋设深度、间距和基坑尺寸；

b. 接地模块顶面埋深不应小于 0.6 m，接地模块间距不应小于模块长度的 3～5 倍；

c. 接地模块埋设基坑的尺寸宜采用模块外表尺寸的 1.2～1.4 倍，且在开挖深度内应有地层情况的详细记录。

④ 检查设备电源的防浪涌保护设施和其与接地端子板的连接；

⑤ 设备的安全保护接地、信号工作接地、屏蔽接地、防静电接地和防浪涌保护器接地等，均应连接到局部等电位接地端子板上；

⑥ 智能化系统接地线缆敷设的检测应符合下列要求：

a. 接地线的截面积、敷设路由、安装方法应符合设计要求。

b. 接地线在穿越墙体、楼板和地坪时应加装保护管。

装配式住宅建筑的防雷与接地检测方法应符合现行国家标准《建筑物防雷装置检测技术规范》（GB/T 21431）的规定。

6.3 内装系统检测

装配式住宅建筑内装系统的检测应包括内装部品系统、室内环境质量等内容。内装部品系统安装完成 7 d 后，在交付使用前应对功能区间进行室内环境质量检测。

内装系统检测

当被抽检室内环境污染物浓度的全部检测结果符合要求时，可判定室内环境质量合格。被抽检住宅室内环境污染物浓度检测不合格的，必须进行整改。再次检测时，检测数量增加 1 倍，并应包含原不合格房间和及其同类型房间，再次检测结果全部符合要求时，可判定室内环境质量合格。

6.3.1 内装部品系统

装配式住宅建筑内装部品系统的检测应包括轻质隔墙系统、吊顶系统、地面系统、墙面系统、集成厨卫系统、固定家具与内门窗等。

轻质隔墙系统和墙面系统检测内容和要求应符合下列规定：

（1）固定较重设备和饰物的轻质隔墙，应对加强龙骨、内衬板与主龙骨的连接可靠性进行检测；预埋件位置、数量应符合设计要求。

（2）用手摸和目测检测隔墙整体感观，隔墙表面应平整光滑、色泽一致、洁净、无裂缝，接缝应均匀、顺直。

（3）用手扳和目测检测墙面板关键连接部位的安装牢固度，且墙面板应无脱层、翘曲、折裂及缺陷。

吊顶系统的检测内容和要求应符合表 6-6 的规定。

表 6-6　吊顶系统检测内容和要求

序号	检测项目		检测要求及偏差			检测方法
1	标高、尺寸、起拱、造型		符合设计要求			目测、尺量
2	吊杆、龙骨、饰面材料安装		安装牢固			目测、手扳
3	石膏板接缝质量		安装双层石膏收时，面层板与基层板的接缝应错开并不得在同一根龙骨上接缝			目测
4	材料表面质量		饰面材料表面应洁净，色泽一致，不得有翘曲裂缝及缺损，压条应平直宽窄一致			目测
5	吊顶上设备安装		位置应符合设计要求，与饰面板交接应吻合严密			目测
			纸面石膏板/mm	金属板/mm	木板、人造木板/mm	
6	暗龙骨吊顶	表面平整度	3	2	2	2 m 靠尺和塞尺检测
7		接缝直线度	3	1.5	3	5 m 拉线或钢直尺检测
8		接缝高低差	1	1	1	2 m 钢尺或塞尺检测
9	明龙骨吊顶	表面平整度	3	2	2	2 m 靠尺和塞尺检测
10		接缝直线度	3	2	3	5 m 拉线或钢直尺检测
11		接缝高低差	1	1	1	2 m 钢尺或塞尺检测

地面系统的检测内容和要求应符合表 6-7 的规定。

表 6-7　地面系统检测内容和要求

序号	检测项目		检测要求及偏差	检测方法
1	面层质量		表面洁净、色泽一致、无划痕损坏	目测
2	整体观感	整体振动	无振动感	感观
3		局部下沉	无下沉、柔软感	脚踩
4		噪声	无噪声	脚踩、行走
5	表面平整度、接缝质量	表面平整度	3 mm	水平仪检测
6		衬板间隙	10～15 mm	钢尺检测

序号	检测项目		检测要求及偏差	检测方法
7	表面平整度、接缝质量	衬板与周边墙体间隙	5～15 mm	钢尺检测
8		缝格平直	3 mm	拉 5 m 线和钢尺检测
9		接缝高低差	0.5 mm	钢尺和楔形塞尺检测

集成厨卫系统应包括集成厨房系统和集成卫浴系统，检测内容和要求应符合表 6-8 和表 6-9 的规定。

表 6-8　集成厨房系统检测内容和要求

序号	检测项目		检测要求及偏差	检测方法
1	橱柜和台面等外表面		表面应光洁平整，无裂纹、气泡，颜色均匀，外表没有缺陷	目测
2	洗涤池、灶具、操作台、排油烟机等设备接口		尺寸误差满足设备安装和使用要求	钢尺检测
3	厨柜与顶棚、墙体等处的交接、嵌合，台面与柜体结合		接缝严密，交接线应顺直、清晰	目测
4	柜体	外形尺寸	3	钢尺检测
5		两端高低差	2	钢尺检测
6		立面垂直度	2	激光仪检测
7		上、下口垂直度	2	
8		柜门并缝或与上部及两边间隙	1.5	钢尺检测
9		柜门与下部间隙	1.5	钢尺检测

表 6-9　集成卫浴系统检测内容和要求

序号	检测项目	检测要求及偏差	检测方法
1	外表面	表面应光洁平整，无裂纹、气泡，颜色均匀，外表没有缺陷	目测
2	防水底盘	+5 mm	钢尺检测
3	壁板接缝	平整，胶缝均匀	目测
4	配件	外表无缺陷	目测、手扳

集成厨卫系统其他性能检测应符合现行行业标准《住宅整体卫浴间》（JG/T 184）和《住宅整体厨房》（JG/T 184）的规定。

固定家具应检测其牢固度，可用手扳检测。

内门窗系统检测内容和要求应符合表 6-10 的规定。

表 6-10　内门窗系统检测内容和要求

序号	检测项目	检测要求及偏差	检测方法
1	启闭	开启灵活、关闭严密，无倒翘	目测、开启和关闭检查、手板检测
2	外表面	无划痕	目测、钢尺检测
3	配件安装质量	安装完好	目测、开启和关闭检查、手板检测
4	密封条	安装完好，不应脱槽	目测
5	门窗对角线长度差	3 mm	钢尺检测
6	门窗框的正、侧面垂直度	2 mm	垂直检测尺检测

6.3.2　室内环境检测

装配式住宅建筑室内环境检测应包括空气质量检测、声环境质量检测、光环境质量检测和热环境质量检测。

（1）空气质量检测应包括氡、甲醛、苯、氨和总挥发性有机化合物（TVOC）的检测，检测方法应符合下列规定：

① 氡检测的测量结果不确定度不应大于 25%，所选方法的探测下限不应大于 10 Bq/m³；

② 甲醛检测可采用酚试剂分光光度法、简便取样仪器检测方法等，检测结果应符合现行国家标准《民用建筑工程室内环境污染控制规范》（GB 50325）的规定；

③ 苯和总挥发性有机化合物（TVOC）的检测方法应符合现行国家标准《民用建筑工程室内环境污染控制规范》（GB 50325）的规定；

④ 氨检测可采用靛酚蓝分光光度法，检测结果应符合现行国家标准《民用建筑工程室内环境污染控制规范》（GB 50325）的规定。

（2）空气质量检测点数应符合表 6-11 的规定，且应符合下列规定：

① 当房间内有 2 个及以上检测点时，应采用对角线、斜线、梅花状均衡布点，并取各点检测结果的平均值作为该房间的检测值；

② 检测点应距内墙面不小于 0.5 m、距楼地面高度 0.8 ~ 1.5 m。检测点应均匀分布，避开通风道和通风口。

表 6-11　空气质量检测点数设置

房间使用面积 A/m²	检测点数/个
$A<50$	1
$50 \leqslant A<100$	2
$100 \leqslant A<500$	不少于 3

（3）空气质量检测要求应符合下列规定：

① 甲醛、苯、氨、总挥发性有机化合物（TVOC）浓度检测时，检测应在对外门窗关闭 1 h 后进行。对甲醛、氨、苯、TVOC 取样检测时，固定家具应保持正常使用状态；

② 氡浓度检测时，应在房间的对外门窗关闭 24 h 以后进行。

（4）空气质量检测时所检测污染物的浓度限量应符合表 6-12 的规定。

表 6-12 空气中污染物浓度限量

检测项目	浓度限量
氡/（Bq/m³）	≤200
甲醛/（mg/m³）	≤0.08
苯/（mg/m³）	≤0.09
TVOC/（mg/m³）	≤0.2
氨/（mg/m³）	≤0.5

注：①表中污染物浓度测量值，除氡外均指室内测量值扣除同步测定的室外上风向空气测量值（本底值）后的测量值。

②表中污染物浓度测量值的极限判定，采用全数值比较法。

（5）声环境检测要求应符合下列规定：

① 室外检测点应距墙壁或窗户 1 m 处，距地面高度 1.2 m 以上；

② 室内检测点应距离墙面和其他反射面至少 1 m，距窗约 1.5 m 处，距地面 1.2 ~ 1.5 m高，且门窗应全打开；

③ 测量应在无雨雪、无雷电天气，风速 5 m/s 以下时进行；

④ 应在周围环境噪声源正常工作条件下测量，视噪声源的运行工况，分昼夜两个时段连续进行；

⑤ 室内环境噪声限值昼间不应大于 55 dB，夜间不应大于 45 dB。

光环境质量的检测内容和要求应符合现行国家标准《视觉环境评价方法》（GB/T 12454）的规定。热环境质量的检测内容和要求应符合现行国家标准《视觉环境评价方法》（GB/T 12454）的规定。

6.4 案例——某门窗气密性检测方案

6.4.1 检测目的

本检测方案是为了规范建筑外窗气密性能现场检测。

6.4.2 适用范围

本试验适用于建筑外窗气密性能的评价及分级、现场检测等。检测对象除建筑外窗本身还包括其安装连接部位，但不适用于建筑外窗产品的型式检验。

6.4.3 编制依据

《建筑外窗气密、水密、抗风压性能现场检测方法 》（JG/T 211）

6.4.4 检测仪器

（1）差压传感器。

（2）钢卷尺。

（3）空盒气压表。

（4）门窗现场气密性检测设备。

6.4.5　检测方法

1．检测人员

（1）现场检测工作的检测人员必须为 2~3 人。

（2）检测人员必须着工作服，佩戴安全帽，检测人员上岗证及工号牌进行现场检测，进入现场后检测人员禁止吸烟，注意安全防护。

（3）检测人员在离开单位之前必须检查核对仪器设备，笔记本电脑电量是否充足，试验中使用的塑料薄膜、胶带、5 m 卷尺、剪刀是否齐全。

（4）检查现场气密性检测设备的所有连接线是否齐全，设备状态是否正常，并填写仪器设备使用记录。

2．试件要求

（1）试件应为按所提供图样生产的合格产品或研制的试件，不得附有任何多余的零配件或采用特殊的组装工艺或改善措施。

（2）试件必须按照设计要求组合、装配完好，并保持清洁、干燥。

（3）外窗及连接件部位安装完毕达到正常使用状态。

（4）气密检测时的环境条件记录应包括外窗室内外的大气压及温度。当温度、风速、降雨等环境条件影响检测结果时，应排除干扰因素后继续检测，并在报告中注明。

3．试件数量

同一楼号，不同楼层、同窗型、同规格、同型号试件，应至少检测三樘。

4．检测步骤

（1）气密性能检测前，应测量外窗面积；弧形窗、折线窗应按展开面积计算。将门窗的所有开启缝用胶带封闭，从室内侧用厚度不小于 0.2mm 的透明塑料薄膜覆盖整个范围并沿窗边框处密封，密封膜不应重复使用。确认密封良好，连接线路，将风压管与设备上的正压口相连接，在密封膜上安装风压管的另一端和测压管。风压管、测压管与密封膜连接处用胶带密封。

（2）打开总电源，开启控制电脑，进入门窗现场系统控制页面，点击气密性检测一项，在菜单栏里点击数据设定，设定数据参数及相关的委托信息，然后在菜单栏里点击退出键，退出数据设定，如直接退出，检测信息将无法保存。进入系统操作系统后，输入试验编号，调整风压频率，一般情况下调整频率在 12~15 之间，也可以根据现场的门窗试件面积而定，调整频率不宜过大。

（3）测量顺序：压差传感归零，进行正压预备加压→正压开始→正压附加空气渗透量检测。正压结束后，将压差传感归零，进行负压预备加压→负压开始→负压附加空气渗透量检测。然后除去开启缝的胶带，做正压、负压总渗透量。

注意：做负压时应调整风机管至负压口。按照试验要求开始检测。

（4）预备加压：在正、负压检测前分别施加三个压差脉冲，压力差绝对值为 150 Pa，加压速度约为 50 Pa/s。压差稳定作用时间不少于 3 s，泄压时间不少于 1 s 待压力差回零后，检查密封板及透明膜的密封状态。

（5）渗透量检测。

① 附加空气渗透量检测：检测前应采取密封措施，充分密封试件上的可开启部分缝隙和镶嵌缝隙，然后按检测加压逐级加压，每级压力作用时间约为 10 s，先逐级正压，后逐级负压，记录各级测量值。附加空气渗透量系指除通过试件本身的空气渗透量以外通过设备和密封板，以及各部分之间连接缝等部位的空气渗透量。

② 总渗透量检测：去除试件上所加密封措施薄膜后，撕去开启缝长胶带，再次密封门窗试件，检查密封是否良好，检测程序同附加渗透量检测。

③ 注意事项：检测时应注意观察曲线图及试验原始记录数据，观察曲线图压力值是否符合检测要求，如有异常时检查密封薄膜和试件是否密封良好，如异常较大时应立刻停止检测设备，检查设备连接线路、连接风管及风机，并及时排除故障，重新按试验顺序进行试验。试验完毕后，保存检测数据及相关的原始记录，待风机泄压后方可退出检测软件，检测系统软件退出时应先停止风机。

5. 结果

根据试验结果对照表 6-13 定门窗气密等级。

表 6-13　门窗气密等级

分级	1	2	3	4	5	6	7	8
分级指标 q_1/[m³/(m·h)]	$4.0q_13.5$	$3.5q_13.0$	$3.0q_12.5$	$2.5q_12.0$	$2.5q_11.5$	$1.5q_11.0$	$1.0q_10.5$	$q_1 \leq 0.5$
分级指标 q_2/[m³/(m·h)]	$12.0q_210.5$	$10.5q_29.0$	$9.0q_27.5$	$7.5q_26.0$	$6.0q_24.5$	$4.5q_23.0$	$3.0q_21.5$	$q_2 \leq 1.5$

注：第 8 级应在分级后同时注明具体分级指标。

6.5　课程思政载体——重检测保质量之外墙系统检测

1. 工程案例背景

某地区中级人民法院外墙无机保温砂浆保温层出现脱落、渗漏现象，采用无人机搭载红外热成像双光摄像头进行勘查检测，判断整体外墙目前存在的各类缺陷及其严重程度，从而寻找合理、有效的解决方案来，解决外墙问题，消除外墙问题带来的安全隐患。

重检测保质量

2. 红外热成像仪的工作原理

红外热成像仪通过外部温度变化将建筑外墙表面辐射出的不可见红外射线转变为可见的热图像，通过捕捉物体辐射出的红外射线的强弱程度判断建筑物的温度分布状况，从而判断空鼓、渗漏的部位。再通过 FLIR 专用软件对拍摄的红外热成像图进行温度分析，从中判断空鼓的部位及渗水的部位。

3. 红外热成像处理图像分析

外墙照片及红外热成像图如图 6-1 所示。

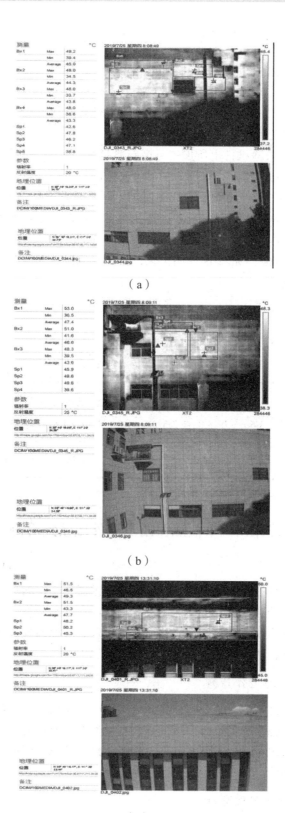

（a）

（b）

（c）

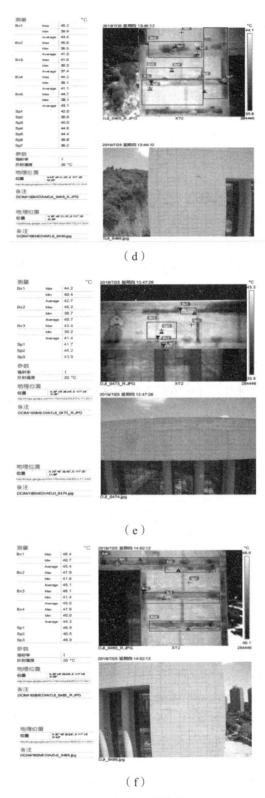

（d）

（e）

（f）

图 6-1　红外热成像处理图

4. 检测结果及处理

通过以上几组红外热成像图片及可见光图片分析可知，目前外墙空鼓、渗漏区域较多。因外墙保温层为无机保温砂浆，出现渗漏问题时，无机保温砂浆吸水，强度降低，经过高、低温天气的热胀冷缩反应，导致保温层逐渐空鼓且呈不断扩大的态势，进一步引发外墙保温层脱落现象。因现阶段外墙渗漏、空鼓区域面积已经占整体墙面的比例较大，所以本项目不可再采用局部维修的方式，建议维修时对所有外墙保温层进行铲除，重新塑造外墙防水、保温、饰面体系。

另，经过图像分析可知，女儿墙与屋面交接处的外墙面开裂、渗漏问题突出。因屋面与女儿墙通常是两次结构成型，屋面结构板上面的找平、找坡和保温等构造层次，因受热膨胀，且在女儿墙周边未设置分格缝缓冲而直接挤推周边女儿墙，使女儿墙移位变动而产生贯穿内外侧的裂缝，导致屋面渗漏水通过裂缝渗入外墙保温层及饰面层，造成外墙面空鼓、开裂。因此该项目在对外墙进行维修时，需对屋面女儿墙墙根处进行处理，以阻断从屋面构造层渗漏而来的水源。

5. 课程思政融合点

案例介绍了围护结构检测的新技术、新方法，展示了我国在围护结构检测方面的新技术。案例中通过检测对建筑产生的问题有针对性地提出解决方案，明确外墙检测的重要性和实际应用，使我们认识到外墙检测对于保障人民群众生命财产安全、提高城市品质等方面的重要性，有助于增强我们的社会责任感。围护结构检测在节能减排方面意义重大，通过案例让我们了解绿色建筑的重要性，培养绿色发展理念。

同时，围护结构检测需要学生在恶劣的环境下进行实验操作，可以培养我们艰苦奋斗的精神。在实践操作环节，需要分组进行实验，培养我们的团队协作精神和沟通能力。在外墙检测过程中，安全是重中之重，通过案例的学习了解到外墙检测过程中可能存在的危险因素，从而增强我们的安全意识，培养遵守安全规定、注重安全的良好习惯。另外，在外墙检测过程中，可以让我们了解外墙检测行业的职业道德规范，如诚信、公正、客观等，培养具备良好的职业道德素质，以提高行业整体水平。

6.6 实训项目——建筑门窗气密性检测

6.6.1 原理

我国将建筑门窗气密性能作为建筑节能工程施工强制性验收项目气密性能。是建筑门窗产品质量性能的关键性考核指标，指风压作用下建筑门窗关闭情况下门窗阻止空气渗透的能力。若门窗气密性下降，会增加建筑和外部之间的热量交换，建筑能耗增大，因此，建筑门窗气密性能同样也是关键的建筑节能性能指标。建筑门窗质量控制体系有材料、设计加工、安装验收等多个环节、有相对完善的标准规范要求，对应地，建筑门窗检测技术也快速发展。但在相关政策标准执行推进过程中发现，气密性能检测结果的离散性很大，检测比较困难，不同实验室检测设备、检测能力，以及不同工作人员对标准的学习程度有较大的差别，影响了检测结果的质量，不利于建筑节能行业的发展。建筑门窗气密性能检测国际惯用静压箱法，固定试件在镶嵌框上，镶嵌框放置于封闭压力箱开口位置并密封，由供压系统为压力箱送风或抽气，形成压力箱和箱外大气之间的压力差，作用于试件内外表面。试件上的压力差能够通过调压阀进行调整，使用扣箱收集试件缝隙渗透空气，集流管上安装的流量计量装置对试件受压后的空气渗透情况进行测量。

6.6.2 检测设备准备

（1）压力箱一侧开口，用于试件安装，箱体刚度与密封性能要满足标准规范要求。

（2）压力测量仪测量之前校准压力测量仪，控制误差小于示值的 2%。

（3）空气流量检测计空气流量测量误差 < 5%，响应速度应满足波动。

6.6.3 试件制备

同一窗型和尺寸规格均至少重复三次，选择严格按照图样生产的合格产品或研发中试件，不能添加其他多余零部件，或者使用额外的特殊组装工艺和改善方法，试件要按照规范进行镶嵌，获得符合设计方案和标准规范要求的试件，按照设计方案要求组合、装配、清洁、干燥。安装试件时，要将窗扇安装在镶嵌框上，要求镶嵌框具有相当的刚度，试件要和镶嵌框之间紧密贴合，牢固连接，做好密封处理，试件垂直、底框水平，安装过程中不能出现变形，安装结束之后开启、关闭 5 次，最后关紧。

6.6.4 检　测

《建筑外门窗气密、水密、抗风压性能分级及检测方法》（GB/T 7106—2019）明确给出了建筑门窗气密性检测项目，包括正压渗透量、负压渗透量两个项目，并分别按单位缝长与单位面积计算两组数值。

（1）预备加压预加压，正负压检测之前都要进行一次预备加压，一次预备加压包括 3 个压力脉冲，控制压力差绝对值 500 Pa，加载速度调整为 100 Pa/s，最高压力稳定作用 3 s，泄压时间至少 1 s，压力下降为 0 后试件可打开部分开启关闭 5 次，最后关紧。

（2）附加空气渗透量检测采取密封措施，充分密封试件上可开启部分缝隙与镶嵌缝隙，或用不透气盖板盖住箱体开口部分，依次加载±50 Pa、±100 Pa、±150 Pa、±100 Pa、±50 Pa，每个压力阶梯保持 10 s，先逐级正压，后逐级负压，记录各级测量值。这一步如果对试件的密封措施做得不够充分，会导致附加空气渗透量偏大，最终导致高估试件的气密性能，影响检测结果的真实性。除试件的密封措施之外，试件附框与压力箱之间、挡板与挡板之间、挡板与设备之间的密封工作更为重要，如果这些部位的密封不充分，会导致附加空气渗透量太大，甚至导致试件内外气压差不能稳定下来，无法正常试验。因此，试件与设备之间的密封措施是非常重要的，可用密封胶带把设备与试件之间的所有缝隙粘贴覆盖好，这样能大大提高气密性检测的质量和效果。

（3）总渗透量除去试件上所加密封措施或者打开密封盖板后进行检测，方法同附加渗透量。

一、选择题

1. 在气密性检测的过程中，附加渗透量测定实验中，逐级加压的顺序是（   ）。

A. 逐级正压

B. 逐级负压

C. 先逐级正压，后逐级负压

D. 先逐级负压，后逐级正压

2. 建筑物外窗窗口整体密封性能现场检测差压表的不确定度应不超过设定差压值的（   ）。

A. 1%

B. 2%

C. 0.1%

D. 0.2%

3. 在进行建筑外窗气密性检测时，从室内侧用厚度不小于（   ）的透明塑料膜覆盖整个窗范围，并沿窗边框外密封，密封膜不应重新使用。

A. 0.1 mm

B. 0.2 mm

C. 0.5 mm

D. 0.3 mm

4. 对于夏热冬冷和夏热冬暖地区下列哪个参数是非常重要的？（   ）。

A. 可见光透射比

B. 遮阳系数

C. 中空玻璃露点

D. 保温性能

5. 外墙节能构造钻芯检验方法适用于带保温层的建筑外墙其节能构造是否符合（   ）要求。

A. 规范要求

B. 设计要求

C. 常用要求

D. 建设方要求

二、判断题

1. 门窗工程性能的现场检测宜检测水密、气密、抗风压、隔声等性能。（   ）

2. 面砖黏结强度的仪器设备有钢直尺、黏结强度检测仪、游标卡尺、胶带。（   ）

三、简答题

1. 预制外墙应进行哪些检测？

2. 装配式住宅建筑室内环境检测应检测哪些？

3. 给水排水系统的检测应包括哪些？

4. 请简述外门窗检测的方法和要求。

5. 屋面蓄水试验有哪些要求？

参考文献

[1] 袁锐文，魏海宽. 装配式建筑技术标准条文链接与解读（GB/T 51231—2016、GB/T 51232—2016、GB/T 51233—2016）. 北京：机械工业出版社，2016.

[2] 中国建筑科学研究院. 建筑工程施工质量验收统一标准：GB 50300—2013. 北京：中国建筑工业出版社，2014.

[3] 中国建筑科学研究院. 混凝土结构工程施工质量验收规范：GB 50204—2015. 北京：中国建筑工业出版社，2014.

[4] 范幸义，张勇一. 装配式建筑. 重庆：重庆大学出版社，2017.

[5] 中国建筑科学研究院. 钢筋套筒灌浆连接应用技术规程：JGJ 355—2015. 北京：中国建筑工业出版社，2015.

[6] 蒋勤俭，吴焕娟，钱冠龙，等. 《钢筋连接用套筒灌浆料》（JG/T 408—2013）修订及专项试验研究介绍. 混凝土与水泥制品，2019（11）：4.

[7] 中华人民共和国住房和城乡建设部. 普通混凝土拌合物性能试验方法标准：GB/T 50080—2016. 北京：中国建筑工业出版社，2017.

[8] 中华人民共和国住房和城乡建设部. 装配式混凝土结构技术规程：JG J1—2014. 北京：中国建筑工业出版社，2014.

[9] 中华人民共和国住房和城乡建设部. 水泥基灌浆材料应用技术规范：GB/T 50448—2008. 北京：中国计划出版社，2008.

[10] 郁银泉. 《装配式混凝土建筑技术标准》（GB/T 51231—2016）与《装配式钢结构建筑技术标准》（GB/T 51232—2016）解读. 深圳土木与建筑，2017.

[11] 黄志强，陈洋. 宁波外滩木结构民居质量检测. 住宅科技，2003.

[12] 中华人民共和国住房和城乡建设部. 木结构工程施工质量验收规范：GB 50206—2012. 北京：中国建筑工业出版社，2012.

[13] 中国建筑科学研究院. 普通混凝土用砂、石质量及检验方法标准：JGJ 52—2006. 北京：中国建筑工业出版社，2006.

[14] 中国建筑科学研究院. 建筑工程施工质量验收统一标准：GB 50300—2013. 北京：中国建筑工业出版社，2014.

[15] 中国建筑科学研究院. 混凝土结构工程施工质量验收规范：GB 50204—2014. 北京：中国建筑工业出版社，2014.

[16] 中华人民共和国住房和城乡建设部. 钢筋连接用套筒灌浆料：JG/T 408—2019. 北京：中国建筑工业出版社，2019.

[17] 中华人民共和国工业和信息化部. 水泥取样方法：GB 12573—2018. 北京：中国标准出版社. 2018.

[18] 中华人民共和国住房和城乡建设部. 钢筋连接用灌浆套筒：JG/T 398—2019. 北京：中国标准出版社. 2020.

[19] 中华人民共和国工业和信息化部. 硅酮建筑密封胶：GB/T 14683—2017. 北京：中国建筑材料工业出版社. 2018.

[20] 中华人民共和国工业和信息化部.聚氨酯建筑密封胶：JC/T 482—2022. 北京：中国建筑材料工业出版社. 2023.

[21] 中华人民共和国住房和城乡建设部：装配式混凝土结构技术规程：JGJ 1—2014. 北京：中国建筑工业出版社，2014.

[22] 中华人民共和国住房和城乡建设部.混凝土强度检验评定标准：GBT 50107—2010. 北京：中国建筑工业出版社，2010.

[23] 中华人民共和国住房和城乡建设部.钢筋机械连接技术规程：JGJ 107—2016.北京：中国建筑工业出版社，2016.

[24] 中华人民共和国住房和城乡建设部.钢结构工程施工质量验收规范：GB 50205—2020. 北京：中国计划出版社. 2020.

[25] 中华人民共和国住房和城乡建设部. 钢结构现场检测技术标准：GB/T 50621—2010. 北京：中国建筑工业出版社，2011.

[26] 中华人民共和国住房和城乡建设部.建筑工程施工质量验收统一标准：GB 50300—2013. 北京：中国建筑工业出版社，2014.

[27] 中华人民共和国工业和信息化部. 无损检测 A 型脉冲反射式超声检测系统工作性能测试方法：JB/T 9214—2010. 北京：中国标准质检出版社，2010.

[28] 中华人民共和国国家质量监督检验检疫总局,中国国家标准化管理委员会.涂覆涂料前钢材表面处理：GB/T 8923.1—2011. 北京：中国质检出版社，2011.

[29] 国家市场监督管理总局.焊缝无损检测射线检测：GB/T 3323.1—2019.北京：中国标准出版社.2020.

[30] 中华人民共和国住房和城乡建设部.钢结构焊接规范：GB 50661—201.北京：中国建筑工业出版社，2012.

[31] 中华人民共和国工业和信息化部.焊缝无损检测 超声检测 技术检测等级和评定：GB/T 11345—2013. 北京：中国轻工业出版社. 2014.

[32] 中华人民共和国国家质量监督检验检疫总局，中国国家标准化管理委员会. 焊缝无损检测超声检测 验收等级：GB/T 29712—2013. 北京：中国建筑材料工业出版社，2014.

[33] 中华人民共和国住房和城乡建设部.钢结构超声波探伤及质量分级法：JG/T 203—2007. 中国质检出版社. 2007.

[34] 中华人民共和国国家质量监督检验检疫总局，中国国家标准化管理委员会. 紧固件机械性能螺栓、螺钉和螺柱：GB 3098.6—2014. 北京：中国标准出版社. 2014.

[35] 中华人民共和国国家质量监督检验检疫总局. 普通螺纹基本尺寸：GB 196—2003. 北京：中国质检出版社. 2004.

[36] 中华人民共和国住房和城乡建设部. 建筑变形测量规范：JGJ 8—2016. 北京：中国建筑出版社. 2019.